“十一五”国家科技支撑计划“黄河健康修复关键技术研究”重点项目专著
河南省重点图书选题

维持黄河主槽不萎缩的水沙条件研究

吴保生　张原锋　申冠卿　曲少军　侯素珍　著

黄河水利出版社
·郑州·

内 容 提 要

本书是在“十一五”国家科技支撑计划课题“维持黄河主槽不萎缩的水沙条件研究”（编号2006BAB06B04）成果的基础上总结、提炼而成的。全书采用理论研究、实测资料分析及数值模拟计算等方法，以黄河下游及黄河内蒙古河段为研究对象，针对河道主槽萎缩、排洪输沙能力降低等问题，系统研究了黄河下游洪水塑槽机制及控制指标、枯水水沙过程对主槽萎缩的影响、河道主槽对长系列径流泥沙过程的响应机制，建立了冲积河流滞后响应模型、黄河河道输沙水量计算方法，提出了维持黄河下游及黄河内蒙古河道主槽不萎缩的水沙条件。

本书可供从事河流动力学、河床演变学及水沙调控、河道治理规划、防洪减灾等方面研究和管理的科技人员及高等院校有关专业的师生参考。

图书在版编目(CIP)数据

维持黄河主槽不萎缩的水沙条件研究/吴保生等著.
郑州:黄河水利出版社,2010.10
ISBN 978-7-80734-895-5

Ⅰ.①维… Ⅱ.①吴… Ⅲ.①黄河-输沙量-研究
Ⅳ.①TV882.1

中国版本图书馆CIP数据核字(2010)第176282号

组稿编辑:岳德军 电话:13838122133 E-mail:983375628@qq.com

出 版 社:黄河水利出版社
地址:河南省郑州市顺河路黄委会综合楼14层 邮政编码:450003
发行单位:黄河水利出版社
发行部电话:0371-66026940、66020550、66028024、66022620(传真)
E-mail:hhslcbs@126.com
承印单位:河南省瑞光印务股份有限公司
开本:787 mm×1 092 mm 1/16
印张:13.25
字数:306千字 印数:1—2 000
版次:2010年10月第1版 印次:2010年10月第1次印刷

定价:68.00元

前　言

黄河是中华民族的母亲河，哺育了中华儿女，为中华文明的传承和发展作出了巨大贡献。新中国成立后，为适应区域人口增长和经济社会发展的需要，国家对黄河流域进行了大规模的水利建设，初步构建了黄河下游防洪工程体系和非工程体系，扭转了历史上“三年两决口、百年一改道”的被动局面，实现了黄河下游连续60多年伏秋大汛岁岁安澜；干流上12座水利枢纽的总库容达到563亿m^3、年均发电量336亿kW·h，发展了引黄灌溉面积约733万hm^2，解决了农村2 727万人的饮水困难，用其宝贵的水资源极大地促进了相关区域经济发展；通过采取在黄土高原修筑淤地坝、建造梯田、植树种草等水土流失治理措施，不仅改善了当地群众的生活水平和生存环境，而且还取得了年均减少入黄泥沙3.5亿~4.5亿t的巨大成就。

但同时应该看到，随着人们对黄河水资源开发力度和依赖程度的不断增强，黄河面临着来水量大幅减少，河道主槽严重萎缩，过洪能力锐减，悬河和“二级悬河”加剧等方面的严峻考验。为此，自2002年以来，利用黄河小浪底水库开展了3次大规模的调水调沙试验和多次调水调沙生产运行。在利用人造洪水输沙入海的同时，利用人造洪水显著的造床作用，扩大主槽断面，加大平滩流量，这不仅有利于洪水的排放，而且为大流量输沙创造了更为有利的条件。恢复和维持具有一定过流能力的中水河槽，是黄河健康修复研究的主要内容之一。为此，科技部将“维持黄河主槽不萎缩的水沙条件研究”列为“十一五”国家科技支撑计划课题（编号2006BAB06B04），课题选择黄河下游和黄河内蒙古河段作为研究对象，剖析主槽调整与水流动力和河床阻力之间的关系，论证维持黄河下游及内蒙古河段主槽一定过流能力所需的水沙量和水沙过程，进而提出黄河下游不同量级洪水的科学调控指标及内蒙古河段目标主槽过流能力及其所需的水沙条件。

本书重点研究解决以下几个方面的关键问题：①黄河下游不同洪水的塑槽作用及影响机制，从漫滩洪水与非漫滩洪水两个方面来分析不同洪水的塑槽机制，量化不同峰型洪水的塑槽作用；②平水期不同水沙过程对河道主槽萎缩的影响，从非汛期清水下泄、汛期非洪水期水沙过程及引水引沙三个方面分析主槽冲淤过程，特别是主槽淤积对断面萎缩的影响；③河道主槽断面对不同长系列径流泥沙过程的响应，分析汛期与非汛期水沙量变化及不同长系列水沙过程对主槽断面的累积影响，建立能够反映长系列水沙过程综合作用的平滩流量估算方法；④维持黄河下游河道主槽不萎缩的水沙过程，提出维持主槽不萎缩的理想水沙过程，然后分析不同水沙系列下的主槽塑造效果，最终提出实现黄河下游主槽不萎缩的水沙过程；⑤内蒙古河段合理主槽过流能力及相应水沙条件，分析内蒙古河段主槽萎缩的成因以及洪水的塑槽作用等，根据有限的基础资料，侧重机制的综合分析，从而提出合理的主槽过流能力及所需水沙条件。

本书相关研究和出版得到了“十一五”国家科技支撑计划课题（编号2006BAB06B04）“维持黄河主槽不萎缩的水沙条件研究”的资助，在此表示感谢。参加课题研究的主要人员包括：吴保生、张原锋、申冠卿、曲少军、侯素珍、夏军强、傅旭东、刘晓燕、林秀芝、尚红霞、李凌云、常温花、李小平、彭红、王平、孙赞盈、张翠萍、孙东坡、楚卫斌、张敏、汪峰、姜立伟、谢金明、梁金、徐炳丰、胡恬、汪大鹏、王俊、孔纯胜等。

课题组研究人员付出了艰辛的努力，取得了一些突破性的成果，但是鉴于黄河问题的复杂性及作者水平的局限，书中难免出现疏漏，敬请读者批评指正。

作　者

2010 年 5 月

于清华园

目　录

第1章 绪 论

1.1 问题的提出

黄河是中华民族的发祥地，为我国的经济发展和社会进步作出了重要贡献。同时，由于黄河自身水少沙多的特点，两岸人民遭受着河道决口、河流改道等带来的深重灾难。新中国成立后，国家通过大力投入，对黄河进行全面系统的整治，初步构建了黄河下游防洪工程体系和非工程体系。但同时应该看到，限于历史背景和人们对黄河自然规律的认识水平以及不断增长的社会经济发展的需要，在治黄取得巨大成就的同时，黄河仍然面临着来水、来沙量锐减，河道主槽严重萎缩，过洪能力锐减，悬河和“二级悬河”加剧等一系列问题，尤其是黄河下游的洪水威胁依然存在，使两岸的防洪和安全生产面临严峻的挑战。

1.1.1 主槽严重萎缩、过洪能力降低

自20世纪80年代中期以来，黄河下游河道出现了主槽严重萎缩、河道基本功能衰退的演变趋势。主槽萎缩通常以主槽宽度及过流面积缩减、平滩流量减小、主槽平均高程抬升、同流量下水位抬高等为基本特征。

根据统计，1990~1996年，黄河下游花园口—夹河滩、夹河滩—高村两河段平滩流量下的主槽平均宽度仅分别为1 300 m和800 m，约为20世纪50年代的1/3和1/4，主槽平均宽度也只有20世纪50年代的1/2。主槽过流面积也大大减少，如1985~1997年，花园口—夹河滩河段主槽面积平均减少3 778 m^2，高村—孙口河段减少1 535 m^2，泺口—利津河段减少1 071 m^2。与此同时，河床高程则明显抬高，如1986~1995年，游荡型河段的八堡断面深泓点高程抬升1.75 m，过渡型河段的高村断面深泓点高程抬升8.33 m，弯曲型河段的渔洼断面深泓点高程抬升1.71 m，由此使得主槽过洪能力大大降低。平滩流量变化是主槽萎缩程度的直观反映。20世纪50年代，黄河下游河道平滩流量基本保持在6 000~8 000 m^3/s；70、80年代，平滩流量为4 000~6 000 m^3/s；90年代以后，平滩流量进一步下降到3 000 m^3/s左右，及至2002年汛前，有些断面的平滩流量甚至不足2 000 m^3/s。同期，宁蒙河段的平滩流量也由1985年以前的5 000 m^3/s降低到1 000 m^3/s左右。自然状态下，70%~80%的黄河水沙靠主槽排往下游和河口，因此主槽严重萎缩无疑使河道的水沙输送能力大幅度下降。同时，同流量水位明显抬升。从花园口、高村、艾山、泺口四站3 000 m^3/s水位的变化可以看出，各站水位变化都表现出同一规律，水位抬高速度最快的是在1964~1973年，其次是1985年以后，即河道萎缩期间。如与1958年相比，1996年花园口水文站同流量3 000 m^3/s水位抬升了1.52 m，同流量5 000 m^3/s水位抬升了1.88 m。

1.1.2 悬河和“二级悬河”加剧

黄河下游水少沙多、水沙关系不协调，在下游两岸堤防的约束下，河床淤积逐年加重，

致使河道的平均高程高于两岸大堤以外的地面，形成举世闻名的地上悬河；同时中小洪水主要发生在主槽里，嫩滩附近淤积厚度较大，而远离主槽的滩地因水沙交换作用不强，淤积厚度较小，堤根附近淤积更少，致使平滩水位又明显高于两边滩地，形成了槽高于滩、滩高于背河地面的“二级悬河”局面。目前，黄河下游临背悬差一般在4～6 m，最大达10 m以上，较20世纪50年代增加约50%。宁蒙河段的悬差一般在1～2 m。“二级悬河”最早出现在70年代初的黄河下游，1986年以后急剧发展，目前已几乎延伸到黄河全下游，其滩槽高差一般在1～2 m，最大达4 m以上。日益加剧的悬河和“二级悬河”加大了洪水冲决堤防的威胁，使洪灾风险增加。

1.1.3 下游洪水威胁依然存在

主槽淤积严重，“二级悬河”形势加剧，横河、斜河、滚河的机遇加大。黄河下游自1992年以来，长期小水作用下洪水漫滩几率很小，泥沙主要淤在主河槽内，使主河槽萎缩，排洪能力降低，“槽高、滩低、堤根洼”的“二级悬河”不利局面进一步加剧，而且表现为洪水位高，滞留时间长。同时，在长期小水作用下，河流动力不足，多处畸形河湾不断发生和发展，多数工程河势上提，特别是高村以上游荡性河道河势变化剧烈，横河、斜河和畸形河湾发生的几率加大；或造成单坝挑溜，出现重大险情；或一旦发生大洪水，因滩区横比降加大，洪水漫滩后发生滚河，水流直冲堤防，造成平工出险，危及防洪安全。

主槽萎缩导致黄河下游大水大淹没、中水大漫滩，滩区经济损失严重。近年来，主槽严重淤积萎缩，致使平滩流量大幅度减小，大小洪水都会漫滩，走一路淹一路的洪水演进过程，造成较大的滩区损失。如1996年8月发生的7 860 m^3/s流量洪水，淹没耕地30多万亩（1亩＝1/15 hm^2，下同），受灾人口达100多万人，比1958年发生的洪峰流量为22 300 m^3/s的特大洪水所造成的淹没损失还大，估算直接经济损失约43.59亿元；1998年花园口发生的4 700 m^3/s流量洪水，滩区淹没耕地55万亩，受灾人口38万人；2002年发生的1 800 m^3/s流量洪水将濮阳习城乡的生产堤冲决，淹没村庄100多个，受灾人口达10万人。2003年，黄河流域发生了新中国成立以来少见的、长历时的大流量秋汛，小浪底水库竭力拦洪，削减洪峰，使黄河下游河道2个月来一直维持2 500 m^3/s左右的流量，黄河下游滩区共有东明、长垣左寨等9处自然滩漫滩，兰考蔡集生产堤决口，淹没滩地49.78万亩，淹没耕地37.92万亩，受灾人口达14.02万人。面对目前黄河下游主槽过流能力的状况，若不采取有效措施，类似的情况今后还会发生。

众所周知，黄河下游河床由主槽和滩地两部分组成，主槽断面是河道排洪输沙的主要通道，因此主槽断面的大小对黄河下游的防洪安全至关重要。为了缓解下游河道主槽的严重淤积局面，遏制主槽断面的不断萎缩现象，自2002年以来，黄河小浪底水库多次开展了大规模的调水调沙试验（廖义伟和赵咸榕，2003；李国英，2004）。在利用人造洪水的输沙能力输沙入海的同时，利用人造洪水的造床作用，扩大主槽断面，加大平滩流量，这不仅有利于洪水的排放，而且为大流量输沙创造了更为有利的条件。恢复和维持具有一定过流能力的中水河槽，是黄河健康修复研究的主要内容之一。

1.2　研究内容及现状

1.2.1　研究内容

本书主要研究维持黄河主槽不萎缩的水沙条件，全书共分9章：第1章为绪论；第2章分析黄河近期水沙及主槽过流能力的变化；第3~8章为本书研究的核心内容，可分为5个专题，其中第3、4章为1个专题，其他4章各为1个专题；第9章为结论。在本书的5个专题中，专题1~4针对黄河下游河段，专题5针对黄河内蒙古河段。各个专题的主要内容如下。

专题1：黄河下游不同洪水的塑槽作用及影响机制（第3、4章）

在兼顾下游防洪和滩区生产的基础上，提出较为合理的漫滩洪水控制指标。深入分析不同类型洪水泥沙的输移规律及影响机制，提出河道主槽调整与不同洪水的响应关系。重点研究以下3个问题：

- 漫滩洪水滩槽泥沙的交换作用及调控指标的界定
- 非漫滩洪水的塑槽作用
- 河槽调整的影响机制分析

专题2：平水期不同水沙过程对河道主槽萎缩的影响（第5章）

提出非汛期不同河段淤积与来水来沙条件之间的响应关系，得出平水期不同水沙过程对河道主槽萎缩的影响模式，定量描述平水期不同水沙过程对河道主槽萎缩的影响作用。重点研究以下3个问题：

- 非汛期清水下泄对河道主槽断面的影响
- 汛期非洪水期水沙过程对主槽断面的影响
- 引水引沙对河道沿程冲淤调整的影响

专题3：河道主槽断面对不同长系列径流泥沙过程的响应（第6章）

分析非汛期、汛期及长系列径流泥沙过程对河道主槽断面的影响，提出能够反映长系列水沙综合作用的主槽断面和平滩流量估算方法。重点研究以下3个问题：

- 汛期水沙量变化对河道主槽断面的影响
- 非汛期水沙量变化对河道主槽断面的影响
- 不同长系列径流泥沙过程对河道主槽断面的影响

专题4：维持黄河下游河道主槽不萎缩的水沙过程（第7章）

在综合上述研究成果的基础上，计算维持河道主槽不萎缩的最小需水量，提出维持黄河下游主槽过流能力的水沙过程及不同流量级洪水的合理调控指标。重点研究以下4个问题：

- 不同时期河段主槽过流能力与来水来沙条件的对应关系
- 维持河道主槽不萎缩的理想水沙过程
- 根据小浪底水库下泄水沙过程分析计算下游河道主槽的过流能力
- 实现下游主槽不萎缩的径流泥沙过程

专题5:内蒙古河段合理主槽过流能力及相应水沙条件(第8章)

分析内蒙古河段水沙过程与主槽过流能力之间的响应关系,给出合理的内蒙古河段主槽过流能力指标及相应水沙条件。重点研究以下4个问题:

- 内蒙古河段主槽断面的萎缩过程及成因分析
- 洪水的塑槽作用及主要控制站泥沙输移规律
- 主槽断面对不同水沙过程的响应
- 内蒙古河段合理主槽过流能力及相应水沙条件

本书各研究内容之间的联系如图1-1所示。考虑到不同来水来沙对主槽断面调整的影响不同,将研究时段分为汛期和非汛期,汛期又分为洪水期和非洪水期,洪水期又进一步分为漫滩洪水期和非漫滩洪水期。由于汛期非洪水期的来水来沙及河道冲淤特点与非汛期相同,汛期非洪水期和非汛期统称为平水期。汛期洪水期的漫滩洪水和非漫滩洪水构成了专题1的主要研究内容,而汛期非洪水期和非汛期组成的平水期构成专题2的主要研究内容。

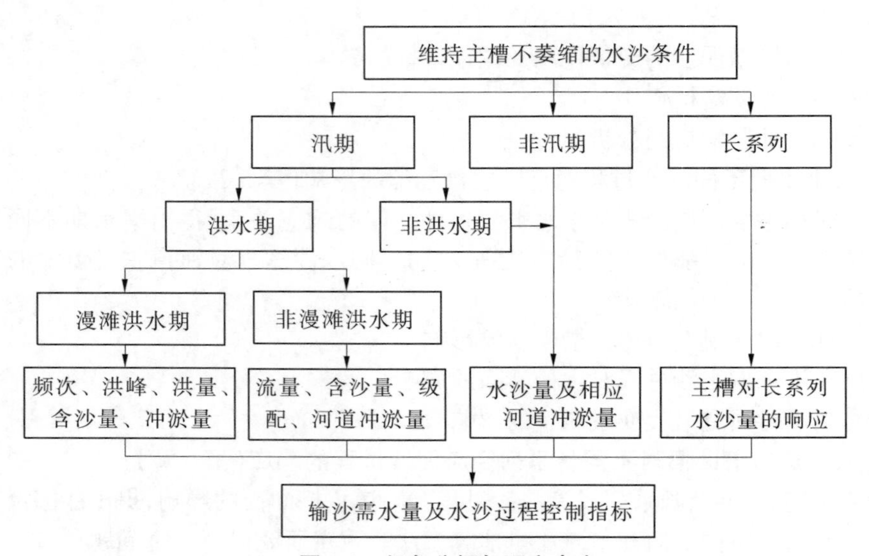

图1-1　任务分解与研究内容

专题1和专题2侧重的是不同水沙过程的塑槽机制研究。但事实上河道主槽的调整是长系列水沙过程累计作用的结果,因此专题3是在非汛期和汛期水沙塑槽机制研究的基础上,从宏观上重点研究长系列径流泥沙过程对河道主槽断面的影响。专题4则是在总结上述3个专题成果的基础上,提出维持河道主槽不萎缩的输沙需水量及水沙过程控制指标。内蒙古河段的研究思路与下游河段基本相同,专题5专门针对内蒙古河段主槽过流能力及所需的相应水沙条件进行研究。

1.2.2　国内外研究现状

维持黄河健康生命、实现人类与河流和谐相处是中国水利的治河新理念,到目前为止,直接针对维持黄河主槽不萎缩的水沙条件的研究成果还很少。不过长期的黄河研究、国家自“八五”以来对黄河研究的持续支持和治黄实践中获得的大量经验为本书研究奠定了良好基础。

经过长期的实践和研究，对黄河泥沙处理已基本形成“拦、排、调、放、挖，综合处理和利用泥沙”的基本方针，并在利用水库和水保工程“拦”沙、利用水库调水“调”沙、利用机械“挖”沙、结合筑堤和治理“二级悬河”“放”沙、利用小北干流滩区“放”沙等方面进行了实践或试验。但以往的研究多集中在泥沙处理技术本身，而且在“调”和“放”的操作技术方面的研究也刚刚起步。更为重要的是，如何从全河高度，充分认识泥沙淤积在河流纵向的上中下游河床、水库库区和河口三角洲等不同部位可能带来的利弊，充分认识泥沙淤积在滩区和主槽可能带来的利弊，充分认识“拦、排、调、放、挖”的各自潜力，以维持主槽不萎缩、“二级悬河”不发展、潼关高程可降低为目标，妥善安排入黄泥沙的出路以使泥沙在沿程得到合理配置，至今仍未做系统分析。

在水沙运动基础理论方面，根据历史实测资料，研究了挟沙水流运动及河床演变规律、粗细泥沙沿程调整特点、不同流量级下黄河下游各河段的冲淤过程，总结提出了黄河下游河道“多来多排多淤”、“淤滩刷槽”、“大水出好河”等基本规律，初步提出了河道冲淤临界流量及相应的含沙量条件。但对黄河主槽萎缩的机制、维持黄河重点河段主槽不萎缩的水沙过程、不同量级洪水对主槽的塑造作用等问题，仍缺乏深入或针对性研究，因此难以回答维持黄河河道主槽不萎缩所需要的水沙过程。

黄河下游输沙用水是黄河有别于其他江河的特殊功能需水，是大家关注的重点，但由于人们对输沙用水的认识有区别，因此提出的输沙用水成果也存在较大差异。本书认为，所谓输沙用水是指在基本维持下游河道主槽不萎缩情况下，将一定数量的泥沙输送至河口所需要的水量，这样的概念与前人的概念在前提条件上有很大区别，主要反映在河床淤积控制条件方面，因此其具体数量必然有所改变。

在水沙过程塑造方面，三门峡水库曾进行过两次蓄水造峰试验，但其调控流量和水量偏小，因此下游冲刷仅发展到艾山附近。2002 年以来，黄河进行了多次调水调沙原型试验，初步探索了利用水库群联合调度、浑水水库、异重流和小浪底泄洪孔洞开启等措施塑造人工高含沙洪水的模式，为今后水库水沙调度积累了经验。但我们还需深入研究下列两方面：一方面，我们需要知道什么样的水沙过程对下游河道主槽的塑造与维持最为有效；另一方面，黄河下游所需要的水沙条件必须通过小浪底等各大水库的调控来实现。

高含沙小洪水往往造成黄河下游主槽严重淤积，人们认为最好应将其引导至滩区低洼地带进行淤滩，但如何调控和利用高含沙洪水、如何协调滩区生产与放淤的关系等，目前仍没有明确的指导意见。

第2章 黄河水沙及主槽过流能力变化

2.1 黄河流域概况

黄河是我国的第二大河，发源于青藏高原巴颜喀拉山北麓海拔4 500 m的约古宗列盆地，流经青海、四川、甘肃、宁夏、内蒙古、陕西、山西、河南、山东等九省（区），在山东垦利县注入渤海。干流河道全长5 464 km，流域面积79.5万km^2（包括内流区4.2万km^2，下同）。黄河流域东临渤海、西居内陆，气候条件差异明显，全流域多年平均降水量为452 mm，总的趋势是由东南向西北递减。流域多年平均天然径流量为580亿m^3，径流量地区分布不均，其中55.6%的径流量来自兰州以上地区，而其流域面积仅占全河的29.6%；19.5%的径流量来自龙门至三门峡区间，其流域面积占全河的25.4%。黄河是世界上大江大河中输沙量最大、含沙量最高的河流。中游三门峡站多年平均输沙量为16亿t，多年平均含沙量为35 kg/m^3，实测最大含沙量为911 kg/m^3（1977年），均为大江大河之最。20世纪70年代以来，由于大规模的水利水保措施逐渐发挥作用，多年平均减少入黄泥沙3.5亿~4.5亿t。20世纪90年代以来，由于降雨尤其是暴雨偏少，来沙量较小，水沙异源是黄河泥沙的另一特点。黄河泥沙90%来自中游的河口镇—三门峡地区，而该地区来水量仅占全河来水量的32%，河口镇以上来水量占全河来水总量的54%，来沙量仅占9%。此外，黄河泥沙年内分配集中。汛期7~10月来沙量占全年来沙量的90%，其中7~8月来沙量占全年来沙量的71%。本书的研究对象为黄河上游地区的内蒙古河段和黄河下游河段（见图2-1）。

黄河内蒙古河段位于黄河上游下段和中游上段，总长830 km，自宁夏石嘴山巴音陶亥入境至内蒙古准格尔旗马栅乡出境，有平原河流段516 km，山区河流段314 km（王彦成等，1999），见图2-1(b)。流域内引黄灌区总土地面积为172.5万km^2，耕地面积为65.5万km^2（任树梅等，1998）。内蒙古三盛公以下河段，黄河处于自南向北流向的顶端，凌汛期间冰塞、冰坝壅水，往往造成堤防决溢，危害较大。本河段流经干旱地区，降水少、蒸发大，加之灌溉引水和河道侧渗损失，致使黄河水量沿程减少。

黄河下游为桃花峪至河口段，干流河道长786 km，流域面积2.2万km^2，汇入的较大支流有3条。现状河床高出背河地面4~6 m，比两岸平原高出更多，成为淮河和海河的分水岭，是举世闻名的“地上悬河”。从桃花峪至河口，除南岸东平湖至济南区间为低山丘陵外，其余全靠堤防挡水，历史上堤防决口频繁，目前依然严重威胁黄淮海平原地区的安全。按照河道形态的不同，黄河下游通常可分为三段（钱意颖等，1993；Wu，2005）：上段从桃花峪至高村，为游荡型河段；下段从陶城铺至利津，为稳定的蜿蜒型河段；中间从高村至陶城铺为从游荡型到蜿蜒型的过渡河段。黄河下游沿程有花园口、夹河滩、高村、孙口、艾山、泺口、利津共7个水文测站，见图2-1(c)。考虑到测站的分布特点和代表性，本书选择花园口、高村、孙口、艾山、利津5个测站作为主要研究对象。

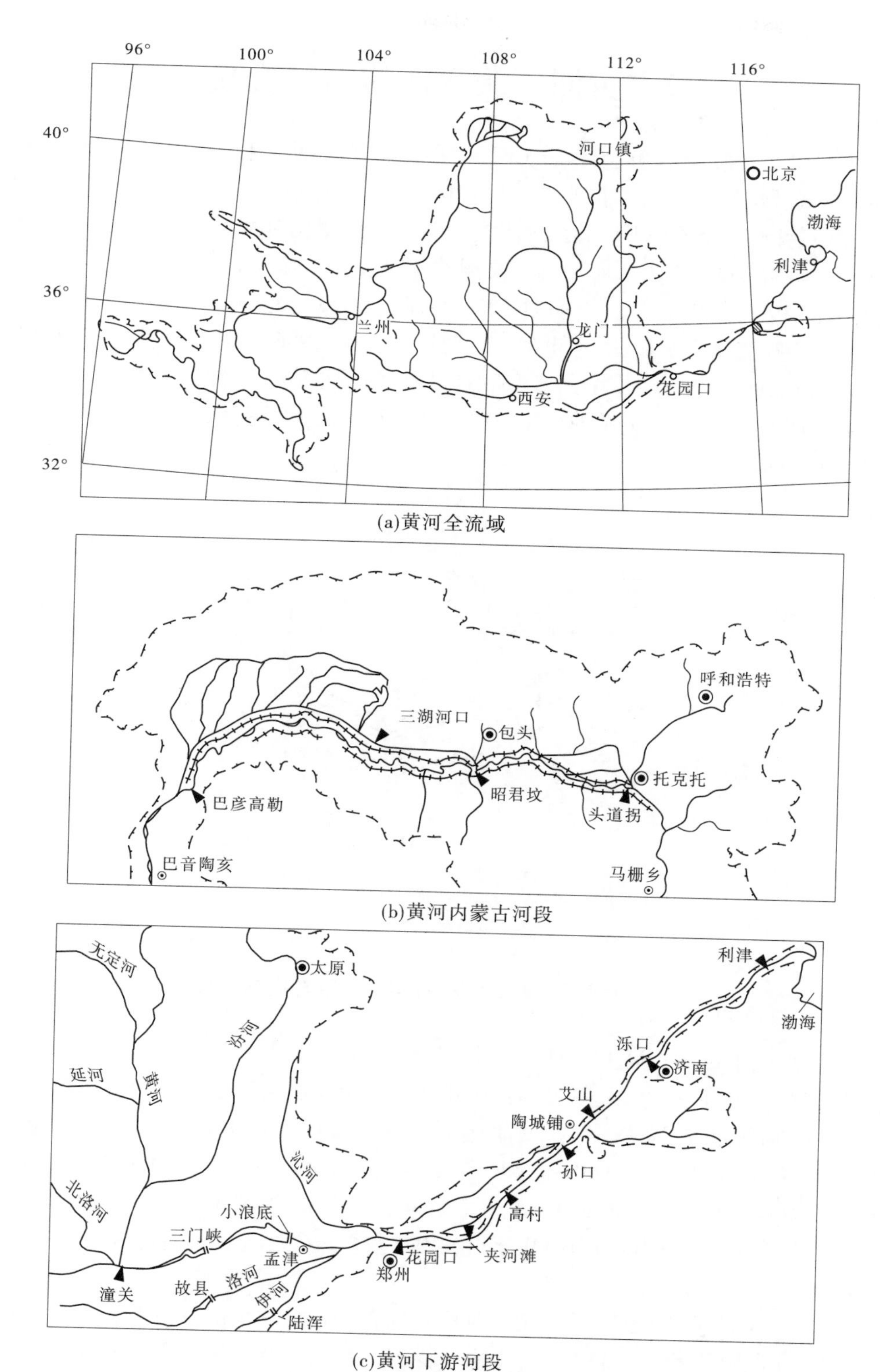

(a)黄河全流域

(b)黄河内蒙古河段

(c)黄河下游河段

图 2-1　黄河流域示意图

2.2 黄河干流水沙的沿程变化

新中国成立以来，随着社会经济的不断发展，大量的蓄水工程、引水设施不断修建，至2000年，流域已建各种大、中、小型水库达3 100多座，总库容达700亿 m^3，沿线各种用于生活、灌溉的引水工程更是不计其数。人类活动及气候变化对黄河的水沙条件产生了越来越深刻的影响。图2-2为黄河干流主要测站各时段的年均径流量变化情况。从图2-2可以看到，除1960～1964年丰水时段的年均径流量比20世纪50年代有所增加外，其余各时段的年均径流量都明显比20世纪50年代少，而且1986年以后这种趋势越来越明显，2000年以后的年均径流量减小到了所有时段中的最小值。从图2-2中还可以看出，由于工农业生产的取水，黄河下游的径流量具有沿程不断减少的趋势，而且这种减少的趋势1986年以后更加明显。

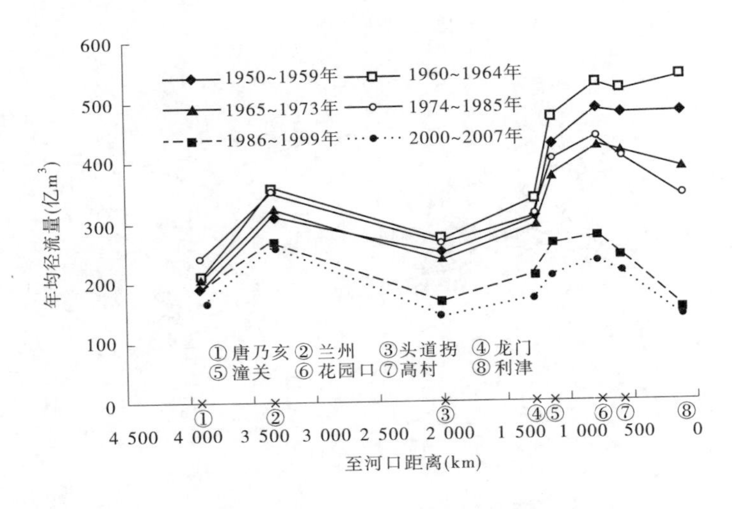

图2-2 黄河干流主要测站各时段年均径流量变化情况

图2-3反映了黄河干流主要测站各时段年均实测输沙量变化情况。由图2-3可以看出，输沙量在1986年以后大量减少，而且2000年以后年均输沙量减小到了历史最小值。黄河下游沿程径流量的减少，黄河下游的输沙量也是沿程不断减少(1960～1964年时段、2000～2007年时段除外)。1960～1964年三门峡水库拦沙，下游普遍冲刷，输沙量沿程不断增加;2000年以后由于小浪底水库的拦沙作用，花园口—高村河段发生冲刷，沿程输沙量有所增加，而在高村—利津河段，由于沿程引水较多，又发生淤积，使得沿程输沙量增加不明显。

图2-4反映了黄河干流主要测站各时段年均含沙量变化情况。由图2-4可以看出，含沙量总体上具有不断减少的趋势。但由于受三门峡水库和小浪底水库初期拦沙、水库下泄清水的影响，黄河下游的含沙量具有沿程增加的特点。

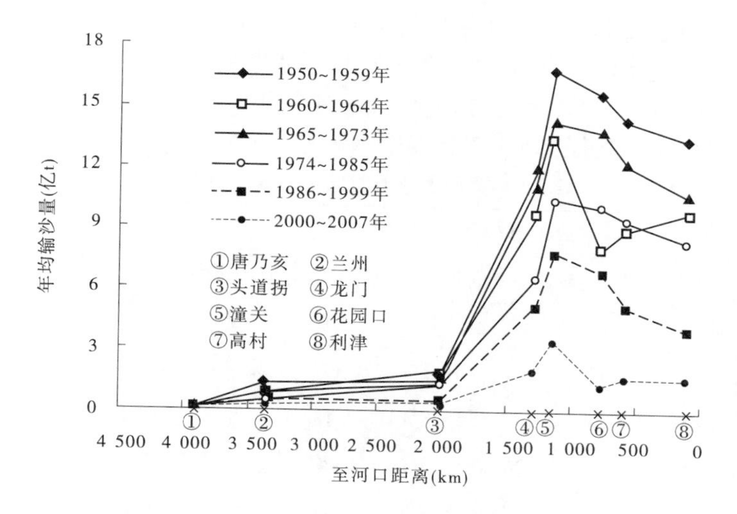

图 2-3　黄河干流主要测站各时段年均实测输沙量变化情况

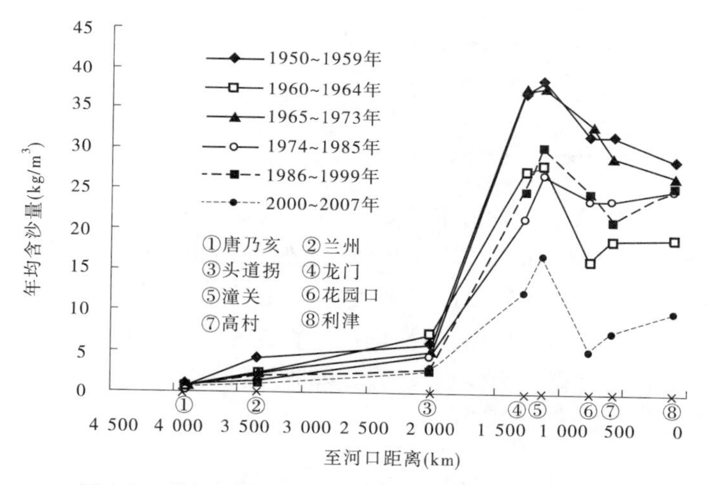

图 2-4　黄河干流主要测站各时段年均含沙量变化情况

2.3　黄河下游水沙变化特点及发展趋势

黄河下游水沙条件的变化集中体现在以下几方面：一是上游来水量和来沙量减少；二是中上游水库调蓄作用导致汛期下游水量所占比例减少，非汛期水量所占比例增加，水量年内分配趋向均匀化；三是洪峰流量大幅度减小，小流量历时大幅度增加；四是高含沙洪水常有发生，来沙系数极不稳定。

2.3.1　来水来沙量不断减少

表 2-1 为 1950 ~ 2007 年黄河下游不同时段的来水、来沙量统计结果，显示了水沙量不断减少的特点。黄河下游（三门峡 + 黑石关 + 小董，2000 年以后为小浪底 + 黑石关 +

小董,下同)年均水量由20世纪50年代的497亿m^3减少到了1986年以后的274亿m^3,减少了44.9%,2000年以后只有230亿m^3,仅为20世纪50年代的46%;沙量也具有相同的减少趋势,由20世纪50年代的18.19亿t减少到了1986年以后的7.61亿t,减少了58.2%,2000年以后因受小浪底水库初期蓄水影响来沙量进一步减少到0.64亿t。

表2-1 黄河下游各时期年均来水来沙量

时期	年均水量(亿m^3)					年均沙量(亿t)				
	非汛期		汛期		全年水量	非汛期		汛期		全年沙量
	水量	百分比	水量	百分比		沙量	百分比	沙量	百分比	
1950~1959年	193	38.9%	304	61.1%	497	2.64	14.5%	15.55	85.5%	18.19
1960~1964年	227	44.2%	287	55.8%	514	2.28	33.0%	4.64	67.0%	6.93
1965~1973年	194	46.2%	226	53.8%	420	3.15	19.7%	12.84	80.3%	15.99
1974~1980年	164	42.0%	227	58.0%	391	0.19	1.6%	12.03	98.4%	12.22
1981~1985年	204	40.7%	298	59.3%	502	0.38	3.9%	9.36	96.1%	9.74
1986~1999年	147	53.6%	127	46.4%	274	0.39	5.2%	7.21	94.8%	7.61
2000~2007年	144	62.4%	86	37.6%	230	0.04	6.2%	0.60	93.8%	0.64
1950~2007年	182	45.0%	222	55.0%	404	1.30	12.7%	8.89	87.3%	10.19

图2-5和图2-6分别给出了黄河下游花园口站的年径流量和年输沙量变化过程,反映出年径流量和年输沙量随着时间不断减少的趋势,同时也反映出了它们与水库修建和运行情况的响应关系。例如,1960~1964年为历史上的丰水期,所有测站的年径流量都较大,但由于三门峡水库的拦蓄作用,下游的泥沙输送量降到了较低值。再如2000年以后小浪底水库开始运行,使得人为控制黄河水沙的程度得到进一步加强,所有测站的输沙量都降低到了历史最低值。

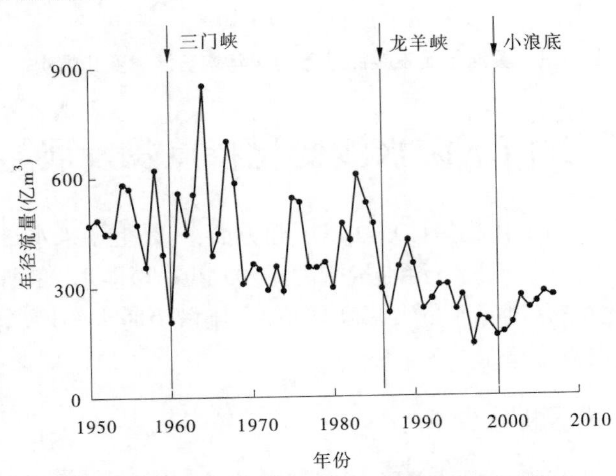

图2-5 黄河下游花园口站年径流量变化过程

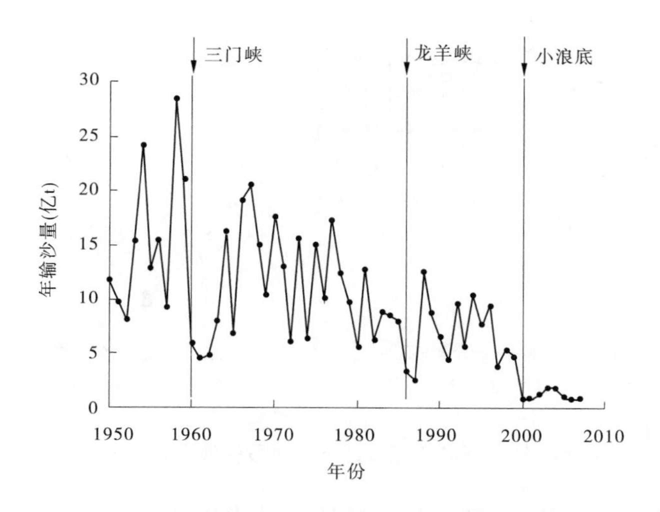

图 2-6　黄河下游花园口站年输沙量变化曲线

2.3.2　非汛期水量所占比例增加、水量年内分配趋向均匀化

人类对黄河下游水沙量的影响不仅反映在径流量和输沙量的锐减,亦反映在其年内分配的变化上。首先,汛期的来水量占全年来水量的比例在不断减小,而非汛期的来水量占全年来水量的比例在增加。例如,表 2-1 统计计算得出的结果,黄河下游汛期的来水量占全年来水量的比例由 20 世纪 50 年代的 61.1% 减小到了 1986 年以后的 46.4%,2000 年以后更减小到了 37.6%。图 2-7 反映了黄河下游花园口站不同时段径流量年内分配情况。

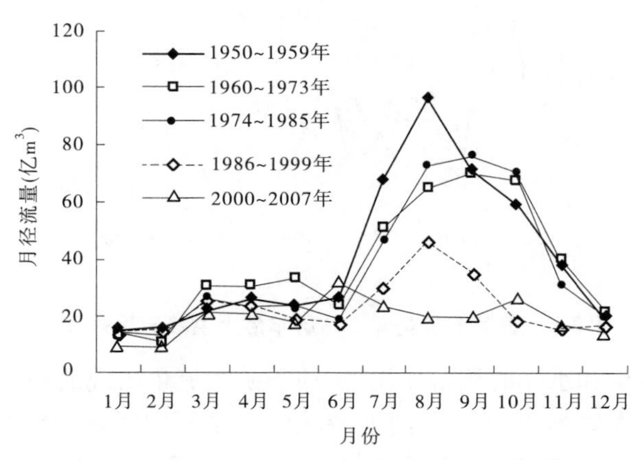

图 2-7　黄河下游花园口站不同时段径流年内分配情况

中游水库采用蓄清排浑的控制运用方式以后,全年泥沙集中于汛期排出,使得下游汛期来沙量占全年来沙量的比例比以前有所增加。如表 2-1 的统计数据表明,20 世纪 50 年代汛期的来沙量占全年来沙量的比例为 85.5%,而在 1986 年以后增加到了 94.8%。图 2-8 反映了黄河下游花园口站不同时段输沙量年内分配情况。

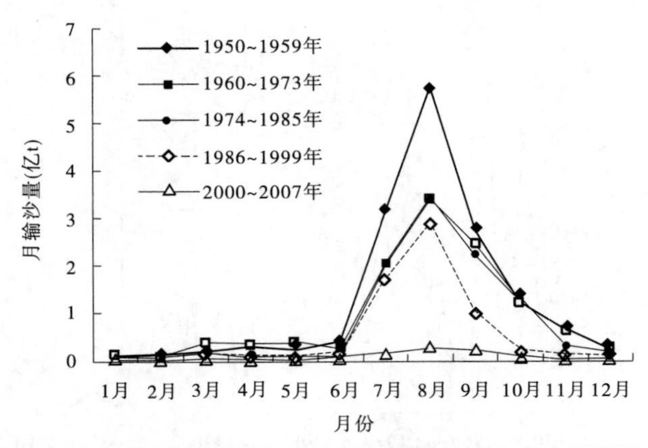

图 2-8　黄河下游花园口站不同时段输沙量年内分配情况

2.3.3　洪峰流量大幅度减小、小流量历时大幅度增加

图 2-9 是黄河下游花园口站历年最大洪峰流量过程。由图 2-9 可以看出，1990 年以后的年最大洪峰流量要比 1990 年以前减小很多。据统计，1950 ~ 1969 年天然径流情况下的多年平均年最大洪峰流量为 10 861 m^3/s，而 1986 ~ 1999 年的多年平均年最大洪峰流量为 4 988.6 m^3/s，比 1950 ~ 1969 年减少了 54.1%；而近 5 年的最大洪峰流量均值为 2 360 m^3/s，比 1986 ~ 1999 年均值又减少了 52.7%。

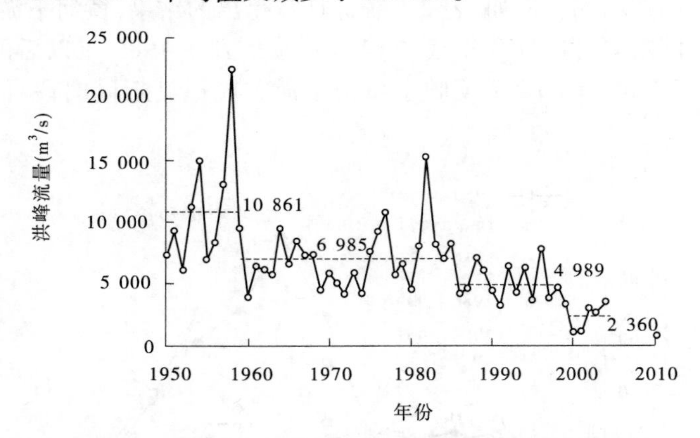

图 2-9　黄河下游花园口站历年最大洪峰流量过程

由于来水量的减少和水库的调蓄作用，黄河下游大流量出现的频率大幅度减小，小流量出现的频率明显增大。图 2-10 为黄河下游花园口站不同时段汛期流量小于某流量级出现的频率变化曲线。由图 2-10 可以看出，1986 年以后大流量出现的频率大量减小，2000 年以后更是减小到了历史最小值，且由于沿程的取水作用，越往下游这种减小的趋势越明显。

图 2-11 为黄河下游花园口站不同时段汛期小于某输沙率量级出现的频率变化曲线，也同样反映了类似的规律。由于大流量出现频率的减小，1986 年以后大输沙率出现的频率也大量减小，进入 2000 年以后，大于 50 t/s 的输沙率几乎没有出现，而且越往下游大输

沙率出现的频率更小。

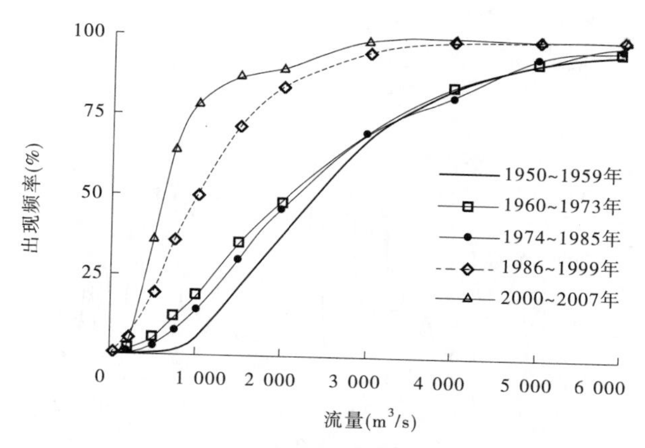

图 2-10 黄河下游花园口站不同时段汛期流量小于某流量级出现的频率变化曲线

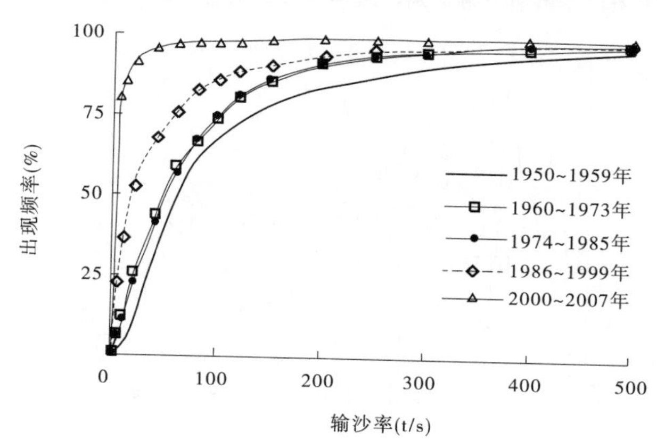

图 2-11 黄河下游花园口站不同时段汛期小于某输沙率量级出现的频率变化曲线

2.3.4 高含沙洪水常有发生、来沙系数不稳定

下游来沙量虽然在不断地减少，但是水流含沙量却很不稳定，暴雨强度大的年份含沙量仍较大，如图 2-12 所示。花园口站在 20 世纪 90 年代就有 4 年的最大日均含沙量超过了 300 kg/m^3，在历史上也仅次于 1970 年、1973 年和 1977 年。所以，一旦有的年份洪水较大，依然会发生高含沙洪水，即使进入 2000 年以后，这种情况依然存在，如 2002 年花园口站的最大日均含沙量亦达到了 200 kg/m^3 左右。

图 2-13 反映了黄河下游花园口站年均含沙量的变化曲线。从图 2-13 中也可以很明显看出，年均含沙量随水库的修建和不同运用方式而发生改变。如花园口站在 1950 ~ 1959 年天然径流情况下，年均含沙量为 31.84 kg/m^3；在 1960 ~ 1964 年时段，年均含沙量减小到 16.32 kg/m^3；在 1965 ~ 1973 年时段，年均含沙量增加到历史最高，为 33.17 kg/m^3；1974 ~ 1985 年和 1986 ~ 1999 年时段年均含沙量基本一致，为 24.98 kg/m^3；但是到了 2000 年以后，年均含沙量就大幅度减少，仅为 5.14 kg/m^3，为历史最低值。同时从图 2-13还可以看出，在 2000 年以后，由于小浪底水库的拦沙和调水调沙作用，越往下游年

均含沙量越大，如利津站在该时段的年均含沙量就有12.5 kg/m³，差不多为花园口站的两倍。

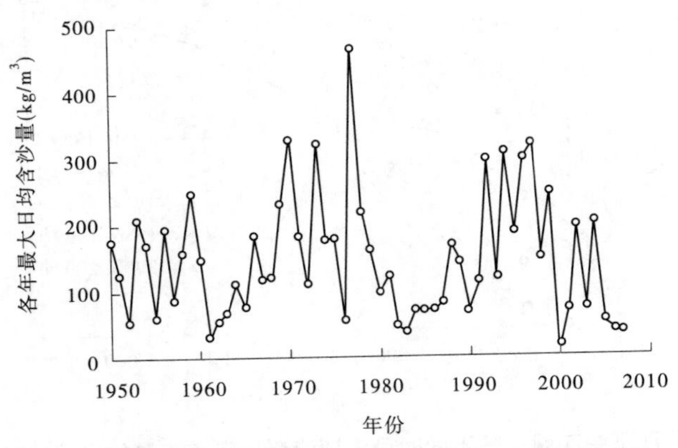

图2-12　黄河下游花园口站年最大日均含沙量变化曲线

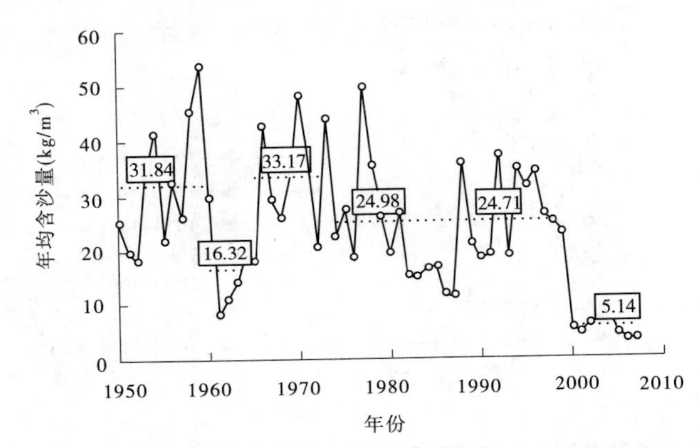

图2-13　黄河下游花园口站年均含沙量变化曲线

含沙量S(kg/m³)与流量Q(m³/s)的比值S/Q(kg·s/m⁶)称之为来沙系数，反映了河道来水来沙搭配条件。1986年以来，尽管进入黄河下游的水沙量大幅度减少，但来沙系数并未减少，个别年份还有所增大，如图2-14所示。从变化过程看，来沙系数变化与干流水库建设及运用密切相关。

2.3.5　不同时期的变化特点

以来水来沙及黄河干流水库运用方式为依据，将1950～2007年划分为不同时段，如表2-1所示。1950～1959年为天然情况，属于平水多沙系列，汛期洪峰流量大，水量的61.1%集中在汛期。1960～1964年是近50年来水量最丰的时期，三门峡水库出库流量过程均匀，中水历时长。1965～1973年为三门峡水库滞洪排沙运用的时期，来水偏枯、来沙偏多，洪水经水库调节后，沙峰滞后洪峰，洪峰削减幅度大。1974年三门峡水库蓄清排浑控制运用后，下游年内清水与浑水交替出现，洪水期洪峰与沙峰基本一致。1981～1985年由于水沙来源区降雨多、中游地区降雨少，从而形成平水少沙系列。

1986 年龙羊峡水库投入运用后，下游来水来沙主要有以下特点：①多年出现枯水少沙，沙量虽减少但并不稳定，暴雨强度大的年份沙量仍较大；②小流量高含沙洪水机遇增多；③洪水洪峰流量小，小水持续时间长，断流天数多；④年内水沙量分配变化大，汛期水量比重减小，沙量比重增大；⑤来沙主要集中在 7 月、8 月，9 月下旬～10 月的来沙特征接近非汛期。

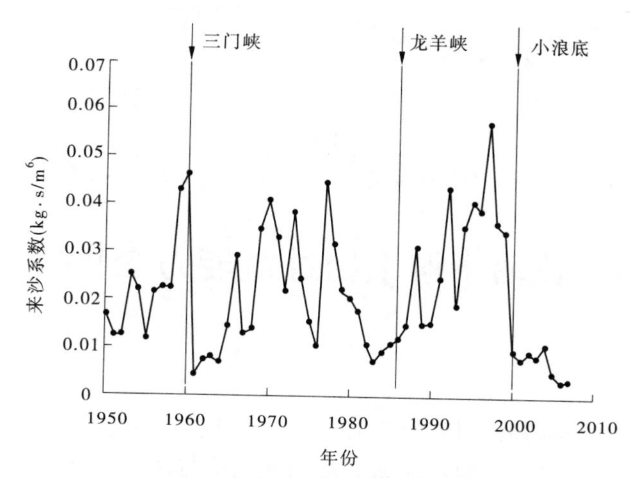

图 2-14　黄河下游花园口来沙系数变化曲线

2000 年以后，由于小浪底水库的蓄水和调水调沙运用，黄河下游的来水来沙情况又有了很多新的变化趋势，水沙量进一步减少，水量的分配更加集中在非汛期，汛期沙量所占的比重略有减小。

2.3.6　黄河下游水沙发展趋势

2.3.6.1　天然径流及人类耗水变化

黄河下游花园口站 1956～2000 年年均天然径流量为 533 亿 m^3，20 世纪 90 年代为 441 亿 m^3。黄河上中游耗水量多年平均为 168 亿 m^3，从 1964 年开始，耗水量由 118 亿 m^3 逐步增加为 1982 年的 197 亿 m^3，此后耗水量有所减少，但是，减少幅度不大，1983～2003 年平均耗水量为 185 亿 m^3。各年花园口站天然径流及上中游耗水量变化见图 2-15。

2.3.6.2　未来水沙变化趋势

据 1920～2003 年黄河流域年降雨系列分析（韩其为，2004），未来 50 年内流域降水不会有大的波动，黄河下游天然径流量将维持近期水平。根据黄河流域水资源规划成果及黄河近期重点治理规划，到 2030 年，水土保持年耗水量可能增加 20 亿 m^3 左右。另外，区域经济的进一步发展决定着人类用水水平不会明显降低，根据目前国务院分水方案，沿黄省（区）的实际用水量在南水北调西线工程生效前不会超过其分水指标（小浪底水库以上约 250 亿 m^3，黄河下游支流站黑石关 + 小董的年均实测径流量约 20 亿 m^3），因此在南水北调西线工程及其他引水工程生效前，进入黄河下游的河川径流量多年均值超过 270 亿 m^3 的可能性较小，相应地进入黄河下游的沙量也将进一步减少。

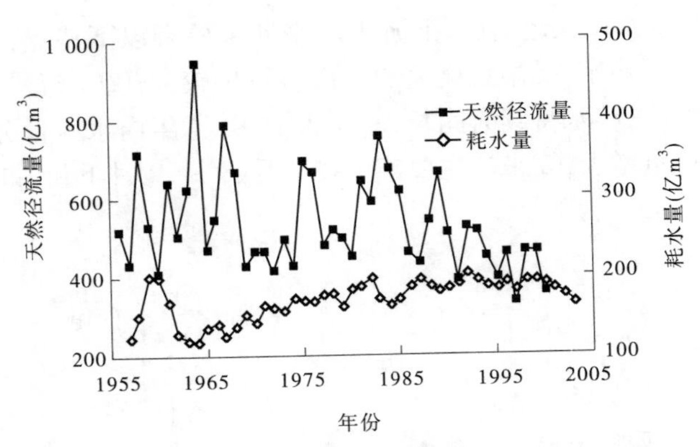

图 2-15　黄河下游花园口站天然径流及上中游耗水量变化

2.4　黄河下游主槽过流能力变化特点

2.4.1　平滩流量概念

平滩流量是指水位与河漫滩相平时的流量。平滩水位相应水流的流速大，输沙能力高，造床作用强。平滩流量是反映水流造床能力和河道排洪输沙能力的重要指标，也是设计稳定河道的几何形态及进行河道整治和修复的重要依据（Knighton，1996；Rosgen，1996；钱宁等，1987），因此平滩流量作为一个重要的主槽形态特征和主槽过流能力指标，在河床演变的研究中得到了广泛应用。

在黄河下游，平滩流量一般是指汛前或汛后某一断面的水位与该断面滩面齐平时该断面所通过的流量。平滩流量的大小与平滩水位下的断面过水面积和相应断面平均流速有关，而这两项水力因子又与下游的断面形态及过流能力有关。因此，平滩流量是水位平滩时局部河段过流中各种水力因子的综合体现。造床流量的水位大致与河漫滩齐平，同时也只有当水位平滩时，其造床作用最大。因为当水位再升高而漫滩时，水流分散，其造床作用较低；而当水位低于河漫滩高程时，流速较小，造床作用也不强，所以平滩流量经常被近似等于造床流量（钱宁等，1989；谢鉴衡等，1990）。

黄河下游河道的断面形态在不同时段、不同河段呈现明显的差异。高村以上宽浅河段为著名的游荡型河段，河床断面常常为多级复式断面，包括主槽、滩地，主槽又包括深槽和嫩滩，河床断面形态见图 2-16。高村至陶城铺河段为过渡型河段；陶城铺以下河段为相对窄深的弯曲型河段，河床断面形态相对单一，如图 2-17 所示。

黄河下游主槽又称中水河槽，即中水期间维持的一个比较明显的深槽，洪水时水面宽度可达数千米乃至 10 km 以上。但实测资料表明，洪水时主槽宽度多数在数百米至 1 500 m，主槽通过的流量常常占总流量的 80% 左右（岳崇诚等，1995）。河床形态对水沙变化反映十分敏感，特别是主槽内较为窄深的深槽，常常随水沙条件的变化迅速作出响应，其位置和大小均发生较大的变化，进而影响主槽甚至河道的过流能力。据研究，一般河流存在两个造床流量：第一造床流量为与变动流量过程输沙效果相同的流量，即输送全部泥沙

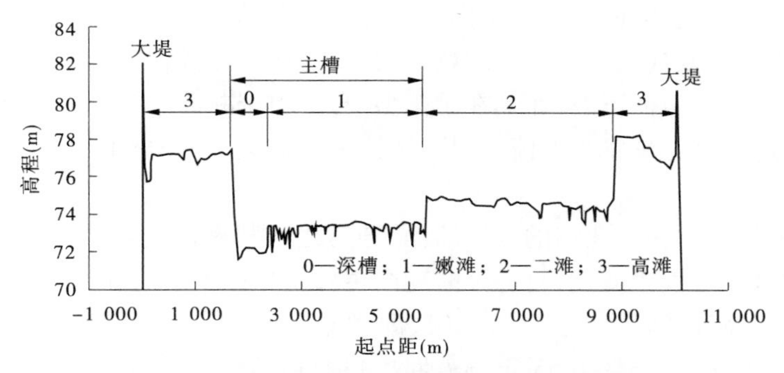

图 2-16　20 世纪 50、60 年代游荡型河段的典型断面形态（常堤断面）

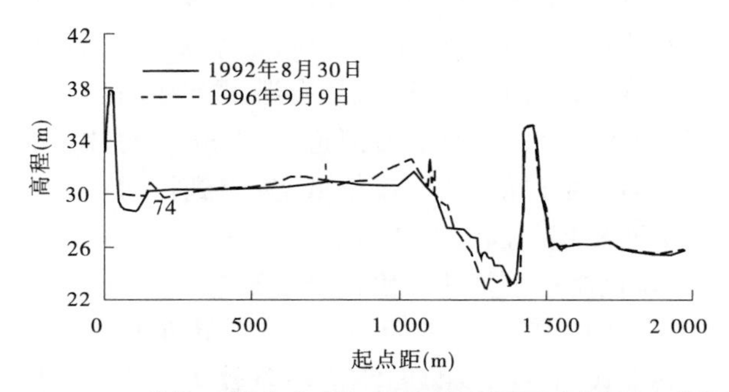

图 2-17　黄河下游弯曲型河段的典型断面形态（泺口断面）

达到纵向平衡的流量;第二造床流量为河床断面达到准平衡时相应的平滩流量,受最大洪水流量的影响很大(韩其为,2004)。可见,黄河下游相应于第二造床流量的主槽是泄洪输沙的主要通道,其过流能力或平滩流量对黄河下游的防洪十分重要,因此也是本项目的研究重点。

需要指出的是,造床流量与平滩流量是两个既有区别又有联系的概念,要区别对待。造床流量是指其造床作用与多年流量过程的综合造床作用相当的某一种流量(钱宁等,1987),是一个虚拟参数,关注的是河道在长时间尺度上的平衡状态,在来水来沙没有发生趋势性变化时,应当将其看做是一个常数,不随来水来沙年际间的丰枯波动而变化。平滩流量则是一个具体的流量,无论来水来沙是否发生趋势性变化,在河床发生冲淤变化时,都会随河道断面的冲淤调整而随时间发生变化,关注的重点不是长时间尺度上的平衡状态。此外,与河流动力学关注的泥沙颗粒运动和床面形态等微观结构与机制相比,平滩流量并不关注床面的细部结构和瞬时变化。因此,平滩流量是一个处于中间尺度上的变量,以微观的泥沙颗粒运动作为支撑,以宏观的平衡状态作为目标,研究中尺度上的主槽形态特征和河道过流能力及其动态调整过程。正是由于平滩流量的中尺度特征,使得其与长系列径流泥沙过程的关系更为显著,而与水流泥沙的短时间波动关系不大。

2.4.2　主槽范围及平滩高程的确定方法

在黄河下游,由于河漫滩的高程不易确定,一般采用较长的一个河段作为依据,此河段通常包含若干个实测横断面及水位流量资料。如果在某一个流量下,各断面的水位均基本上与该河段的河漫滩齐平,此流量即为平滩流量。这样可以避免采用一个断面时的河漫滩高程难以确定及代表性不强的问题。由于该方法概念清楚,方法简单,在实际工作中应用较广。不过,在黄河下游,尤其在游荡型河段,由于断面形态十分复杂,而且相邻实测断面的间距较大,因此确定平滩流量时最关键的内容之一是如何确定主槽范围及平滩高程。

黄河下游的横断面多为典型的复式断面,通常由河槽和滩地组成。在河势变化的过程中,主槽的位置经常发生变化,将一个时期内主槽变化所涉及的部分称为河槽。在游荡型河段,河槽相当宽浅,滩地一般分为三级,即嫩滩(边滩)、二滩、高滩,如图 2-16 所示。对于东坝头以上河段,由于受 1855 年铜瓦厢决口改道后溯源冲刷的影响,增加了一级高滩,即出现三级滩地同时存在的现象。近些年来,由于河槽的严重淤积,高滩越来越不明显,习惯上将深槽(或枯水河槽)和嫩滩合称为主槽,是水流的主要通道。边滩和低滩是中常水位经常上水的两个滩面,它们面积宽广,具有滞洪沉沙的功能,是主槽赖以存在的边界条件。自 20 世纪 50 年代以来,黄河下游河道经过 60 年的冲淤变化,断面形态发生了较为明显的变化。断面形态由以前的"滩高槽低"发展到目前"二级悬河"下的"槽高滩低"。因此,主槽范围及平滩高程的确定方法也随之变化。

2.4.2.1　20 世纪 50、60 年代游荡型河段典型的断面形态

图 2-16 给出了 20 世纪 50、60 年代游荡型河段的典型断面形态,以 1967 年汛前的常堤断面形态为代表。从图 2-16 来看,该断面滩槽高差较为明显,枯水时主槽宽度约 600 m,其平均河底高程约 72.1 m;右岸边滩滩地宽度约 3 000 m,其平均河底高程约 72.5 m;右岸低滩滩地宽约 3 500 m,其平均河底高程约 74.5 m。右岸大堤与低滩之间存在高滩,而左岸大堤与主槽之间仅存在高滩。因此,根据上述主槽范围的定义,该断面主槽包括深槽与边滩部分,宽度约为 3 600 m;平滩高程为低滩滩唇的高程,约为 75.0 m。由此可见,在 20 世纪 50、60 年代,黄河下游断面形态中滩槽高差较为明显,通常主槽平均高程低、滩地平均高程高,因此主槽范围及平滩高程的确定较为容易。

2.4.2.2　"二级悬河"河段的断面形态

自 20 世纪 70 年代以来,进入黄河下游的水量明显偏少,花园口断面水量由 20 世纪 50、60 年代的年均 500 亿 m^3,减少到 330 亿 m^3。下游发生大漫滩洪水的年份减少,70 年代以后发生大漫滩洪水的年份仅有 1977 年、1982 年、1996 年。滩区群众为发展生产,在主槽两侧大力修筑生产堤,且生产堤总是破而复修,甚至越修越坚固。由于生产堤的存在,人为地缩窄了下游的行洪通道,进一步减少了生产堤与临黄大堤之间滩地的洪水漫滩次数,因此发生淤滩刷槽的次数进一步减少,从而加剧了主槽的淤积。主槽淤高的速度大于滩地淤高的速度,生产堤与同岸临黄大堤之间的滩地淤积抬高速度更慢。从 70 年代初开始局部河段就出现了主槽平均河底高程高于滩地平均河底高程的"二级悬河"现象。图 2-18 为"二级悬河"河段典型的断面形态,以 1999 年汛后的禅房断面形态为代表。由图 2-18 可知,该断面主槽宽度仅为 380 m,平均河底高程为 71.4 m;主槽平均河底高程(72.3 m)比右岸滩地平均高程(71.1 m)高出 1.2 m,比堤河最低床面高程高出近 4.0 m。由此可见,这些"二级悬河"河段所在断面的主槽范围及平滩高程的确定较为复杂。主槽范围确定通常需要套绘不同年份汛前与汛后的断面形态,平滩高程的确定还需考虑紧邻

主槽生产堤的部分挡水作用。

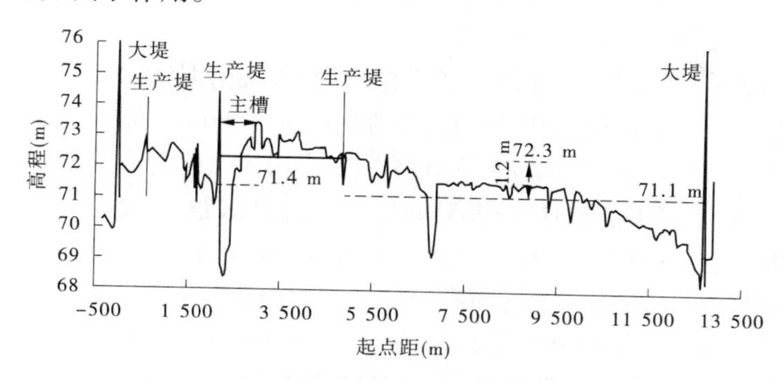

图 2-18 “二级悬河”河段典型的断面形态(禅房断面)

2.4.2.3 弯曲型河段典型的断面形态

如图 2-17 所示,黄河下游弯曲型河段的河床断面形态相对单一,主槽比较明显,易于确定。

2.4.2.4 主槽范围及平滩高程确定的基本原则

在黄河下游,不同河段的断面形态相差较大,相邻上下游实测断面之间的间距一般也较大,加之下游河段水文测验断面数量较少,因此确定任意断面的主槽范围及平滩高程并不容易,必须从多个汛前与汛后测次的断面套绘,以及进行相邻上下游断面间的比较,才能较为准确地确定这两个要素。在确定主槽范围及平滩高程时,主要依据以下原则:

(1)当主槽左右两侧的滩唇均较为明显时,以最低滩唇高程作为平滩高程,两岸滩唇间距即为主槽宽度。

(2)当滩唇不明显或出现二级以上滩唇时,滩唇位置要参考相邻测次的位置,尽可能使滩唇位置不发生大的变化,滩地面积较大一侧的滩唇高程,可作为平滩高程。

(3)对于那些主槽受生产堤严重约束的断面,在计算时还要考虑生产堤的部分挡水作用,此时可将滩唇高程加上一部分生产堤的高度作为平滩高程。

(4)当滩唇位置明显,但与相邻测次相比变化剧烈,且明显不合理时,通常还要参考相邻断面的滩唇高程,进行综合确定。

2.4.3 黄河下游平滩流量变化情况

众所周知,冲积河流的河床演变是由水流与河床相互作用中的输沙不平衡引起的,来水来沙条件起着决定性作用。黄河干流上每次大的水利蓄水工程的投入运用或者运用方式的改变,都使得进入黄河下游的水沙条件发生显著变化,导致河道发生持续性的冲刷或淤积,主槽断面面积也相应发生持续的增加或减少,如平滩流量随累计淤积量的持续增加而减少,随累计淤积量的持续减少而增加,如图 2-19 所示。为此,黄河下游平滩流量的变化分为以下几个阶段。

(1)1950 ~ 1960 年黄河下游基本处于天然状态,年均水量为 480 亿 m^3,年均沙量为 18 亿 t,较长系列平均偏多 22%,属平水多沙系列。这一时期黄河下游平滩流量基本上在 6 000 m^3/s 左右波动。1960 年三门峡水库蓄水运用后,黄河下游基本为清水冲刷,主槽平滩流量明显增加。至 1965 年,花园口、高村、利津水文站主槽平滩流量分别达到 6 800 m^3/s、9 800 m^3/s、7 300 m^3/s。

(2)1965 ~ 1973 年三门峡水库改为滞洪排沙运用,大量泥沙排往下游,下游河道迅速回淤,主槽平滩流量显著减小,至 1973 年达到最小,为 3 500 ~ 3 800 m^3/s。

(3)1974 年三门峡水库为蓄清排浑运用,非汛期下泄清水,汛期集中排沙,下游河道淤积程度明显减缓。特别是 1981 ~ 1985 年黄河下游来水很丰,为百年一遇丰水组合系列,年均水量 482 亿 m^3;但来沙量相对较少,仅 9.70 亿 t,平均含沙量只有 20.1 kg/m^3。因此,这一时期对黄河下游河道主槽冲刷十分有利,主槽过流能力有所增加,至 1985 年,花园口站、高村站、利津站主槽平滩流量已分别达到 6 900 m^3/s、7 600 m^3/s、6 300 m^3/s。

(4)1986 年以后,黄河下游径流量、来沙量特别是径流量大幅度减少。这一时期河道淤积严重且主要淤积在主槽,致使主槽严重萎缩,主槽过流能力再一次明显减小,至 1999 年,黄河下游主槽平滩流量已减少至 2 800 ~ 3 700 m^3/s。

(5)1999 年底小浪底水库投入运用,2002 年以后连续进行了 7 次调水调沙运用,黄河下游主槽过流能力又有所增加。目前,黄河下游主槽平滩流量为 3 700 ~ 5 500 m^3/s。

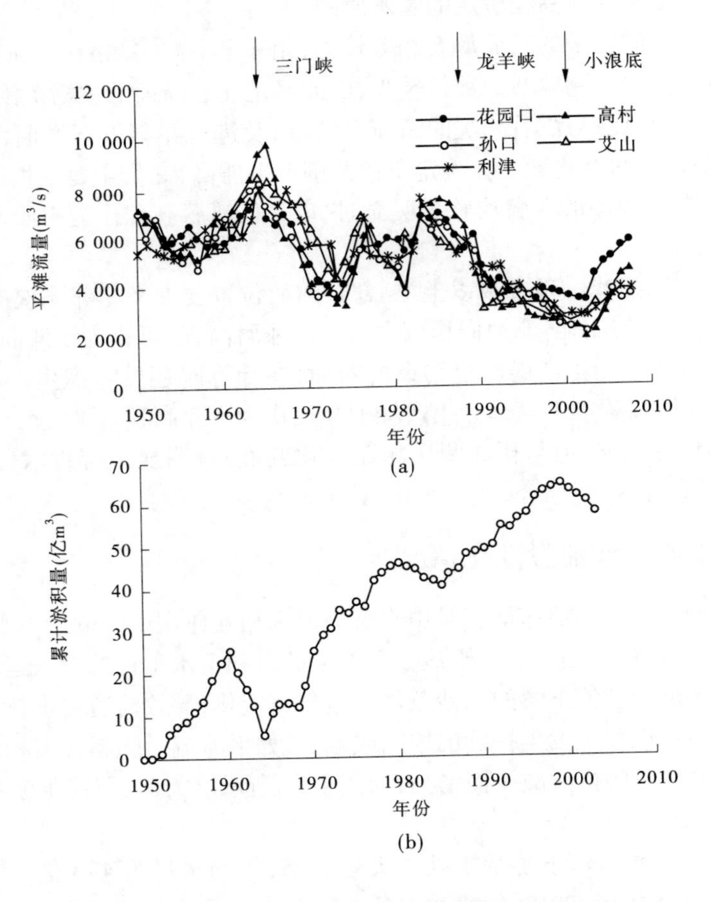

图 2-19 黄河下游平滩流量及河道累计淤积量的历年变化

第3章 黄河下游漫滩洪水控制指标

黄河泥沙主要由洪水输送，洪水期下游河道冲淤变化剧烈，特别是漫滩洪水发生时，主槽形态往往发生大的调整，漫滩洪水是塑造主槽的主要动力之一。不同漫滩程度、不同含沙量洪水黄河下游主槽塑造特点也各不相同。黄河下游漫滩洪水往往会出现“淤滩刷槽”现象，主槽平滩流量大幅度增加，滩槽高差增大，河势趋于稳定，常有“大水出好河”之说。因此，漫滩洪水虽然会给下游沿岸滩区造成一定的灾害，但是在处理黄河下游泥沙、改善泥沙淤积分布，特别是维持主槽不萎缩等方面却具有不可替代的作用。长期以来，人们十分关注对黄河下游漫滩洪水的研究，得出了一些有关漫滩洪水的冲淤特性及计算等方面的成果。刘月兰等系统分析了黄河下游漫滩洪水的滩槽水沙交换特点，认为黄河下游河道平面形态呈宽窄相间的藕节型，水流自窄段进入宽段，泥沙自主槽进入滩地，滩地发生淤积；水流自宽段进入窄段，滩地较清的水流回归主槽，对主槽水流起稀释作用，有助于主槽泥沙的输送或冲刷。同时，利用黄河下游“多来多排”的输沙模式及武汉大学水利水电学院挟沙能力公式，结合马氏京干洪水演进方法，提出了黄河下游漫滩洪水滩槽冲淤计算方法（刘月兰等，1987）。潘贤娣等也利用漫滩洪水资料建立了滩地淤积量计算公式（潘贤娣、李勇等，2006）。“十五”攻关期间，又根据漫滩洪水洪峰流量与平滩流量的比值对漫滩洪水进行了分类，即一般漫滩洪水、大漫滩洪水和高含沙漫滩洪水。一般漫滩洪水指漫滩洪水流量较小、滩地淤积量少的洪水，这类洪水仅主槽发生较明显的冲刷或淤积；大漫滩洪水指漫滩洪水流量较大的洪水，指洪峰流量大于平滩流量1.5倍的漫滩洪水，这类洪水在黄河下游往往发生明显的淤滩刷槽现象。对于高含沙漫滩洪水特别是含沙量大于250～300 kg/m^{3}的高含沙洪水，不但滩地大量淤积，有时主槽也会淤积，出现滩淤槽淤、主槽明显萎缩的现象（张原锋等，2006；姚文艺等，2007）。但是，由于黄河下游漫滩洪水特别是大漫滩洪水发生频次相对较少，并且漫滩洪水期间水沙及冲淤观测相对困难，因此有关漫滩洪水的实测资料较少且不系统，已有的研究成果相对分散，漫滩洪水指标等尚有待于进一步深化及具体化。

3.1 漫滩洪水水沙特征

黄河下游漫滩洪水流量、含沙量沿程变化很大，一般情况下，洪峰流量、含沙量沿程减小。黄河下游漫滩洪水一般不是全线漫滩，漫滩河段取决于进口处洪峰流量与平滩流量。若以花园口洪峰流量大于平滩流量的洪水为黄河下游漫滩洪水，则1950～1999年黄河下游共发生漫滩洪水约51次，其中大漫滩洪水17次，平均每3年发生一次。1950～1959年，共发生大漫滩洪水7次，接近每年一次，最大漫滩洪水发生于1958年，洪峰流量达22 300 m^3/s，相应含沙量为96.6 kg/m^3。1960～1973年，尽管进入黄河下游的水量丰、流量大，但是该阶段黄河下游洪水过程受三门峡水库运用影响较大，难以反映天然漫滩几率。1974～1999年，黄河下游共发生大漫滩洪水9次，平均每2.8年发生一次，其中最大漫滩洪水发生在1982年，洪峰流量达15 300 m^3/s，相应含沙量为38.7 kg/m^3。1986年后，受龙羊峡、刘家峡水库及气候、人类用水变化的影响，黄河下游洪水流量及水量均发生了趋势性减少。1986～1999年，仅发生大漫滩洪水3次，平均每4.7年发生1次，其中1996年发生2次，其最大漫滩洪水流量7 860 m^3/s，相应含沙量为110 kg/m^3。

1950～1999年黄河下游各年发生大漫滩洪水情况见表3-1，各年发生一般漫滩洪水情况见表3-2。1950～1999年共发生一般漫滩洪水35次，其中1950～1973年19次，1974～1999年16次。1986年以后的枯水时期只有6次，平均每2.3年发生1次。

高村水文站洪峰流量大于平滩流量的洪水为高村以下河段漫滩洪水，1950～1999年高村以下河段共发生漫滩洪水31次，其中大漫滩洪水12次，一般漫滩洪水19次。最大漫滩洪水仍发生在1958年，最大洪峰流量17 900 m^3/s，相应含沙量53.8 kg/m^3，主槽平滩流量5 500 m^3/s。对于大漫滩洪水，1974～1999年发生5场，其中1986年后只有一场，发生于1996年8月，漫滩洪峰6 810 m^3/s，相应含沙量10 kg/m^3，主槽平滩流量2 800 m^3/s。可以看出，近期高村以下河段发生大漫滩洪水的几率很小。该河段一般漫滩洪水的分布趋势与高村以上河段基本一致，各年漫滩洪水情况见表3-3。

表3-1　花园口水文站大漫滩洪水情况

序号	年份	最大洪峰流量（m^3/s）	相应日期（月-日）	相应水位（m）	相应含沙量（kg/m^3）	平滩流量（m^3/s）	最大洪峰流量与平滩流量的比值
1	1958	22 300	07-18	94.37	96.6	5 620	3.97
2	1954	15 000	08-05	97.65	34.5	5 800	2.59
3	1982	15 300	08-02	93.97	38.7	6 000	2.55
4	1996	7 860	08-05	94.7	58.4	3 420	2.30
5	1957	13 000	07-19	93.43	46.1	6 000	2.17
6	1953	12 300	08-03	92.53		6 000	2.05
7	1977	10 800	08-08	92.95	437	6 200	1.74
8	1994	6 300	08-08	94.18	209	3 700	1.70
9	1975	7 580	10-02	93.4	42.7	4 500	1.68
10	1976	9 210	08-27	93.22	47	5 510	1.67
11	1959	9 480	08-23	93.36	172	5 700	1.66
12	1973	5 890	09-03	93.66	348	3 560	1.65
13	1996	5 560	08-13	94.11	110	3 420	1.63
14	1954	9 090	08-10	96.97	35.3	5 800	1.57
15	1954	9 040	08-20	96.98	53	5 800	1.56
16	1981	8 060	09-10	93.56	41.7	5 320	1.52
17	1992	6 410	08-16	94.33	245	4 300	1.49

表 3-2 花园口水文站一般漫滩洪水情况

年份	最大洪峰流量（m^3/s）	相应日期（月-日）	相应水位（m）	相应含沙量（kg/m^3）	平滩流量（m^3/s）	最大洪峰流量与平滩流量的比值
1957	8 670	07-26	93.04	54.1	6 000	1.45
1958	7 920	07-07	93.32	55.6	5 620	1.41
1953	8 406	08-28	92.79		6 000	1.40
1994	5 170	07-10	93.66	41.8	3 700	1.40
1959	7 680	08-08	93.1	175	5 700	1.35
1975	5 970	09-23	93.29	55	4 500	1.33
1981	7 050	09-30	93.61	21.5	5 320	1.33
1951	9 220	08-17			7 000	1.32
1958	7 370	07-31	92.84	160	5 620	1.31
1977	8 100	07-09	92.92	470	6 200	1.31
1966	8 480	08-01	93.2	134	6 500	1.30
1956	8 360	08-05	97.17	23.4	6 520	1.28
1959	7 280	08-27	92.96	85	5 700	1.28
1988	7 000	08-21	93.23	44.9	5 500	1.27
1958	7 130	07-26	92.61	51	5 620	1.27
1975	5 660	08-10	93.42	31.7	4 500	1.26
1998	4 700	07-16	94.31	147	3 800	1.24
1975	5 490	08-01	93.37	180	4 500	1.22
1988	6 640	08-12	93.56	180	5 500	1.21
1983	8 180	08-02	93.5	33.6	6 800	1.20
1985	8 260	09-17	93.44	52.2	6 900	1.20
1970	5 830	08-31	93.21	129	4 900	1.19
1977	7 320	08-04	92.2	86.9	6 200	1.18
1971	5 040	07-28	93.04	192	4 300	1.17
1955	7 200	07-31			6 170	1.17
1956	7 580	06-27	97.26	32	6 520	1.16
1964	9 430	07-28	92.92	44.7	8 200	1.15
1982	6 850	08-15	93.23	49.9	6 000	1.14
1953	6 795	08-21	92.39		6 000	1.13
1993	4 300	08-07	93.84	143	3 800	1.13
1968	7 340	10-14	93.18		6 500	1.13
1988	6 160	08-09	93.69	125	5 500	1.12
1979	6 600	08-14	93.54	108	5 900	1.12
1959	6 330	07-24	93.19	80	5 700	1.11
1955	6 800	09-19	96.75	41	6 170	1.10

表 3-3　高村水文站漫滩洪水情况

年份	最大洪峰流量（m^3/s）	相应日期（月-日）	相应水位（m）	相应含沙量（kg/m^3）	平滩流量（m^3/s）	最大洪峰流量与平滩流量的比值
1958	17 900	07-19	62.96	53.8	5 500	3.25
1996	6 810	08-09	63.87	10	2 800	2.43
1957	12 400	07-20	62.41	57.3	5 300	2.34
1954	12 600	08-06	61.61	51.6	5 500	2.29
1982	13 000	08-05	64.11	28.4	5 900	2.20
1981	7 390	09-12	63.37	38.3	3 900	1.89
1953	10 300	08-05			5 800	1.78
1954	9 640	08-21	61.06	97.5	5 500	1.75
1956	8 290	08-05	61.63	76.8	5 420	1.53
1975	7 200	10-04	62.91	31.6	4 710	1.53
1981	5 860	10-06	63.1	30	3 900	1.50
1953	8 701	08-29	60.75		5 800	1.50
1958	8 200	08-05	61.64	109	5 500	1.49
1976	9 060	08-31	62.86	33.9	6 090	1.49
1954	7 880	08-11	60.94	38.3	5 500	1.43
1954	7 610	08-15	60.84	55.5	5 500	1.38
1970	5 660	09-01	61.45	101	4 300	1.32
1981	5 060	08-26	62.9	53	3 900	1.30
1959	8 650	08-23	62.58	194	6 700	1.29
1992	4 100	08-19	63.12	107	3 200	1.28
1968	7 210	10-15	61.39	43.9	6 000	1.20
1967	7 160	10-10	61.45	30	6 000	1.19
1974	4 000	10-07	62.34	30.6	3 370	1.19
1968	7 070	09-16	61.38	55.2	6 000	1.18
1973	4 100	09-02	62.28	147	3 500	1.17
1989	5 270	07-26	62.7	94.7	4 600	1.15
1955	6 170	09-15	61.46	63.4	5 400	1.14
1955	6 100	09-19	61.41	45	5 400	1.13
1998	3 020	07-18	63.4	54.8	2 700	1.12
1972	4 330	09-04	62.04	46.7	3 900	1.11
1958	6 100	08-01	61.32	153	5 500	1.11

3.2 漫滩洪水滩槽水沙交换模式

3.2.1 滩槽输沙率分配

黄河下游漫滩洪水沿程滩槽交换一次的河长一般为 20～30 km，每次滩槽交换入滩水流含沙量与主槽含沙量有关，同时与全断面含沙量分布有关。全断面含沙量分布与断面形态及断面次生流有关，目前还难以直接推求。本书采用漫滩洪水资料分析确定不同河段主槽含沙量与入滩水流含沙量之比

$$\rho = \frac{S_p}{S_n} \tag{3-1}$$

式中：S_p 为主槽含沙量；S_n 为滩地水流含沙量；ρ 为比例系数，由实测资料率定，高村以上河段取 1.5，高村以下河段取 2.0。

已知进口断面输沙率 Q_s，则有

$$Q_s = Q_{sp} + Q_{sn} = Q_p S_p + Q_n S_n \tag{3-2}$$

将式(3-1)代入式(3-2)得

$$Q_s = Q_{sp} + Q_{sn} = Q_{sp}\left(1 + \frac{Q_n}{\rho Q_p}\right) = CQ_{sp} \tag{3-3}$$

其中

$$C = 1 + \frac{Q_n}{\rho Q_p} \tag{3-4}$$

则主槽输沙率为

$$Q_{sp} = \frac{Q_s}{C} \tag{3-5}$$

滩地输沙率为

$$Q_{sn} = Q_s\left(1 - \frac{1}{C}\right) \tag{3-6}$$

若计算河段只含一个滩槽交换子河段，则滩槽分沙计算已完成；若含 N 个子河段，则需要求得每个子河段进口断面滩槽泥沙分配。此时，假定计算河段内滩槽分流比 Q_n/Q_p 不变，则 C 为常数。由于沿程冲淤，断面总输沙率沿程变化，假定输沙率沿程呈直线变化，即冲淤量沿程均匀分布，由内插可求各小段进口断面输沙率，假定计算河段内输沙率总变化为 ΔQ_s，各小段输沙率变化量为 $\Delta Q_s/N$，第 i 个小段进口断面输沙率为

$$Q_{si} = Q_s - \frac{i-1}{N}\Delta Q_s \tag{3-7}$$

则

$$Q_{spi} = \left(Q_s - \frac{i-1}{N}\Delta Q_s\right)/C \tag{3-8}$$

$$Q_{sni} = \left(Q_s - \frac{i-1}{N}\Delta Q_s\right)\left(1 - \frac{1}{C}\right) \tag{3-9}$$

式中：Q_{spi}、Q_{sni}分别为第 i 小段槽、滩分配输沙率。

3.2.2 滩地挟沙力计算

经过漫滩淤积后，由滩地返回主槽的水流含沙量可直接采用如下公式计算

$$S'_{ni} = 0.22\left(\frac{v_n^3}{gh_n\bar{\omega}_n}\right)^{0.76} \tag{3-10}$$

式中：v_n 为滩地平均流速，m/s，$v_n = \frac{Q_n}{B_n h_n}$；$\bar{\omega}_n$ 为滩地悬沙平均沉速，高村以上河段 $\bar{\omega}_n =$ 0.000 22 m/s，高村—艾山河段 $\bar{\omega}_n = 0.000\ 25$ m/s，艾山以下河段 $\bar{\omega}_n = 0.000\ 15$ m/s。

由此求得各子河段滩地返回主槽的输沙率

$$Q'_{sni} = Q_n S'_{ni} \tag{3-11}$$

3.2.3 河段滩地淤积量计算

子河段滩地淤积量

$$\Delta C_{sni} = \left[(Q_s - \frac{i-1}{N}\Delta Q_s)(1 - \frac{1}{C}) - Q_n S'_{ni}\right]\Delta T \tag{3-12}$$

计算河段滩地淤积量

$$\begin{aligned}\Delta C_{sn} &= \sum_{i=1}^{N}\left[(Q_s - \frac{i-1}{N}\Delta Q_s)(1 - \frac{1}{C}) - Q_n S'_{ni}\right]\Delta T \\ &= \left[(NQ_s - \frac{N-1}{2}\Delta Q_s)(1 - \frac{1}{C}) - NQ_n S'_{ni}\right]\Delta T\end{aligned} \tag{3-13}$$

将式(3-4)代入式(3-13)得

$$\Delta C_{sn} = \left[(NQ_s - \frac{N-1}{2}\Delta Q_s) \times \frac{Q_n}{Q_n + \rho Q_p} - NQ_n S'_{ni}\right]\Delta T \tag{3-14}$$

3.3 漫滩洪水滩槽冲淤模式

3.3.1 滩槽冲淤及断面调整特点

表 3-4 列出了黄河下游发生的典型大漫滩洪水河道滩槽冲淤量（黄河水利科学研究院年度咨询及跟踪研究，2004），表 3-4 中滩地淤积量根据实测断面资料求得，全断面冲淤量根据洪水期沙量平衡法求得，总冲淤量减去滩地淤积量即为主槽冲淤量。

表 3-4 黄河下游典型大漫滩洪水河道滩槽冲淤量 （单位：亿 t）

年份	洪峰时间（月-日）	花园口—艾山			艾山—利津		
		全断面	主槽	滩地	全断面	主槽	滩地
1953	08-03	0.416	-1.784	2.2	-0.38	-1.21	0.83
1954	08-05	2.318	-1.112	3.43	-0.19	-1.66	1.47
1957	07-19	1.29	-3.37	4.66	-0.46	-1.07	0.61
1958	07-18	3.103	-6.097	9.2	-0.527	-2.017	1.49
1975	10-02	0.719	-1.421	2.14	0.133	-1.117	1.25
1976	08-27	1.113	-0.457	1.57	0.413	-0.827	1.24
1982	08-02	0.595	-1.54	2.17	-0.266	-0.73	0.39
1996	08-05	2.576	-1.824	4.4	-0.113	-0.163	0.05

由表 3-4 可以看出，大漫滩洪水期间，花园口—艾山河段、艾山—利津河段基本上为滩地淤积、主槽冲刷。图 3-1 为大漫滩洪水花园口—艾山河段滩槽冲淤关系。从图 3-1 可以看出，滩淤槽冲的关系非常明显，随着滩地淤积量的增加，主槽淤积量减少而冲刷量增加，并且当滩地淤积量大于 2 亿 t 左右时，花园口—艾山河段主槽发生明显冲刷，冲刷量为 1 亿 t 左右。由于艾山以上河段滩地的滞洪滞沙，艾山—利津河段的洪水漫滩程度将大大减小，滩地淤积量也明显减少，淤滩刷槽程度明显降低，滩地淤积对主槽冲刷的促进作用明显低于艾山以上河段，其滩地淤积与主槽冲淤关系见图 3-2。

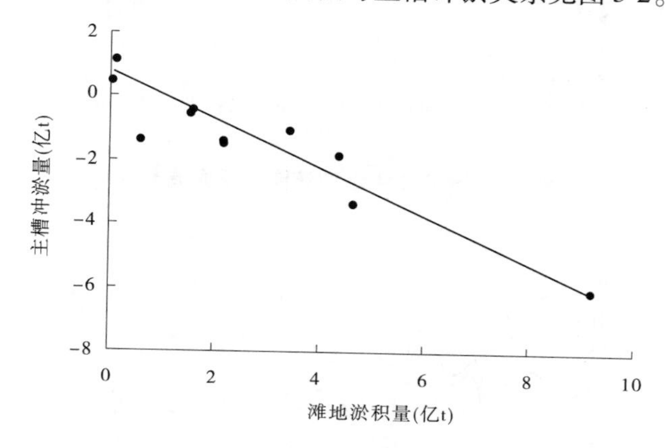

图 3-1 大漫滩洪水花园口—艾山河段滩槽冲淤关系

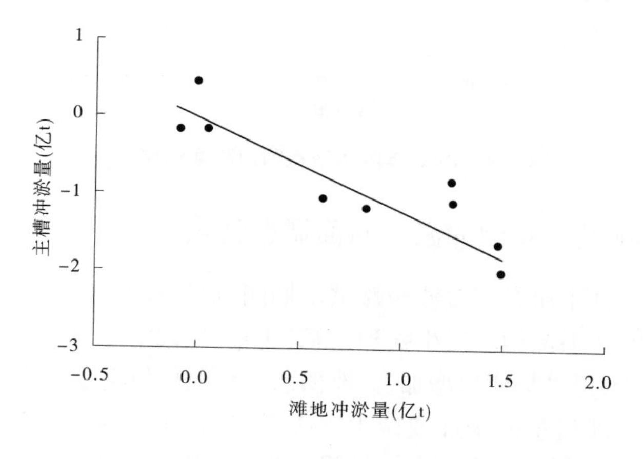

图 3-2 大漫滩洪水艾山—利津河段滩槽冲淤关系

如前所述，大漫滩洪水过后主槽冲刷、滩地淤积，主槽形态相对窄深，有利于输水输沙。以黄河下游花园口站断面为例，1958 年大漫滩洪水过后，主槽面积由 3 190 m^2 增加到 3 510 m^2，河相系数（$\sqrt{B}/H$）由 40 减小为 29，主槽形态明显变窄深。1996 年洪水期间，尽管河道冲淤调整幅度小于 1958 年洪水，但是主槽形态调整仍十分剧烈。洪水过后，主槽面积由 1 872 m^2 增加到 3 140 m^2，河相系数（$\sqrt{B}/H$）由 37.5 减小为 21.5。1958 年洪水、1996 年洪水期间花园口断面调整见图 3-3、图 3-4。

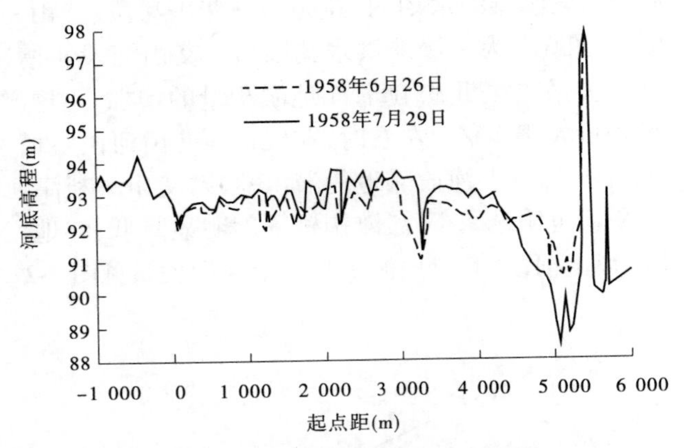

图 3-3　1958 年洪水期花园口断面调整

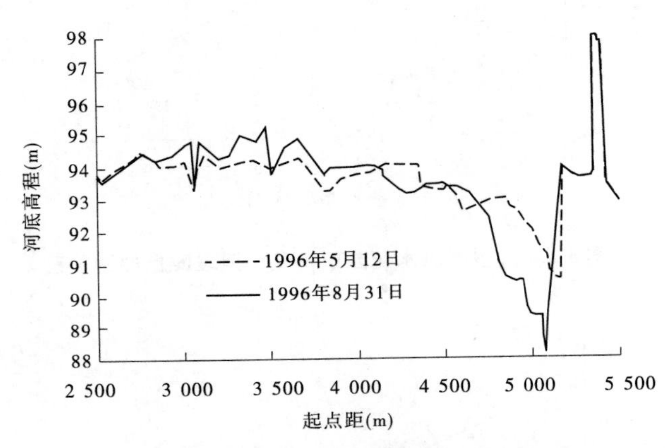

图 3-4　1996 年洪水期花园口断面调整

3.3.2　高含沙漫滩洪水滩槽冲淤及断面调整特点

已有研究认为，黄河下游在高含沙漫滩洪水期间，河道往往发生大量淤积，当洪水期平均来沙系数较大时，一般滩槽均发生强烈淤积，主槽宽度缩窄，滩槽高差增加。主槽宽度缩窄，过流面积减少，但平均流速增加，而滩槽高差增加也使主槽过流面积加大。因此，高含沙洪水塑槽后，平滩流量的增加或减少取决于主槽、滩地的淤积量及其分布。统计20 世纪 50 年代以来黄河下游发生的高含沙漫滩洪水，多数情况下，艾山以上河段，主槽严重淤积，平滩流量减小。高含沙大漫滩洪水，往往滩槽淤积量都很大。如 1953 年 8 月的第二场洪水，花园口最大洪峰流量为 8 406 m^3/s，最大含沙量为 245 kg/m^3，该年汛期黄河下游花园口—艾山河段，滩槽均发生了淤积，淤积量分别为 1.03 亿 t、0.257 亿 t，花园口站平滩流量由汛前的 6 000 m^3/s 减少到 5 800 m^3/s 左右。对于漫滩流量相对较小的高含沙水流，泥沙主要淤积在河槽的嫩滩上，主槽严重萎缩，平滩流量明显减小。如 1977 年洪水，花园口站最大洪峰流量为 10 800 m^3/s，相应含沙量为 437 kg/m^3，洪水期间最大含沙量为 546 kg/m^3，相应的洪峰流量为 6 550 m^3/s。该年汛前花园口平滩流量为 6 800

m^3/s，因此洪水期间，大部分时间洪水在主槽内运行，黄河下游滩槽均发生了淤积，主槽淤积尤为严重。该年汛期艾山以上河段，滩槽分别淤积 1.8 亿 t、5.8 亿 t，平滩流量减少为 4 000 m^3/s 左右。1977 年汛期花园口断面调整情况见图 3-5。1988 年洪水，尽管花园口最大含沙量只有 194 kg/m^3，但是含沙量在 100～200 kg/m^3 范围内持续的时间很长，该年汛期沙量约为 12 亿 t，因此黄河下游主槽、滩地均发生了严重淤积，淤积主要集中在高村以上河段，平滩流量明显减小，但对花园口站而言，平滩流量变化不大，高村站平滩流量则明显减小。1992 年黄河下游淤积主要发生在花园口—高村河段，主槽淤积严重，同样，花园口平滩流量变化不大，高村平滩流量明显减小。其他高含沙洪水情况及平滩流量变化见表 3-5。

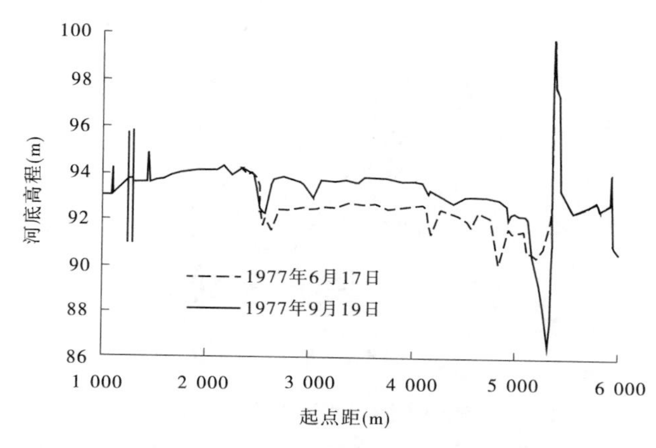

图 3-5　1977 年汛期花园口断面调整

表 3-5　黄河下游高含沙洪水年份花园口站平滩流量变化

年份	最大洪峰及相应的含沙量		最大含沙量及相应的流量		汛前平滩流量 (m^3/s)	汛后平滩流量 (m^3/s)
	流量 (m^3/s)	含沙量 (kg/m^3)	流量 (m^3/s)	含沙量 (kg/m^3)		
1973	5 890	348	5 890	348	4 700	4 200
1992	6 430	245	3 740	454	4 300	4 500
1994	6 300	192	3 420	355	4 000	3 700
1988	7 000	51.4	6 640	194	6 300(高村)	4 600(高村)

3.3.3　黄河下游漫滩洪水滩槽冲淤模式

如前所述，黄河下游漫滩洪水存在“淤滩刷槽”、“淤滩淤槽”等模式，不同模式相应的洪水水沙条件不同。将 1950 年以后漫滩洪水滩、槽冲淤量分别点绘于图 3-6 中，可以看出，黄河下游漫滩洪水滩槽的冲淤与水沙搭配关系密切，当含沙量较低（$S/Q \leqslant 0.04$ $kg \cdot s/m^3$）时，大漫滩洪水期的滩槽冲淤往往表现为“淤滩刷槽”，主槽冲刷量随滩地淤积量增加而增加，其中当 $S/Q \leqslant 0.012$ $kg \cdot s/m^3$）时，“淤滩刷槽”作用明显；当含沙量较高（$S/Q > 0.04$ $kg \cdot s/m^3$））时，其冲淤则表现为“槽淤滩淤”，滩地淤积量随主槽淤积量增加

而增加。图 3-6 中的滩槽冲淤模式可用如下关系式表示

$$C_{sn} = \begin{cases} -1.74C_{sp} - 0.87 & (0.006 < S/Q \leqslant 0.012) \\ -2.31C_{sp} - 0.47 & (0.012 < S/Q \leqslant 0.04) \\ 0.9C_{sp} - 0.10 & (S/Q > 0.04) \end{cases} \tag{3-15}$$

式中:C_{sn}为滩地淤积量,亿 t;C_{sp}为主槽淤积量,亿 t。

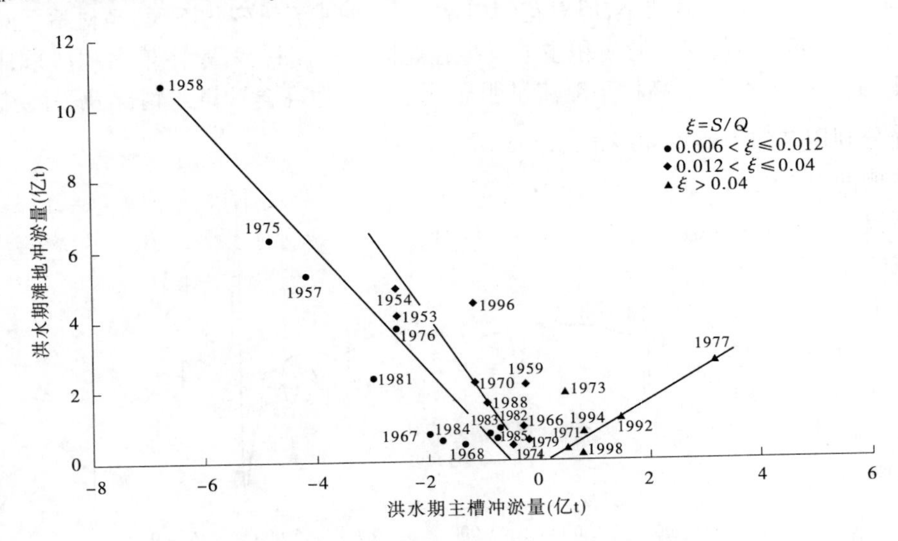

图 3-6 黄河下游漫滩洪水滩槽冲淤关系

根据历年漫滩洪水的漫滩水力要素(如日均最大洪峰流量 Q_m、平滩流量 Q_0、洪水期平均含沙量 S 及大于平滩流量的洪量 W_0),建立滩地淤积量与水力因子综合变化间的响应关系,见图 3-7 和式(3-16)。

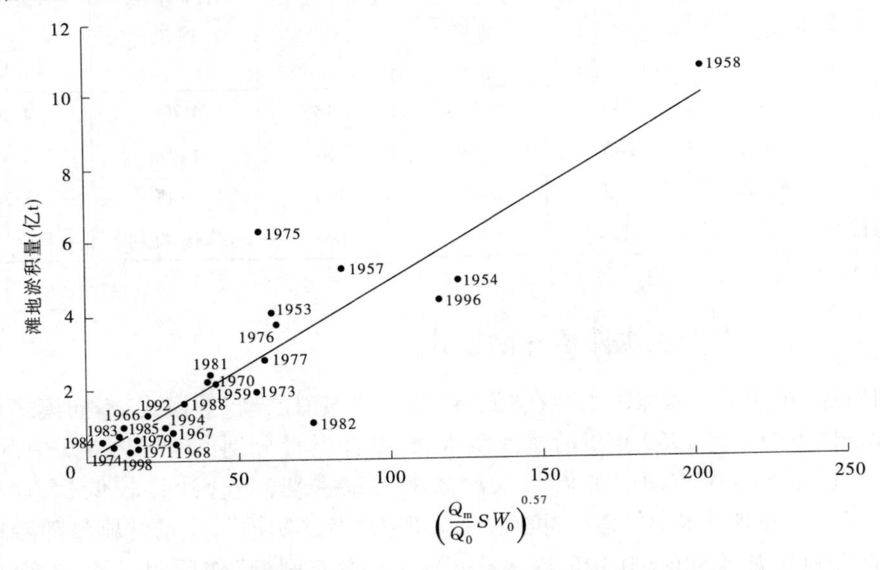

图 3-7 漫滩洪水滩地淤积量与水力因子综合变化间的响应关系

$$C_{sn} = 0.048\left(\frac{Q_m}{Q_0}SW_0\right)^{0.57} \tag{3-16}$$

式中：C_{sn}为滩地淤积量，亿 t；Q_0 为平滩流量，m^3/s；Q_m 为日均最大洪峰流量，m^3/s；W_0 为大于 Q_0 的洪量，亿 m^3；S 为洪水期平均含沙量，kg/m^3。

依据式(3-16)可计算每场漫滩洪水滩地淤积量。

3.4 漫滩洪水滩槽冲淤影响因子

充分利用黄河下游漫滩洪水淤滩刷槽的冲淤特性，不仅是塑造和维持黄河下游一定规模主槽的有效方法，也是处理黄河泥沙的重要途径。但是，随着黄河流域经济社会水平的不断提高，黄河水资源与人类需水矛盾日益紧张，漫滩洪水给两岸滩区群众的生活、生产造成的损失也不断增加。另外，小浪底水库 1999 年年底投入运用后，黄河下游洪水是否漫滩主要取决于小浪底水库运用，不加控制地排放漫滩洪水，还会引起社会矛盾。因此，深入研究黄河下游漫滩洪水滩槽冲淤规律，提出适宜的漫滩洪水流量、含沙量等控制指标，利用小浪底水库科学调控，排放一定规模、一定频次的漫滩洪水，是缓和维持主槽规模与滩区防洪这一矛盾的有效途径。下面主要利用黄河下游实测漫滩洪水资料，并辅助以实体模型试验、数学模型等工具进行综合分析、研究，提出黄河下游漫滩洪水控制指标。

3.4.1 黄河下游漫滩洪水塑槽机制分析

河道输沙能力取决于河道水流水力条件和河床条件。边界条件的改变可以改变水流的水力条件，进而改变河道的输沙能力。如以湿周 P 与水力半径 R 之比 $M(M = P/R)$ 来表征河道的断面形态，则根据明渠水流的曼宁公式 $V = (1/n)R^{2/3}J^{1/2}$ 可推出河道水力要素与断面形态参数 M 的关系(赵业安等，1998)

$$R = \left(\frac{n}{\sqrt{J}}\right)^{3/8}\left(\frac{Q}{M}\right)^{3/8} \tag{3-17}$$

$$V = \left(\frac{\sqrt{J}}{n}\right)^{3/4}\left(\frac{Q}{M}\right)^{1/4} \tag{3-18}$$

式中：n 为糙率；J 为比降；Q 为流量。

由式(3-18)可以看出，当其他因素不变时，同流量的主槽断面平均流速与断面形态参数 M 的 1/4 次方成反比，即主槽越窄深，M 值越小，断面平均流速 V 越大。断面平均流速是影响输沙能力的最主要因素。目前，有关水流输沙能力的公式很多，我们选择较能反映黄河输沙特点武汉大学水利水电学院公式，分析河床断面形态对输沙能力的影响。武汉大学水利水电学院公式如下

$$S_* = 0.451\,5\left(\frac{\gamma_m}{\gamma_s - \gamma_m}\frac{V^3}{gR\omega}\right)^{0.741\,4} \tag{3-19}$$

式中：γ_m、γ_s 分别为浑水和泥沙的容重；V 为平均流速；g 为重力加速度；R 为水力半径；ω 为悬沙平均沉速。

将式(3-17)、式(3-18)代入式(3-19)可得出如下形式的输沙能力公式

$$S_* \propto A_m \left(\frac{Q}{M}\right)^b \tag{3-20}$$

从式(3-20)可以看出,输沙能力与 Q/M 的 b(正值)次方成正相关关系。发生漫滩洪水时,一方面主槽断面过流量 Q 增加,输沙能力增加;另一方面,由于黄河下游滩地阻力远大于主槽阻力,进入滩地的泥沙大部分落淤,使得滩面高程增加,河道滩槽高差增加,主槽形态参数 M 值减小,从而增加主槽输沙能力。另外,滩地回归主槽水流含沙量明显低于主槽,使得下游河段主槽含沙量得到一定程度的稀释,也有助于主槽泥沙的输移。因此,漫滩洪水期间,主槽更容易发生冲刷。当漫滩洪水达到一定规模、滩地淤积明显时,往往会发生明显的"淤滩刷槽"现象。

3.4.2 黄河下游漫滩洪水冲淤影响因子分析

从上述分析可以看出,主槽的冲刷随着流量的增加而增加,漫滩洪水流量的增加、滩地淤积量的增加能够促进主槽的冲刷。滩地淤积除滩地本身的地形因素外,还与漫滩水量、沙量有关。但是,黄河下游河道滩槽地形十分复杂,特别是主槽平滩流量沿程变化较大,即使同一河段、同一洪水,沿程漫滩流量、沙量等也会有较大差异。当两个断面的测次之间发生多场洪水时,很难计算出每一场次洪水的滩、槽冲淤量。下面将以花园口—艾山河段为例,分析漫滩洪水滩槽冲淤的特点。根据洪水流量涨、落过程,将前述漫滩洪水按场次划分,并求出相应的水量、沙量。洪水水量与滩地淤积量的关系如图 3-8 所示。由图 3-8 可以看出,对于大漫滩洪水,滩地淤积量随洪水水量增加的趋势十分明显。当洪水水量大于 50 亿 m^3 左右时,除 1981 年含沙量较低外,滩地淤积量一般在 2 亿 t 以上。花园口—艾山河段漫滩洪水水量与主槽冲淤关系如图 3-9 所示。尽管主槽冲淤受多种因素的影响,其随洪水水量的变化趋势还是比较明显的。从图 3-9 中可以看出,当洪水水量为 50 亿 m^3 左右时,主槽冲刷在0 ~2 亿 t 变化,平均约 1 亿 t。

不同来源区的洪水,其水沙关系在黄河下游表现不同。来自黄河中游的洪水,含沙量往往很高,来自黄河上游和下游的洪水含沙量则相对较低。从花园口漫滩洪水水量、沙量关系(见图 3-10)可看出,来自中游的高含沙洪水如 1973 年洪水、1977 年洪水、1996 年洪水,尽管沿程发生了剧烈冲淤调整,在黄河下游花园口站仍表现为高含沙水流,当洪水水量为 25 亿 m^3 左右时,输送沙量最大可达 7 亿 t 以上。其他一般含沙洪水,洪水水量、沙量关系相关性较好,当洪水水量为 50 亿 m^3 左右时,花园口站洪水挟带的沙量为 1.5 亿 ~ 5 亿 t,平均为 3 亿 t 左右。

滩地淤积不但与洪水水量、沙量有关,而且与水沙过程有关。同时,为便于小浪底水库调控适宜的漫滩水沙过程,研究洪峰流量对滩地淤积的影响,进而提出流量调控指标等非常重要。"十五"攻关期间,曾提出当洪峰流量与平滩流量的比值 β 大于 1.5 左右时,黄河下游河道滩地淤积量明显增加,且当 β 继续增加时,滩地淤积量随之增加。因此,黄河下游漫滩洪水流量指标的控制,应使得 β 值至少大于 1.5(张原锋等,2006)。

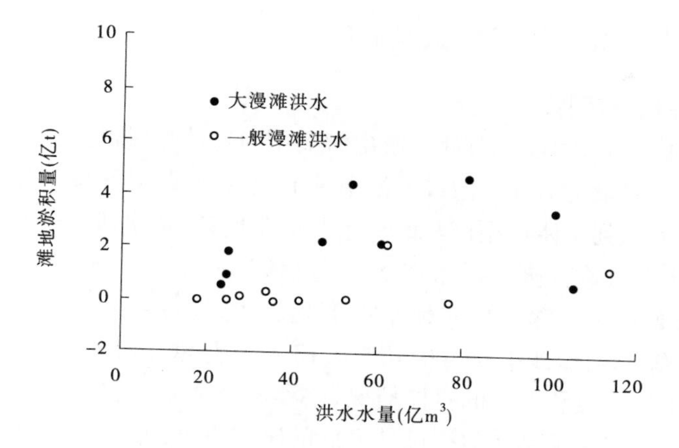

图 3-8　花园口—艾山河段漫滩洪水水量与滩地淤积量的关系

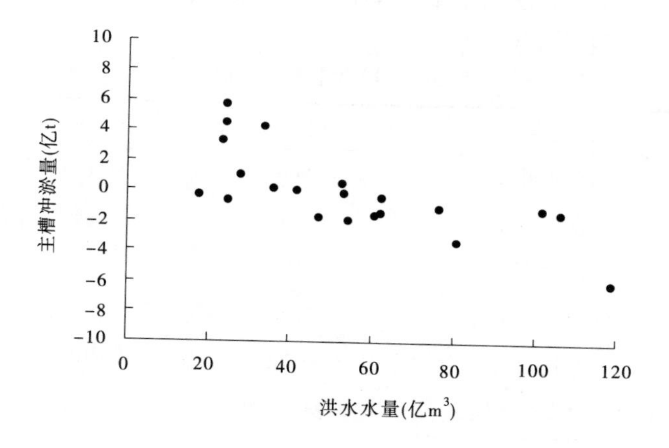

图 3-9　花园口—艾山河段漫滩洪水水量与主槽冲淤量的关系

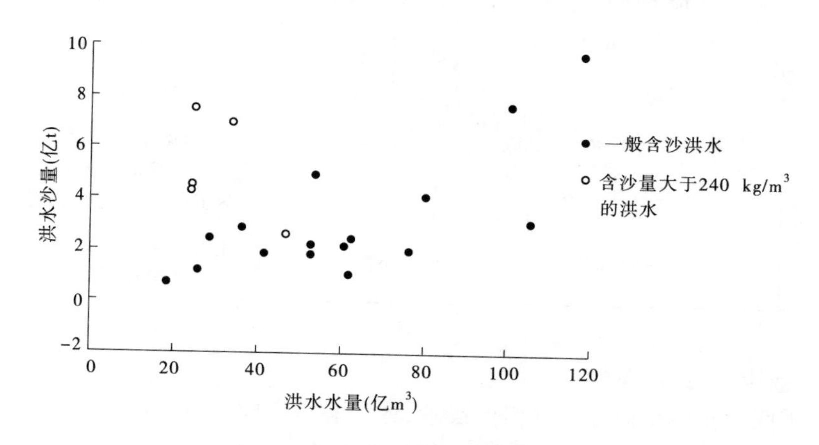

图 3-10　花园口漫滩洪水水量、沙量关系

3.4.3 漫滩洪水指标实体模型试验研究

3.4.3.1 试验河段及模型设计简介

黄河下游高村—孙口河段为黄河下游由游荡型向弯曲型过渡的河段。三门峡水库蓄清排浑运用阶段,该河段是上冲下淤或上淤下冲的交替河段,其平滩流量也是黄河下游最小的河段。另外,考虑到实体模型试验的成本及试验周期,本次研究选择黄河下游桑庄险工到孙口河段为研究对象,进行4组洪水水沙过程试验。试验河段长72 km,进口距高村约60 km,河床断面相对窄深、单一,但平面变化较大,弯曲系数约1.3。河道纵比降约0.15‰、横比降约0.7‰,床沙中径为0.10~0.13 mm、悬沙中径约为0.019 mm。考虑到黄河山东河段的水沙特点和河道的具体情况,并参考黄河水利科学研究院多年动床模型试验经验和按照黄河泥沙模型相似律设计方面的研究成果,即模型应满足水流重力相似、阻力相似、输沙相似、泥沙起动相似及悬移相似等,模型平面比尺为1∶600,垂直比尺为1∶60,其他比尺详见表3-6。模型沙采用郑州热电厂煤灰,床沙基本为均匀沙,床沙中径为0.04 mm左右(姚文艺等,2007)。

表3-6 模型主要比尺值

相似条件	比尺名称	比尺值	说明
几何相似	水平比尺 λ_L	600	根据场地条件及试验要求确定
	垂直比尺 λ_H	60	满足变率限制条件等
	几何变率 D_t	10	$D_t=\lambda_L/\lambda_H$
水流运动相似	床沙粒径比尺 λ_D	7.56	模型沙为天然沙,$\lambda_{\gamma s}=1.0$
	糙率比尺 λ_n	0.72	
	床沙起动流速比尺 λ_{V_C}	7.24~7.95	
悬移质及床沙运动相似	流速比尺 λ_V	7.75	$\lambda_V=\lambda_H^{1/2}$
	糙率比尺 λ_n	0.626	$\lambda_n=\lambda_R^{2/3}\lambda_V^{1/2}\lambda_J^{1/2}$
	水流运动时间比尺 λ_{t_1}	77.5	$\lambda_{t_1}=\lambda_L/\lambda_V$
	沉速比尺 λ_ω	1.38	$\lambda_\omega=\lambda_V(\lambda_H/\lambda_L)^{3/4}$
	悬移质泥沙粒径比尺 λ_d	0.81	根据水温变化略有调整
	含沙量比尺 λ_S	1.8	按 $\lambda_S=\lambda_{S_*}$ 设计,并参照小浪底至苏泗庄大模型选定
	河床变形时间比尺 λ_{t_2}	83	按 $\lambda_{t_2}=\lambda_{\gamma_0}\lambda_L/(\lambda_S\lambda_V)$ 设计,并根据验证试验确定

3.4.3.2 试验洪水、地形条件

为研究不同洪水流量对滩槽冲淤的影响,各试验方案应尽可能保证洪水水量、含沙量一致。各试验方案洪水水量基本控制在30亿 m³ 左右,沙量控制在1亿~1.7亿 t。方案1洪水流量为2 600 m³/s,方案2洪水流量为4 000 m³/s,方案3洪水流量为5 000 m³/s,

方案 4 洪水流量为 6 000 m^3/s。为便于模型调控，在试验时增加了涨峰、落峰水沙过程，详细水沙过程见表 3-7。

表 3-7　试验方案水量沙量统计

方案	平峰过程				设计洪水过程		
	流量 (m^3/s)	时间 (d)	水量 (亿 m^3)	沙量 (亿 t)	时间 (d)	水量 (亿 m^3)	沙量 (亿 t)
1	2 600	14	31.45	0.94	17	35.34	1.01
2	4 000	9	31.10	1.55	12	36.29	1.68
3	5 000	7	30.24	1.51	10	35.42	1.64
4	6 000	6	31.10	1.55	9	37.15	1.71

初始地形依据 2004 年汛前实测大断面资料制作，河势根据 2004 年汛前河势查勘资料调整。尾门水位按照河道冲刷下切作相应调整。

3.4.3.3　试验结果

在各方案试验过程中，主槽均发生了明显冲刷，特别是流量大于 4 000 m^3/s 的方案。主槽的冲刷不但表现在冲深、下切，而且表现为展宽，同时，滩地发生明显淤积，主槽向相对窄深方向调整，如图 3-11 所示。

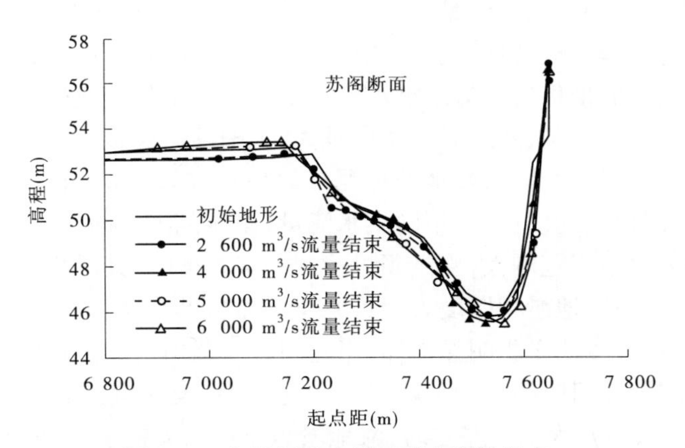

图 3-11　各量级洪水断面形态调整特点

在试验洪水过程中，河段内大部分施测断面主槽都发生了展宽的情况，使得各方案间滩地、主槽冲淤难以区别，为简化问题，利用河段内 4 个施测断面滩地淤积厚度的平均值来反映滩地淤积情况，进而研究不同洪水流量对滩地淤积的影响。滩地淤积厚度与洪峰流量和平滩流量的比值(β)关系如图 3-12 所示。由图 3-12 可以看出，当 β 为 1.5 左右即洪峰流量为 4 000 m^3/s 时，滩地即可发生明显淤积，淤积厚度为 0.3 m 左右。此后，随着 β 的增加，滩地淤积增加幅度减少。其原因为：其一，大流量洪水沙量增加不明显；其二，黄河下游滩地往往存在明显的横比降，洪水漫滩后，滩唇附近滩地淤积厚度往往很大，而沿着大堤的方向淤积厚度逐渐减少，且大洪水期间主槽展宽或滩地冲刷量较大，因此虽然滩地淤积量增加，其淤积厚度增幅却不明显。尽管如此，并且图 3-12 的试验组次也较少，但是当β为1.5左右时，滩地发生明显淤积的特点，还是很明显的。

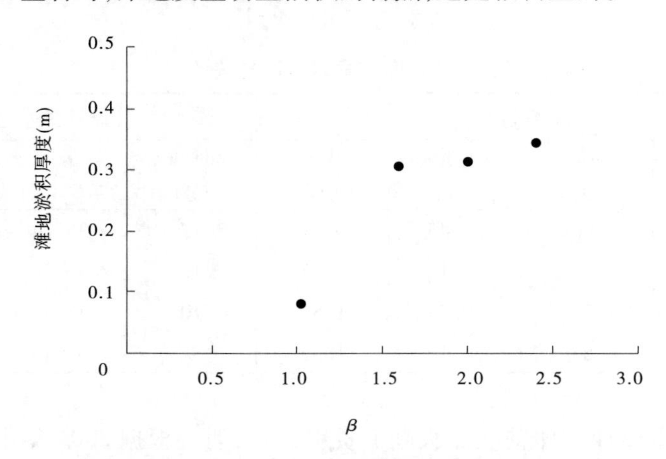

图3-12　漫滩洪水β值对滩地淤积厚度的影响

3.5　漫滩洪水控制指标分析

黄河下游漫滩洪水滩槽冲淤调整十分明显，且对一般含沙水流而言，随着漫滩洪水流量的增加，淤滩刷槽作用增加。但是，在现有的黄河下游滩区条件下，漫滩洪水流量的增加，给滩区经济、防洪等造成的压力也大幅增加。因此，漫滩洪水控制指标实际上是研究提出能发生明显淤滩刷槽作用的低限洪水流量及相应的水量、沙量等。

根据漫滩洪水塑槽机制，滩地淤积厚度越大、主槽冲刷越多，河床断面形态参数M值越小，水流输沙能力就越大，同时滩地处理泥沙效果越好。但是，由于黄河下游滩地十分宽阔，并且存在不同程度的横比降，不同洪水流量，漫滩范围不同，其滩地淤沙范围也有很大差别。大漫滩洪水淤积范围大，当淤积量达到一定程度时，其淤积厚度才明显增加。因此，有时滩地淤积量与滩地淤积厚度表现得并不完全同步。当洪峰流量与平滩流量的比值β大于1.5左右时，滩地淤积明显增加，当花园口—艾山河段滩地淤积量在2亿t左右时，从图3-1中可看出，相应的主槽冲刷量约1亿t。从桑庄险工到孙口河段模型试验结果图3-12中可看出，当β为1.5左右时，滩地淤积厚度已大幅度增加，此后滩地淤积厚度增加幅度明显减少。

综合考虑塑槽作用对输沙能力的影响、滩地滞沙作用及滩区防洪影响，初步认为对于一般含沙量漫滩洪水流量应按照洪峰流量与平滩流量的比值β大于1.5来控制。若黄河下游主槽平滩流量为4 000 m^3/s，最小漫滩流量应控制为6 000 m^3/s左右。

黄河下游1959年、1966年和1979年等实测漫滩洪水资料表明，当三站水沙参数平均值为0.028时，基本处于主槽由冲到淤的过渡区域，洪水期主槽冲刷量均小于0.3亿t。为使漫滩洪水不至于发生主槽淤积，洪水期含沙量控制应满足$S \leqslant 0.028\overline{Q}$。

从图3-8可以看出，当滩地淤积量为2亿t左右时，黄河下游相应的大漫滩洪水水量约50亿m^3，根据一般含沙洪水水沙关系，洪水沙量约3亿t，花园口—艾山河段相应主槽冲刷量约1亿t（见图3-9）。

3.6 小　结

(1)黄河下游漫滩洪水存在“淤滩刷槽”、“淤滩淤槽”等冲淤模式。当含沙量较低($S/Q\leqslant 0.04\ \mathrm{kg\cdot s/m^3}$)时,大漫滩洪水期的滩槽冲淤往往表现为“淤滩刷槽”,主槽冲刷量随滩地淤积量增加而增加,其中当$S/Q\leqslant 0.012\ \mathrm{kg\cdot s/m^3}$时,“淤滩刷槽”作用明显;当含沙量较高($S/Q>0.04\ \mathrm{kg\cdot s/m^3}$)时,其冲淤则表现为“槽淤滩淤”,滩地淤积量随主槽淤积量增加而增加。

(2)黄河下游河道平面呈宽、窄相间的藕节状,滩槽水沙交换模式一般为:当水流从窄河段进入宽河段时,主槽泥沙被搬至滩地落淤;当水流从宽河段进入窄河段时,滩地相对清水回归主槽,稀释主槽含沙量。

(3)黄河下游“淤滩刷槽”现象的产生机制,一方面是主槽断面过流量Q增加,输沙能力增加;另一方面,由于黄河下游滩地阻力远大于主槽阻力,进入滩地的泥沙大部分落淤,使得河道滩槽高差增加,主槽形态参数M值减少,从而增大了主槽输沙能力。另外,滩地回归主槽的水流,使得下游河段主槽含沙量得到一定程度的稀释,有助于主槽泥沙的输移。

(4)一般含沙量漫滩洪水流量应按照洪峰流量与平滩流量的比值β大于1.5来控制,若黄河下游主槽平滩流量为4 000 $\mathrm{m^3/s}$,最小漫滩流量应控制为6 000 $\mathrm{m^3/s}$左右,洪水期含沙量控制应满足$S\leqslant 0.028\overline{Q}$。对于含沙量大于250~300 $\mathrm{kg/m^3}$的高含沙洪水控制指标,仍需进一步研究。

(5)黄河下游大漫滩洪水水量应控制大于50亿$\mathrm{m^3}$,相应洪水沙量约3亿t,花园口—艾山河段滩地可淤积2亿t左右,相应主槽冲刷量约1亿t。

第4章　黄河下游非漫滩洪水的塑槽机制及控制指标

洪水水沙搭配不合理是黄河河道淤积的重要原因,非漫滩洪水又是黄河下游最常见、频次最多的洪水。非漫滩洪水峰值有大有小、峰型有胖有瘦、含沙量有高有低、历时有长有短,洪水特征千差万别,非常复杂。随着小浪底水库运用的发展及水沙调控措施的不断完善,利用水库调节,改善下游河道水沙搭配关系已成为可能。而如何在认识和掌握水沙运行规律的基础上,科学合理配置水沙,塑造出既能达到下游河道输沙最优,又便于水库调控操作的适宜水沙过程,达到下游河道减淤,长期维持良好的生态环境,则是水沙调控中的一个关键技术问题。

水沙调控的基础在于泥沙输移规律的研究。已有的研究很多,如申冠卿(2006)提出了洪水期河道泥沙输移效率与水沙因子间的关系,潘贤娣、申冠卿等(2006)研究提出了汛期河道泥沙输移与水沙量间的响应关系,但这些研究均未考虑到泥沙组成的影响,且表达式的形式及水沙参数的选取也不够完善。本章在以往研究的基础上,考虑到泥沙组成,选取了新的水沙参数对洪水期泥沙输移效果进行了量化研究,同时建立了汛期河道冲淤与水沙间的非线性关系。依据水沙运行的基本理论,引入分流比、峰型系数、调控系数及峰变系数等参数,分别概化研究并从机制上分析了河道引水、峰型变化及洪水不同历时对河道输沙的影响。

4.1　洪水期黄河下游水沙配置及量化指标

黄河下游水沙搭配千变万化,不仅表现在水沙量的差异,而且也表现在水沙组合方式的不同,同等数量的水沙其组合方式可能多种多样,不同类型的水沙组合及洪水过程对下游河道冲淤影响各不相同。

4.1.1　洪水期水沙与汛期水沙间的量化关系

4.1.1.1　水量关系

根据历年汛期日均水沙过程,对下游控制站三黑武(指三门峡、黑石关、武陟之和,下同)和花园口大于某一量级下水量及相应沙量进行统计。图4-1点绘了控制站汛期来水量与大于某一量级(2 500 m^3/s、3 000 m^3/s)水量间的关系,从图4-1可以看出,二者之间并不是随机的变化而是具有较好的对应关系,即一般情况下,一定的汛期水量自然会对应到大于一定量级的洪水量,二者之间不是孤立的而是相互联系的,二者间的关系可以用较好的数学关系式来表达。

三黑武站为

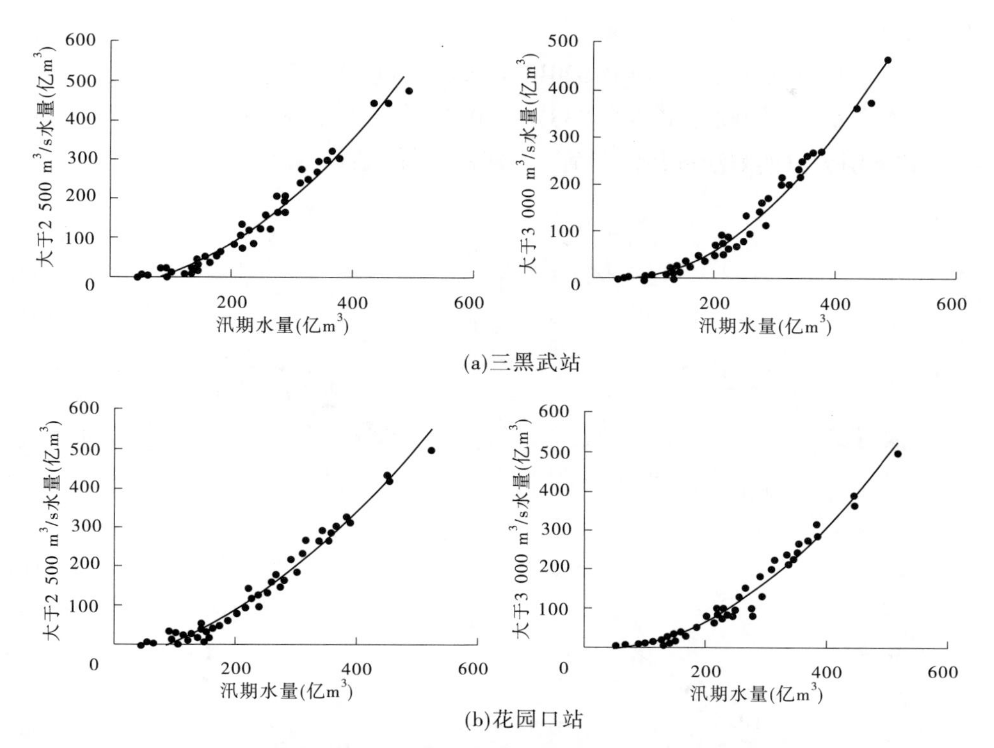

图 4-1　下游控制站汛期来水量与大于某一量级水量间的关系

$$W' = 0.001\,8W^2 + 0.231W - 31.4 \quad (Q \geqslant 2\,500\ \mathrm{m^3/s}) \tag{4-1}$$

$$W' = 0.002\,2W^2 - 0.077W - 12.1 \quad (Q \geqslant 3\,000\ \mathrm{m^3/s}) \tag{4-2}$$

花园口站为

$$W' = 0.001\,5W^2 + 0.354W - 38.8 \quad (Q \geqslant 2\,500\ \mathrm{m^3/s}) \tag{4-3}$$

$$W' = 0.002\,1W^2 - 0.026W - 16.0 \quad (Q \geqslant 3\,000\ \mathrm{m^3/s}) \tag{4-4}$$

式中：W、W'分别为汛期和大于某一量级的水量，亿 m³。

从以上对应关系看，一般情况下，自然来水来沙过程当花园口站汛期来水量低于 95 亿 m³ 时，花园口站最大日均流量一般不超过 2 500 m³/s；当汛期来水量小于 110 亿 m³ 时，花园口站日均最大流量一般不超过 3 000 m³/s。也就是说，根据一般的来水对应规律，只有汛期来水量超过 110 亿 m³ 时，花园口站才会出现日均流量大于 3 000 m³/s 的洪水。

4.1.1.2　沙量关系

随着水量的变化，大于某一量级洪水来沙量与汛期来沙量间也存在一定的对应关系，只不过来沙关系与来水关系相比，点群分布相对较为散乱，图 4-2 给出了三黑武及花园口某量级洪水来沙量与汛期来沙量间的关系。经回归其量化关系的数学表达式为：

三黑武站

$$W'_s = 0.001\,8W_s^2 + 0.453W_s - 0.53 \quad (Q \geqslant 2\,500\ \mathrm{m^3/s}) \tag{4-5}$$

$$W'_s = 0.002\,2W_s^2 + 0.255W_s - 0.35 \quad (Q \geqslant 3\,000\ \mathrm{m^3/s}) \tag{4-6}$$

花园口站

$$W'_s = 0.0021W_s^2 + 0.520W_s - 0.64 \quad (Q \geqslant 2\ 500\ \mathrm{m^3/s}) \tag{4-7}$$

$$W'_s = 0.0025W_s^2 + 0.333W_s - 0.58 \quad (Q \geqslant 3\ 000\ \mathrm{m^3/s}) \tag{4-8}$$

式中：W_s、W'_s分别为汛期来沙量和大于某一量级的沙量，亿 t。

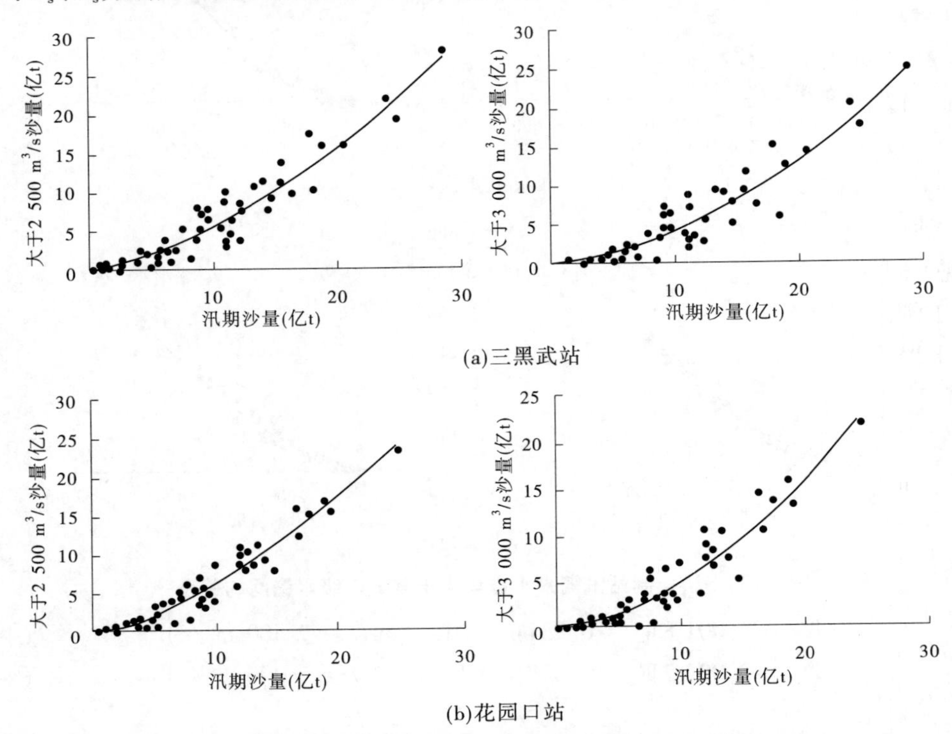

图 4-2　下游控制站汛期来沙量与大于某一量级洪水来沙量间的关系

4.1.2　汛期水沙搭配的协调性

4.1.2.1　水沙搭配参数的选取

关于洪水期水沙搭配，以往多数研究成果给予了定性分析缺乏定量的表示，一些成果(赵业安等，1998)也曾用来水来沙系数 $\xi = S/Q$ 来表征水沙的定量搭配，且认为平衡输沙条件下来水来沙系数约为 0.01 kg·s/m^6。

下游洪水水沙搭配参数选取是否合理，其判别标准一定要结合下游河道泥沙输移的基本规律来研究，关于黄河下游泥沙输移以往进行过很多研究(赵业安等，1998)，最简单的形式可用式(4-9)来表达。

$$Q_s = kQ^n \tag{4-9}$$

将 $Q_s = QS$ 代入式(4-9)得

$$k = \frac{S}{Q^{n-1}} \tag{4-10}$$

式中：Q_s 为输沙率，t/s；Q 为流量，m^3/s；S 为含沙量，kg/m^3；k 定义为洪水期水沙搭配参数。

从泥沙输移的影响因素看，泥沙输送能力不仅与流量、含沙量有关，而且还与泥沙粗细组成有关，本节分析暂不涉及泥沙组成的影响。至于平衡输沙状态下泥沙搭配参数 k 值的大小，可以由洪水冲淤资料率定，以下主要以水沙搭配参数 k 作为判别数来衡量洪水期水沙搭配的协调性。

4.1.2.2 汛期日均水沙过程协调性分析

对比以上来水、来沙间的关系可以看出，水量点群分布与沙量点群分布的集中程度并不完全一致，总的来看，水量点群的集中程度明显比沙量点群要好，这说明，在某种程度上来沙与来水并不完全同步，也就是说来沙的多少并不完全随来水的变化而变化，即水丰并不一定沙也多，水枯也不一定沙就少。水沙异源及来水来沙量的随机性，决定了不同年份会出现不同的水沙搭配情况，按来水丰枯分为丰、平、枯年份，按来沙的多少又可分为多、中、少年份，其来水来沙的随机组合共有 9 种不同的组合方式，如丰水多沙年、丰水中沙年、丰水少沙年等。就具体每一年而言，在来水来沙过程一定的情况下，每天水沙搭配也不一样，同样会出现“大水带少沙”或“大水带多沙”等多种水沙组合，其中有的水沙搭配合理，有的水沙搭配并不合理，合理的水沙搭配就有利于泥沙输移，不合理的水沙搭配就会加剧河道的淤积。图 4-3 点绘了下游控制站历年大于某一量级洪水来水比例（来水量/汛期水量）与相应来沙比例（来沙量/汛期沙量）间的关系。由图 4-3 可以看出，对于绝大多数年份点群都在 45°线以上，这似乎从表面上看不合理，但从泥沙输移特性上看这种搭配多数年份是合理的，即当来水来沙量一定时，大水带大沙应该更多才有利于河道减淤。如果都在 45°线附近，那恰恰说明大流量和小流量时水流的含沙浓度都基本一样，这样就会造成大水带小沙或小水带大沙的不利水沙组合。

当然，利用图 4-3 中的水沙关系来说明水沙搭配是否合理是不恰当的，因为输沙能力大小一般与流量的高次方成正比，它们之间并非线性关系。为反映泥沙输移能力与流量间的关系，根据黄河下游输沙能力的表达式(4-9)，我们将图 4-3 进行变换，横坐标来水比例用能够反映水流动力条件强弱的指标来表示，即大于某一流量 n 次方（n 取 1.8）和与汛期流量 n 次方和的比值，即横坐标反映水流动力强弱，表示为 $\sum Q_i^{1.8}/\sum Q^{1.8}$；纵坐标反映泥沙的相对集中程度，表示为 $\sum W_{si}/\sum W_s$；经计算点绘相应来沙与水流动力指标间的关系如图 4-4 所示。

从点群分布情况看，50 多年的资料有近半数的年份水沙关系基本分布在 45°线附近，有半数的年份相对偏离较远。远远偏离 45°线以上的年份说明来沙比来水更为集中，洪水时含沙量很高，来沙处于超饱和状态，这些年份一般多为高含沙洪水，如 1973 年、1977 年、1992 年、1994 年、1997 年和 1998 年等，从分布看，高含沙水流在 20 世纪 90 年代出现的频率相对更高，每 2 ~ 3 年就出现一次。远远偏离 45°线以下的年份有 1968 年、1971 年、1978 年和 1985 年，这些年份显然大水时来沙偏少，多为丰水少沙年。

小浪底水库运用后，水库具备了调节洪水的能力，但调节泥沙能力有限，水库进入正常运用后，水库对泥沙进行多年调节仍有困难，若不考虑年际间水沙调节，只分析年内水

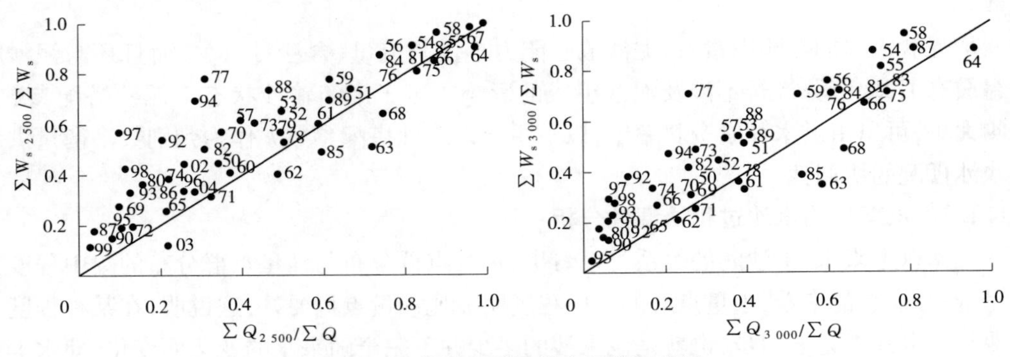

图 4-3　下游控制站汛期水沙搭配关系

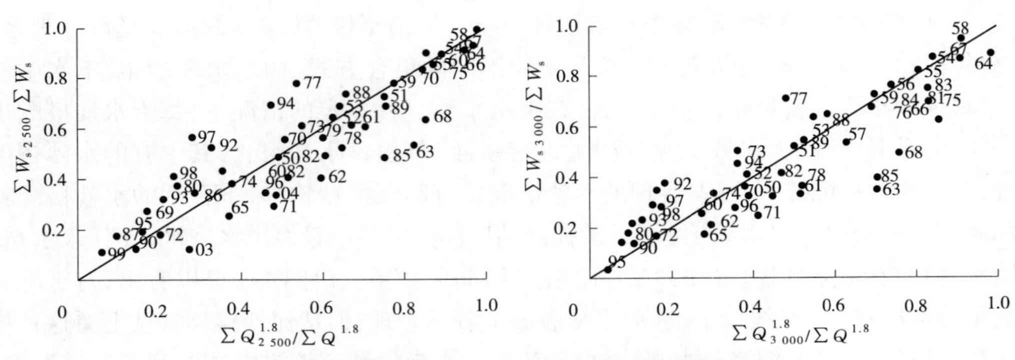

图 4-4　下游控制站汛期来沙与水流动力条件间关系

沙搭配的合理性(目前水库对水沙的调节主要为年调节),从图 4-4 历年大于某一量级洪水日均水沙的搭配情况可以看出,20 世纪 50 年代多数年份水沙搭配相对较好,60 年代至今多数年份水沙搭配较差,明显偏离 45°线。天然情况下,对大流量级水沙搭配可分为三种情况:①自然协调型,这些水沙年份多出现在 20 世纪 50 年代和 70 年代初;②高含沙洪水型,这类洪水为超饱和洪水,洪水期间河道发生强烈淤积,这些年份的泥沙应以“拦”、“调”结合来调节洪水;③丰水少沙型,这些年份洪水具有挟带更多泥沙的能力,由于洪水来源区的差异,洪水本身挟带的泥沙较少,为充分发挥洪水的输沙效率,这些年份泥沙应以“调”为主来调节。

4.1.3　洪水期水沙的协调性

4.1.3.1　洪水期水沙搭配参数变化

以上分析了下游控制站日均水沙分布及水沙搭配的合理性,但这里所划分的同一流量多数是离散的,不能完全代表完整的洪水情况,而完整的洪水过程不仅能够反映洪水的来源,而且能够代表不同量级洪水的水沙分布及水沙搭配。

根据实测水沙过程,将 1965 ~ 1999 年(35 年)历年汛期日均过程按洪水的起涨划分为不同场次洪水。35 年共划分为 219 场洪水(其中含小洪水及平水期),首先依据洪水平均流量的大小将洪水从小到大依次排序,共划分为 9 个量级;然后分别求得每一量级洪水的年均水量、沙量，洪水平均流量、平均含沙量及水沙搭配参数 k 值，其特征值详细情况如图 4-5 所示。可以看出，下游水沙搭配定性上为“小水带大沙”。从不同量级洪水年均水沙量分布看，自然情况下汛期泥沙并非主要集中在大洪水期，3 000 m^3/s 以下小洪水及平水期来沙量占汛期沙量的 57%，相应来水量占汛期来水量的 61%。从水沙搭配参数看，小洪水明显偏大，且流量越小，水沙搭配参数越大：当量级小于 2 000 m^3/s 时，水沙搭配参数 k 值为 0.12 左右；当量级为 2 000 ~ 4 000 m^3/s 时，水沙搭配参数 k 值约为 0.09；当量级大于 4 000 m^3/s 时，k 值约为 0.05。

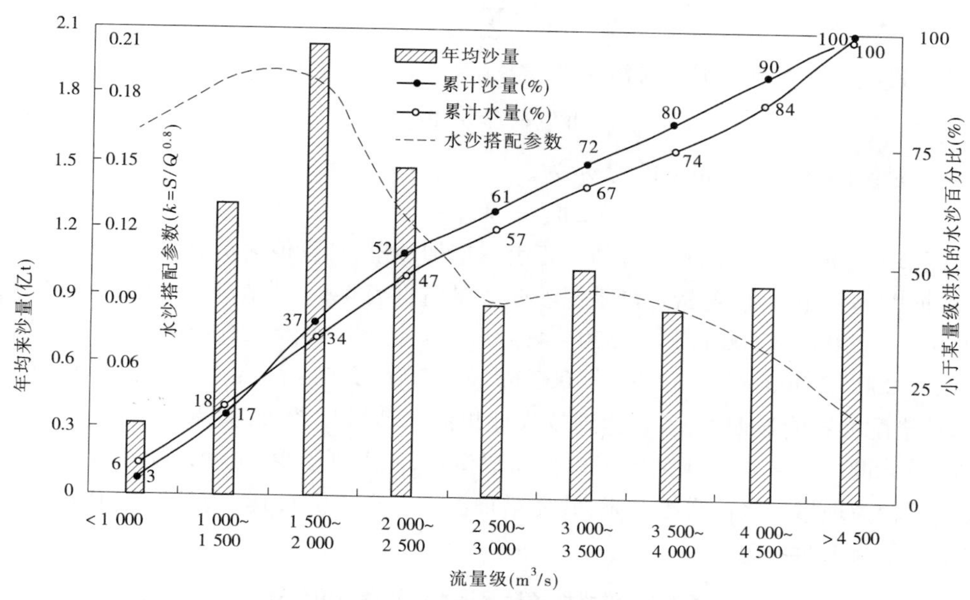

图 4-5 1965 ~ 1999 年洪水期下游控制站不同量级洪水年均水沙量分布

天然水沙过程主要由流域降雨形成，自然洪水过程具有一定的随机性，其水沙搭配对河道输沙并不全是最优过程，尤其是量级小于 3 000 m^3/s 的小洪水及平水期来沙量占有的权重较大。自然水沙过程如何能够达到水沙的合理搭配以及能够调节到什么程度，关键取决于水库的调节能力和洪水的自身条件。要改善目前水沙搭配不当，小水带大沙的局面，可以有两种调节途径：一是将数场小洪水集中调为较大洪水下泄，流量指标便于操作，而理想的含沙量高低却难以实现；二是将小洪水的泥沙部分调到大洪水下泄，具体如何调节要视大洪水的来水来沙状况而定，能否调节取决于洪水本身是否还有输沙潜力和水库的可调节能力。其中一部分为高含沙洪水，其泥沙已达超饱和；另外一部分为含沙量较低的洪水，虽然有输沙潜力，但要实现理想的配沙，难度较大。由此可见，黄河上要实现真正意义上的调水调沙，关键在于泥沙的调节，黄河泥沙问题非常复杂，水库实现多年调节泥沙的能力有限，即使要实现完全的年调节也非常困难。

4.1.3.2 **洪水期泥沙量化调节**

自然洪水过程多为小水带大沙，要改善这种实际的水沙搭配，有两种调节方法。以下主要以第二种方法为例，计算洪水期泥沙调节量。假定洪水流量过程不变，仅调节泥沙，即将小流量时的泥沙调节到大流量时下泄，调节的基本原则和依据是维持年均沙量大小不变，各量级沙量按洪水动力指标大小权重分配，可表示如下。

某一量级洪水下洪水动力指标表示为

$$E_i = Q_i^n T_i \tag{4-11}$$

式中：E_i 为洪水动力指标；Q_i 为某一量级洪水平均流量，m^3/s；T_i 为某一量级洪水历时，d。

某一量级洪水下洪水动力指标权重 δ_i 表示为

$$\delta_i = \frac{Q_i^n T_i}{\sum Q_i^n T_i} \tag{4-12}$$

某一量级洪水下理想泥沙挟沙量 W'_{si} 表示为

$$W'_{si} = \delta_i \sum W_{si} \tag{4-13}$$

某一量级洪水调节沙量 ΔW_s 表示为

$$\Delta W_s = W'_{si} - W_{si} \tag{4-14}$$

其中，调节沙量的单位为亿 t，计算值为正表示增加沙量，计算值为负表示减少沙量。

根据以上分配原则，各量级洪水泥沙调节量值见表 4-1。由表 4-1 可以看出，2 500 ~ 3 000 m^3/s、3 000 ~ 3 500 m^3/s、3 500 ~ 4 000 m^3/s 三个量级洪水自然条件下水沙搭配基本协调；1 000 ~ 1 500 m^3/s、1 500 ~ 2 000 m^3/s、2 000 ~ 2 500 m^3/s 三个量级洪水，水少沙多，水沙搭配参数明显偏大，若要达到较为理想的水沙搭配效果，共需减少泥沙 1.961 亿 t；4 000 ~ 4 500 m^3/s、大于 4 500 m^3/s 两量级洪水，水多则沙少，水沙搭配参数明显偏小，若要达到较为理想的水沙搭配效果，共需增加泥沙 1.902 亿 t，其中大于 4 500 m^3/s 量级洪水增沙量为 1.544 亿 t。

表 4-1　洪水期各量级洪水泥沙调节值计算

洪水量级 (m^3/s)	<1 000	1 000 ~ 1 500	1 500 ~ 2 000	2 000 ~ 2 500	2 500 ~ 3 000	3 000 ~ 3 500	3 500 ~ 4 000	4 000 ~ 4 500	>4 500	总计
历时 T_i(d)	19.1	20.7	19.4	13.4	7.5	6.5	4.7	5.1	6.9	103.3
洪水场次	1.03	1.31	1.23	0.80	0.40	0.46	0.37	0.29	0.37	6.26
水量 W_i(亿 m^3)	10.9	22.8	28.0	25.2	17.7	17.4	14.2	17.8	29.0	183
平均流量 Q_i(m^3/s)	659	1 273	1 670	2 172	2 749	3 099	3 518	4 063	4 896	
沙量 W_{si}(亿 t)	0.320	1.303	2.017	1.463	0.866	1.034	0.851	0.960	0.957	9.771
含沙量 S_i(kg/m^3)	29.4	57.2	72.2	58.0	48.9	59.3	60.2	54.1	33.0	
水沙搭配参数 k ($k=S/Q^{0.8}$)	0.163	0.188	0.191	0.124	0.087	0.096	0.088	0.070	0.037	
水动力指标 $E_i=Q_i^{1.8}T_i$($\times10^6$)	2.27	8.03	12.25	13.63	11.56	12.53	11.26	15.85	30.05	117.43

续表 4-1

洪水量级 (m^3/s)	<1 000	1 000 ~ 1 500	1 500 ~ 2 000	2 000 ~ 2 500	2 500 ~ 3 000	3 000 ~ 3 500	3 500 ~ 4 000	4 000 ~ 4 500	>4 500	总计
水动力指标权重 η_i	0.019	0.068	0.104	0.116	0.098	0.107	0.096	0.135	0.256	
理想挟沙量 W'_{si} (亿 t)	0.189	0.668	1.020	1.134	0.962	1.043	0.937	1.318	2.501	
调节沙量 $\Delta W_s = W'_{si} - W_{si}$(亿 t)	-0.131	-0.634	-0.998	-0.329	0.096	0.009	0.085	0.358	1.544	
调节后含沙量 S'_i (kg/m^3)	17.3	29.3	36.5	45.0	54.3	59.8	66.2	74.3	86.2	
调节后水沙搭配参数 $k(k=S/Q^{0.8})$	0.096	0.096	0.096	0.096	0.096	0.096	0.096	0.096	0.096	

4.2 不同洪水对黄河下游河道的影响

黄河下游洪水按不同的划分原则可分为不同类型的洪水。按含沙量高低可分为高含沙量洪水、一般含沙量洪水和低含沙量洪水；按流量大小可分为漫滩洪水和非漫滩洪水；按来沙的粗细含量的多少又可分为粗泥沙洪水和细泥沙洪水（水库拦沙期异重流洪水均为细泥沙洪水）。各种洪水之间并不是孤立的，如高含沙量洪水可以是漫滩洪水，也可以是非漫滩洪水，可以是粗泥沙洪水，也可以是细泥沙洪水。洪水种类的不同对下游河道的影响也各不相同。

4.2.1 水库拦沙期河道冲淤概况及细泥沙洪水的影响

4.2.1.1 水库拦沙期下游河道冲淤概况

黄河下游冲淤主要取决于来水来沙条件。按水库运用方式的不同可分为水库拦沙期和正常运用期，水库拦沙期主要包括两个阶段，即 1960 年 9 月 15 日至 1964 年 10 月三门峡水库拦沙期和 1999 年 10 月 25 日至今小浪底水库拦沙期。拦沙期间由于大量泥沙被拦在库区内，从而以库区泥沙的大量淤积换取了黄河下游河道的冲刷，表 4-2 给出了水库拦沙期下游河道冲淤量组成及分布。拦沙期泥沙调整具有以下特点：①水库拦沙期，河道冲刷量大，且冲刷期泥沙恢复主要以细泥沙（$d \leq 0.025$ mm）和中沙（0.025 mm $< d \leq 0.05$ mm）为主；②冲刷期泥沙恢复主要集中在高村以上宽河道；③泥沙恢复调整与流量大小有关，小水容易形成泥沙搬家，造成上冲下淤。当花园口流量小于 1 500 m^3/s 时，容易形成艾山以下淤积；当花园口流量为 1 500 ~ 2 100 m^3/s 时，宽河道依然冲刷，艾山以下窄河道则处于冲淤过渡状态；当花园口流量大于 2 100 m^3/s 时，全河自上而下基本能够普遍冲刷

（申冠卿等，2007）。

表 4-2 水库拦沙期下游分河段不同粒径组泥沙冲淤量

时期（年-月）	时段	来水来沙					河道冲淤量（亿 t）							
		水量（亿 m^3）	沙量（亿 t）				高村以上				利津以上			
			细泥沙	中沙	粗泥沙	全沙	细泥沙	中沙	粗泥沙	全沙	细泥沙	中沙	粗泥沙	全沙
1960-09 ~ 1964-10	Ⅰ	1 339	15.52	1.78	0.66	17.95	-4.50	-4.13	-3.59	-12.21	-9.40	-4.42	-4.01	-17.83
	Ⅱ	954	3.51	1.52	1.07	6.10	-1.50	-1.29	-1.69	-4.47	-3.10	-1.33	-0.52	-4.96
	Ⅲ	2 293	19.03	3.30	1.73	24.05	-6.00	-5.41	-5.28	-16.69	-12.50	-5.76	-4.54	-22.79
1999-11 ~ 2004-10	Ⅰ	406	3.18	0.29	0.16	3.62	-0.47	-0.69	-0.49	-1.65	-0.44	-1.42	-0.82	-2.67
	Ⅱ	641	0.05	0	0	0.05	-1.24	-1.37	-0.94	-3.55	-1.05	-0.89	-0.70	-2.64
	Ⅲ	1 047	3.23	0.29	0.16	3.68	-1.71	-2.06	-1.43	-5.20	-1.49	-2.30	-1.52	-5.31

注：Ⅰ—汛期；Ⅱ—非汛期；Ⅲ—全年。

4.2.1.2 细泥沙洪水及异重流对下游河道冲淤的影响

异重流洪水主要是针对水库而言的，它是多沙河流水库中一种常见的自然现象。对水库下游河道而言，异重流洪水出库时一定是细泥沙含量很高，但下游发生的细泥沙含量高的洪水不一定是水库异重流洪水形成的。对下游河道来说，无论是水库形成的异重流洪水还是天然的细泥沙含量较多的洪水，虽然洪水的形成方式不同，但这种洪水在下游河道的输沙特性具有一定的相似性。泥沙组成粗细是相对的，没有绝对的标准，这里关于下游洪水来沙粗细的划分，以洪水期粒径小于 0.025 mm 的细泥沙占总量 62% 以上为标准进行划分。在 1960 ~ 2005 年实测洪水中，共选取了 26 场泥沙组成相对较细、含沙量相对较高的洪水。26 场洪水细泥沙占 62% ~ 87%，洪水期平均含沙量为 30 ~ 110 kg/m^3，花园口站平均流量为 800 ~ 4 300 m^3/s。26 场洪水中属于水库形成的异重流洪水有 6 场，4 场发生在三门峡水库拦沙期间，2 场发生在小浪底水库拦沙期，其中小浪底水库拦沙期出库异重流洪水含沙量较高，表 4-3 给出了 6 场异重流洪水和其余 20 场细泥沙洪水的来水来沙量及河道冲淤量。显而易见，异重流洪水来沙很细，平均细泥沙占 80% 以上；其余 20 场洪水细泥沙平均约占 69.2%。

表 4-3 异重流洪水与细泥沙洪水来水来沙量及河道冲淤量

项目	小、黑、小站来水来沙					下游淤积量	
	来水量（亿 m^3）	平均流量（m^3/s）	平均含沙量（kg/m^3）	来沙量（亿 t）	细泥沙所占比例（%）	全沙（亿 t）	细泥沙（亿 t）
6 场异重流洪水	152.1	1 890	47.4	7.21	80.4	0.906	1.028
20 场细泥沙洪水	513.3	1 960	63.5	32.60	69.2	5.385	4.235
合计	665.4	1 950	59.8	39.81	71.2	6.291	5.263

由表 4-3 可以看出，无论是异重流洪水还是细泥沙洪水，它们都具有较强的输沙能力，但也存在极限输沙能力，当来沙量较高和流量较小时，泥沙仍会发生少量淤积，如异重流洪水平均排沙比为 84. 2%，细泥沙洪水平均排沙比为 83. 5%。从淤积物组成看主要为细泥沙，且泥沙淤积部位主要集中在艾山以上河段。总之，异重流洪水和细泥沙洪水泥沙淤积量小且淤积物组成细，所以长期来看对下游河道影响较小。

4. 2. 2　不同量级洪水泥沙输移

依据洪水的涨落过程，将 1965 ~ 1999 年汛期共划分出 219 场洪水（不包括汛期特别小的洪水过程），对每场洪水的水沙特征值参数进行统计，然后按花园口站平均流量从大到小共划分为 9 个量级。表 4-4 给出了所有量级洪水下游河道来水来沙量及河道冲淤量，从下游控制站水沙搭配参数（$k = S/Q^{0.8}$）看，小流量时水沙搭配参数大，相反大流量时则水沙搭配参数小，这种天然不协调的水沙过程会加剧泥沙的淤积，平均流量小于 2 500 m^3/s 的小洪水河道共计淤积泥沙 72. 3 亿 t，占 1965 ~ 1999 年汛期淤积总量 91 亿 t 的 79. 5%，其中小于 2 000 m^3/s 的小水共计淤积泥沙 57. 1 亿 t，占汛期淤积总量的 62. 7%；洪水平均流量大于 3 000 m^3/s 的洪水共计淤积泥沙 13. 2 亿 t，占汛期淤积总量的 14. 5%。从淤积的相对量看，流量越小河道淤积比越大，从水沙搭配参数看，流量越小，水沙搭配参数越大。可见，汛期天然的小流量级洪水其水沙搭配不适是加剧下游河道泥沙淤积的主要原因，通过水沙调节可以减缓河道的淤积。

4. 2. 3　高含沙洪水泥沙沉积

1960 年以来，除三门峡水库和小浪底水库拦沙外，1964 年 11 月 ~ 1999 年 10 月 35 年间下游共发生高含沙洪水 26 场，高含沙洪水并非年年都发生，可能是一年数次，也可能是数年一次，其发生时间和发生频率具有随机性和不可预见性。26 次洪水共计历时 327 d，年均约 9. 3 d，所有高含沙洪水以 1977 年洪水表现最为突出，下游花园口站日均最大流量为 7 380 m^3/s，相应三门峡站日均最大含沙量为 556 kg/m^3，26 场高含沙洪水进入下游的泥沙共计 111. 5 亿 t，三黑小站平均流量为 2 180 m^3/s，平均含沙量为 181 kg/m^3，洪水期间下游河道淤积比为 41% ~81%，26 场洪水下游利津以上共计淤积泥沙 66. 26 亿 t，平均淤积比为 59. 4%，见表 4-5。从泥沙淤积沿程分布看，高村以上淤积 58. 12 亿 t，占总淤积量的 87. 8%，高村至艾山淤积 6. 01 亿 t，占 9%，艾山至利津淤积 2. 13 亿 t，占 3. 2%。可见，高含沙洪水为超饱和挟沙水流，洪水期间河道发生严重淤积。

为了进一步明确高含沙洪水对下游河道造成的危害，表 4-5 列出了 1964 年 11 月 ~ 1999 年 10 月期间下游河道的来水来沙量及相应的淤积情况，26 场高含沙洪水来水量仅占同期汛期水量的 8. 9%，而来沙量却占汛期沙量的 32. 1%，水沙搭配不当致使高含沙洪水大量泥沙淤积，高含沙洪水期间下游淤积量占汛期总淤积量的 72. 8%。可见，调控和利用高含沙洪水是解决下游河道泥沙淤积的主要途径。

表 4-4的统计结果包含了高含沙洪水对下游河道造成的影响，高含沙洪水对下游河

表 4-4　不同量级洪水下游来水来沙量及河道冲淤量

花园口流量级（m^3/s）		<1 000	1 000 ~ 1 500	1 500 ~ 2000	2 000 ~ 2 500	2 500 ~ 3 000	3 000 ~ 3 500	3 500 ~ 4 000	4 000 ~ 4 500	>4 500
历时(d)		670	725	678	470	261	228	163	177	240
次数		36	46	43	28	14	16	13	10	13
三黑武	来沙量(亿 t)	11.2	45.6	70.6	51.2	30.3	36.2	29.8	33.6	33.5
	含沙量(kg/m^3)	29.4	57.2	72.2	58.0	48.9	59.3	60.2	54.1	32.9
	水沙搭配参数（$k=S/Q^{0.8}$）	0.163	0.188	0.191	0.124	0.087	0.096	0.088	0.070	0.037
花园口	来水量(亿 m^3)	383	806	1 011	910	628	635	526	638	1 096
	平均流量(m^3/s)	661	1 287	1 726	2 240	2 786	3 221	3 731	4 173	5 284
河道冲淤量（亿 t）	花园口以上	2.25	10.90	18.34	7.92	3.49	2.88	1.47	0.47	-4.46
	花园口—高村	2.03	7.07	8.95	7.48	2.49	7.82	3.60	1.78	-1.57
	高村—艾山	1.17	2.34	2.07	0.05	0.52	0.13	1.21	0.66	2.97
	艾山—利津	0.91	0.85	0.31	-0.22	-0.14	-0.86	-0.68	-0.85	-1.38
	利津以上	6.36	21.06	29.67	15.23	6.36	9.97	5.60	2.06	-4.44
下游淤积比(%)		56.7	46.1	42.0	29.7	21.0	27.5	18.8	6.1	-13.3

注:表中计算结果包括高含沙洪水。

表 4-5　高含沙洪水期及 1964 年 11 月 ~ 1999 年 10 月期间下游来水来沙量及冲淤量

项目		历时(d)	三黑小来水来沙			下游淤积量(亿 t)				淤积比(%)
			水量(亿 m^3)	沙量(亿 t)	含沙量(kg/m^3)	高村以上	高村—艾山	艾山—利津	利津以上	
高含沙洪水		327	616	111.5	181	58.12	6.01	2.13	66.26	59.4
1964 年 11 月 ~ 1999 年 10 月	汛期	4 305	6 898	347.3	50.4	80.58	11.8	-1.31	91.07	26.2
	非汛期	8 478	5 964	41.2	6.9	-32.57	5.67	14.69	-12.21	-29.6
	全年	12 783	12 862	388.5	30.2	48.01	17.47	13.38	78.86	20.3
高含沙洪水占汛期(%)		7.6	8.9	32.1					72.8	
高含沙洪水占全年(%)		2.6	4.8	28.7					84.0	

道造成的危害已基本清楚,它是造成下游河道淤积的主要原因。那么除高含沙洪水外,其他洪水对下游河道淤积影响如何?我们先将 1965 ~1999 年间 26 场高含沙洪水进行剥离,然后按花园口站洪水量级大小进行水沙及冲淤统计,结果如表 4-6 所示。从表 4-6 可

以看出，除高含沙洪水外，流量小于 2 500 m^3/s 的小洪水加剧了下游河道的淤积。据统计，小水共计来沙 111.5 亿 t，淤积泥沙 30.5 亿 t，淤积比为 27.3%；流量为 2 500 ~ 3 500 m^3/s 的洪水共计来沙 46.2 亿 t，相应淤积量为 4.6 亿 t，淤积比约为 10%；流量大于 3 500 m^3/s 的洪水不仅没有淤积，反而发生了冲刷。由此可见，要想改善下游河道的淤积状况，需要加强对小于 2 500 m^3/s 的小洪水的调节，使下游水沙趋于协调。

表 4-6　不同量级洪水下游来水来沙量及河道冲淤量(扣去高含沙洪水)

花园口量级 (m^3/s)		<1 000	1 000 ~ 1 500	1 500 ~ 2000	2 000 ~ 2 500	2 500 ~ 3 000	3 000 ~ 3 500	3 500 ~ 4 000	4 000 ~ 4 500	>4 500
历时(d)		670	651	578	394	252	194	152	168	226
次数		36	40	34	23	13	14	12	9	12
三黑武	来沙量(亿 t)	11.2	30.5	39.1	30.7	24.7	21.5	20.8	25.8	26.4
	来水量(亿 m^3)	381	712	816	740	598	520	462	591	965
	平均流量(m^3/s)	659	1 267	1 633	2 175	2 745	3 101	3 518	4 072	4 944
	含沙量(kg/m^3)	29.4	42.8	47.9	41.4	41.4	41.3	45.0	43.6	27.3
	水沙搭配参数 ($k=S/Q^{0.8}$)	0.164	0.141	0.129	0.089	0.073	0.066	0.066	0.056	0.030
花园口	来水量(亿 m^3)	383	723	853	764	605	537	491	60.6	1 041
	平均流量(m^3/s)	661	1 285	1 708	2 245	2 778	3 203	3 739	4 177	5 331
河道冲淤量(亿 t)	花园口以上	2.25	5.23	6.49	2.92	2.35	0.90	-0.79	-1.05	-5.91
	花园口—高村	2.03	3.26	2.74	3.06	0.06	2.60	1.34	-0.34	-2.37
	高村—艾山	1.17	1.24	0.13	-0.02	0.33	-1.00	0.48	0.09	2.61
	艾山—利津	0.91	0.34	-0.64	-0.67	-0.24	-0.40	-0.80	-1.00	-1.68
	利津以上	6.36	10.07	8.72	5.29	2.50	2.10	0.23	-2.30	-7.35
下游淤积比(%)		56.7	33.1	22.3	17.3	10.1	9.8	1.1	-8.9	-27.9

4.2.4　艾山以下窄河道冲淤分析

表 4-7 统计了不同情况下艾山—利津河段泥沙的冲淤情况，总的来看，长时期非汛期泥沙自上而下的调整是造成艾山以下窄河道淤积的根本原因，1965 ~ 1999 年艾山—利津共淤积泥沙 13.39 亿 t，其中非汛期淤积 14.7 亿 t，约占总淤积量的 110%；除非汛期艾山以下淤积外，汛期高含沙洪水及流量小于 1 500 m^3/s 的小水期加剧了艾山以下窄河道的淤积，这两类水共造成艾山以下淤积 3.38 亿 t，占 1965 ~ 1999 年该河段总淤积量的 25.2%。

表 4-7　不同情况艾山上下河段泥沙冲淤情况

项目		河段冲淤量(亿 t)		
		艾山以上	艾山—利津	全下游
1965～1999 年	汛期	92. 39	－1. 31	91. 08
	非汛期	－26. 91	14. 7	－12. 21
	全年	65. 48	13. 39	78. 87
26 场高含沙洪水		64. 13	2. 13	66. 26
汛期小于 1 500 m^3/s 小洪水		15. 18	1. 25	16. 43
1 500～2 500 m^3/s 洪水		15. 32	－1. 31	14. 01
2 500～3 500 m^3/s 洪水		5. 24	－0. 64	4. 60
3 500～4 000 m^3/s 洪水		1. 03	－0. 80	0. 23
>4 000 m^3/s 洪水		－6. 97	－2. 68	－9. 65

4. 3　汛期不同条件下泥沙输移规律

4. 3. 1　水库拦沙期泥沙冲刷规律及影响因素

河道冲淤变化是水沙条件与河床边界共同作用的结果。水多沙少则河道发生冲刷，反之则发生淤积，即使同等的水量和沙量，不同的流量和含沙量过程，其冲淤效果也不相同。河床边界（包括河床组成和河道过洪能力等）的变化也会影响河道输沙能力的改变，如连续冲刷状态，由于河床粗化及有效床沙量补给不足，随冲刷历时的延长，同等水流条件下，水流挟沙能力会降低，冲刷量减少；反之，如果前期持续淤积，后期遇到同样的水流条件，则输沙能力会增加，淤积就会减少，甚至发生冲刷。

图 4-6 点绘了三门峡水库拦沙期和小浪底水库拦沙初期下游河道冲淤量与来水来沙及河床边界间的关系，考虑到泥沙输送随流量大小、含沙量高低及河床组成等因素变化的影响，经分析冲淤量与水沙间具有以下关系

$$C_s = k_1 e^{k_3 \sum S_c} W^{\alpha} + k_2 W_s^{\beta} + C \tag{4-15}$$

根据以上分析，将三门峡水库拦沙期和小浪底水库拦沙初期实测水沙量及河道冲淤资料，回归式(4-15)中待定的系数及参数，得出冲淤量与水沙间的表达式如下

$$C_s = -4.62 \times 10^{-4} e^{0.017 \sum S_c} W^{1.81} + 0.262 W_s^{1.1} \tag{4-16}$$

式中：W 为月来水量，亿 m^3；W_s 为月来沙量，亿 t；$\sum S_c$ 为下游河道前期累计冲刷量，亿 t，取负值；C_s 为月冲淤量，亿 t。

式(4-16)从物理意义上讲基本符合黄河实际情况，也就是说泥沙冲淤与来水量的多少呈负相关，即随着来水量的增加，淤积量减少或冲刷量增加；冲淤与来沙量呈正相关，即泥沙多来多淤；冲刷量随河道累计冲刷量的增加而逐渐衰减。下面进一步讨论单因素变化对河道冲淤的影响。

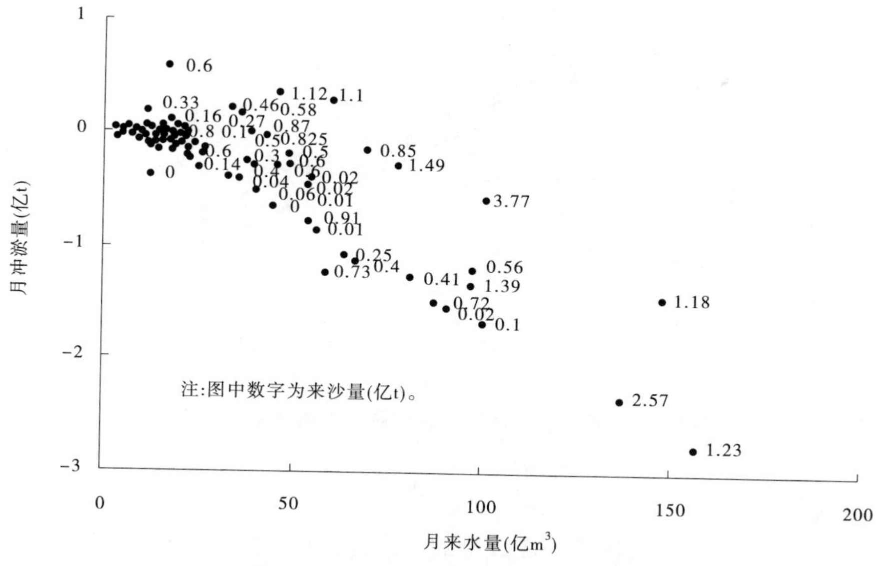

图 4-6　水库拦沙期冲淤与水沙间关系

4.3.1.1　**来水量变化的影响**

假定来沙量和河道前期边界不变,对式(4-16)中的水量求导,得到冲淤量随单因子水量变化关系,如式(4-17)所示,这里定义$\partial C_s/\partial W$为单位水量冲刷量。

$$\frac{\partial C_s}{\partial W} = -0.000\,836e^{0.016\,7\sum S_c}W^{0.81} \tag{4-17}$$

为了更清楚地反映不同来水条件下,增减水量对河道冲淤的影响程度,将式(4-17)绘制成图 4-7。由图 4-7 可见,当边界不变,不同来水条件下,增减同一幅度的水量对河道冲淤影响程度不同。当冲刷开始时,即累计冲刷量$\sum S_c = 0$,当月水量为 50 亿 m³(月均流量 1 870 m³/s)时,增加 1 亿 m³ 水量,可以多冲泥沙 0.02 亿 t,若月水量为 80 亿 m³(月均流量 3 000 m³/s),则增加 1 亿 m³ 水量,可以多冲泥沙 0.029 亿 t,这说明增加流量可以提高泥沙冲刷效率,提高约 45%,同时可以达到节水的目的;当来水条件不变时,随着河道的不断冲刷,床沙粗化,输沙能力也会降低,若河道持续冲刷量$\sum S_c = 15$ 亿 t,当月水量为 50 亿 m³ 时,增加 1 亿 m³ 水量,可以多冲泥沙 0.015 亿 t,与冲刷开始相比少冲约 25%,也就是说此时由于河床粗化,河道输沙能力降低约 25%。

4.3.1.2　**来沙量变化的影响**

在水库拦沙期,进入下游河道的泥沙量少且颗粒组成很细,多数月份平均含沙量都低于 10 kg/m³,月最大含沙量为 44.4 kg/m³(发生在 2004 年 8 月),相应来沙系数为 0.038 kg·s/m⁶,粒径小于 0.025 mm 的细泥沙约占泥沙总量的 81%。由于拦沙期泥沙量少而且颗粒组成细,故泥沙来量虽然对河道有影响,但并非是主要影响因素,影响河道冲淤的主要因素为来水量的多少。

假定来水量和河道前期边界不变,对式(4-16)中的沙量微分,得到冲淤量随单因子来沙量大小变化关系如下

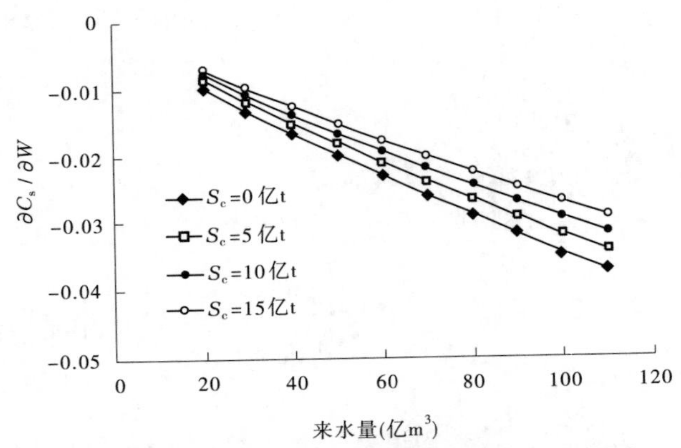

图 4-7　不同来水条件下增减水量对河道冲淤的影响

$$\frac{\partial C_s}{\partial W_s} = 0.288W_s^{0.1} \tag{4-18}$$

由此可见,拦沙期若水流挟带一定数量的泥沙,则河道冲刷量与清水相比会减少。这里定义$\partial C_s/\partial W_s$为一定来沙条件下的增淤比(或减淤比)。由式(4-18)可知,当来沙量为0.5亿t时,增淤比为0.27;当来沙量为1亿t时,增淤比为0.29;当来沙量为2亿t时,增淤比为0.31。需要指出的是,水库拦沙期进入下游的水沙条件多为非饱和挟沙水流,增淤比相对较小,一般情况下,下游河道多为超饱和挟沙水流,增淤比平均在0.5以上。

4.3.1.3　前期河道累计冲刷量变化的影响

以上定量分析了来水来沙条件变化对河道冲淤的影响,下面主要讨论边界条件变化对河道输沙的影响。为分析边界变化的影响,引入连续冲刷期下游河道累计冲刷量作为参数,该参数变化可以反映冲刷期泥沙的粗化程度和冲刷过程中床沙有效补给量的多少。上文及文献(申冠卿,2007)中也曾进行过分析,在冲刷期,随时间的延续河道挟沙能力降低的主要原因是河槽中可以补充的有效床沙量在不断减少,并非水流不具备挟带更多细泥沙和中沙的能力。对式(4-16)中的累计冲淤变量$\sum S_c$微分,得式(4-19)。

$$\frac{\partial C_s}{\partial \sum S_c} = -7.7 \times 10^{-6} W^{1.81} e^{0.017\sum S_c} \tag{4-19}$$

这里定义$\dfrac{\partial C_s}{\partial \sum S_c}$为不同冲刷边界下的河道冲刷量变化参数,简称冲刷衰减系数。

式(4-19)定量给出了不同冲刷边界条件下,冲刷衰减系数与水量和累计冲刷量间的关系,当月来水量一定时(即当平均流量不变时),河道前期累计冲刷量越大,冲刷衰减系数越小,即冲刷量变化幅度越小。由式(4-19)可知,当月均流量为2 000 m³/s(月来水量约54亿m³)时,冲刷初期(即$\sum S_c = 0$),若河道累计冲刷量每增加单位数量,则月冲刷量就减少0.011亿t;冲刷中期(即假定$\sum S_c = 15$亿t),若河道累计冲刷量每增加单位数量,则月冲刷量就减少0.008亿t。即前期累计冲刷量15亿t与冲刷初期相比,同等数量的月来水量其冲刷效率降低幅度约为25%。

以上分析了水沙及边界单因素变化对河道冲淤的影响,这种变化是一种理想的变化过程，而实际上黄河水沙变化非常复杂，在来水变化的同时来沙也会随之发生改变，且河床的调整也时刻都在发生。因此，河道冲淤是水沙和河床边界共同作用的结果，式(4-16)反映了各综合因素变化对河道冲淤的影响程度。

4.3.2 汛期河道冲淤与来水来沙间的关系及影响机制

4.3.2.1 研究现状

黄河下游河道在长时间内，总体上是淤积的，但并非单向淤积，而是随水沙条件的变化在不同的年份有冲有淤。凡是水多沙少的年份，河道淤积量小或发生冲刷；相反地，水少沙多的年份河道发生严重淤积，年淤积量最多可达 7 亿～10 亿 t。关于泥沙冲淤与水沙间的关系，以往也曾作过大量研究工作，河道冲淤量与水沙量间具有以下关系(潘贤娣等，2006；申冠卿等，2006)

$$C_s = k_1 W + k_2 W_s + C \tag{4-20}$$

式中：C_s 为冲淤量，亿 t；W 为来水量，亿 m^3；W_s 为来沙量，亿 t；k_1、k_2、C 分别为待定的系数及常数，可由实测资料率定。

根据 1950～1999 年 40 余年汛期下游冲淤量及实测水沙资料，对式(4-20)中的待定系数及常数进行率定，可得 k_1、k_2、C 的值分别为 -0.024、0.52 和 2.05。将其代入式(4-20)可以得到汛期冲淤量与来水来沙量间的定量关系，由式(4-20)可以推求在来水量不变的情况下，汛期每增加 1 亿 t 泥沙，下游河道增淤 0.52 亿 t 泥沙；在来沙量不变时，汛期每增加 42 亿 m^3 水量，下游河道可以减淤 1 亿 t 泥沙。式(4-20)可以初步判别汛期泥沙冲淤与水沙间的量化关系，但这种量化关系的不足之处是它反映的增淤量或减淤量与来水来沙量间的关系是线性关系，其计算成果并不能反映不同水沙组合(如枯水多沙年、中水多沙年和丰水多沙年等)条件下增减水沙量的差别，增减淤量仅是增减水量和增减沙量的线性函数，与水沙搭配无关，而实际上河道输沙能力与流量的高次方成正比，用泥沙冲淤与水沙量间线性的一次关系来反映泥沙的输移规律还有欠缺，同时公式也未反映来沙粗细对河道冲淤的影响，需进一步完善。

4.3.2.2 输沙规律研究进展

1)多项式关系

关于河道冲淤与水沙间的关系，就目前的研究现状进行了简要概述，总的研究思路仍可吸收采纳，但以往研究认为冲淤量增减随来沙量的变化呈线性变化，且未反映来沙粗细对河道冲淤的影响，不能反映不同水沙组合条件下增减水沙量对河道的减淤程度。本次研究主要针对以上两方面的不足，建立河道冲淤随水沙条件变化的数学表达式。资料范围为 1950～2004 年，涵盖不同的来水来沙条件，1960 年后下游有较为完整的泥沙级配资料，1950～1959 年来沙组成的特征值可以根据来沙量与来沙组成的关系进行插补，一般情况下来沙量越大，悬沙组成 d_{50} 相对越大(申冠卿等，1997)。根据已有的水沙资料和冲淤资料，点绘汛期河道冲淤量与水沙量间的关系，如图 4-8 所示。

据分析，冲淤量与来水量的一定次方呈递减关系，与来沙量呈线性递增关系，且泥沙组成越粗淤积量越大，故数学表达式可写成如下的多项式形式

$$C_s = k_1 \frac{W_s}{e^{P_*}} - k_2 \left(\frac{W}{\overline{W}}\right)^n \tag{4-21}$$

式中：C_s 为利津以上冲淤量，亿 t，冲刷为负，淤积为正；W_s 为来沙量，亿 t；W 为来水量，亿 m^3；$\overline{W}$ 为多年汛期平均来水量，亿 m^3；k_1、k_2、n 为待定系数及指数；P_* 为泥沙粗细特征参数，指粒径小于 0.025 mm 泥沙所占的权重。

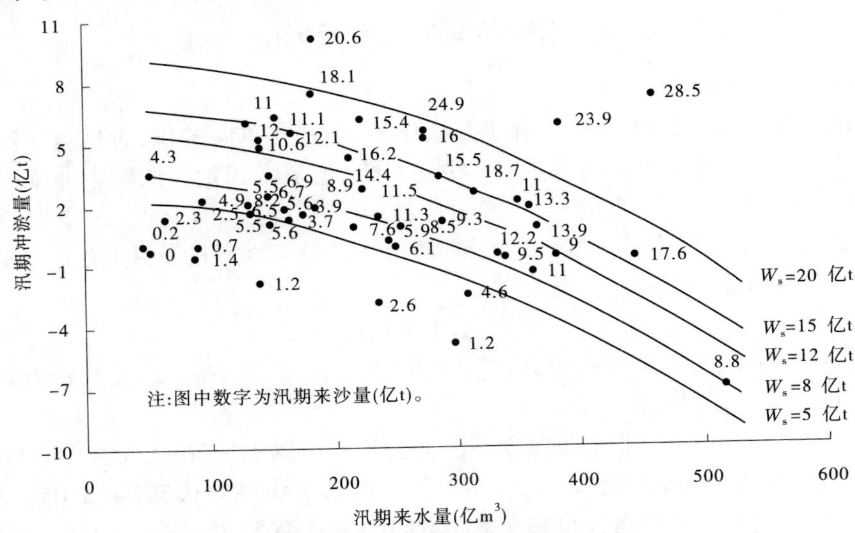

图 4-8　汛期下游冲淤量与水沙量间的关系

采用黄河下游 1950 年以来历年汛期实测资料对式(4-21)进行回归分析，相关系数为 0.94，将率定系数代入得式(4-22)

$$C_s = 0.793\frac{W_s}{e^{P_*}} - 0.000\ 086W^{1.88} \tag{4-22}$$

假定来沙量不变，对来水量进行微分得

$$\frac{\partial C_s}{\partial W} = -0.000\ 16W^{0.88} \tag{4-23}$$

可见，在不同来水量条件下，增减同样的水量对河道的减淤效果是不同的，当来水量较小时，增水减淤效果差；当来水量较大时，增水减淤效果好，其量化关系见图 4-9。当汛期来水量为 150 亿 m^3（相当于日均流量为 1 400 m^3/s）时，在来沙不变的情况下，每增加 1 亿 m^3 水可以多冲或减少淤积量 0.013 3 亿 t；若汛期来水量为 300 亿 m^3（平均流量约 2 800 m^3/s），每增加 1 亿 m^3 水可减淤 0.024 5 亿 t。

假定来水量不变，对来沙量进行微分得

$$\frac{\partial C_s}{\partial W_s} = 0.793e^{-P_*} \tag{4-24}$$

由式(4-24)可知，增淤比$\frac{\partial C_s}{\partial W_s}$随泥沙粗细的变化而变化，如图 4-10 所示。当泥沙粗细特征参数 P_* 较大，即当来沙较细时，增淤比（来沙量每增加单位数量所增加的淤积数量）小；当来沙较粗时，则增淤比大。当泥沙粗细特征参数 P_* 为 0.4 时，增淤比（或减淤比）为 0.53；当特征参数 P_* 为 0.7 时，增淤比（或减淤比）为 0.39；一般情况下，下游汛期多年平均来沙颗粒组成细的泥沙所占的权重约为 0.5，此时增淤比为 0.49。

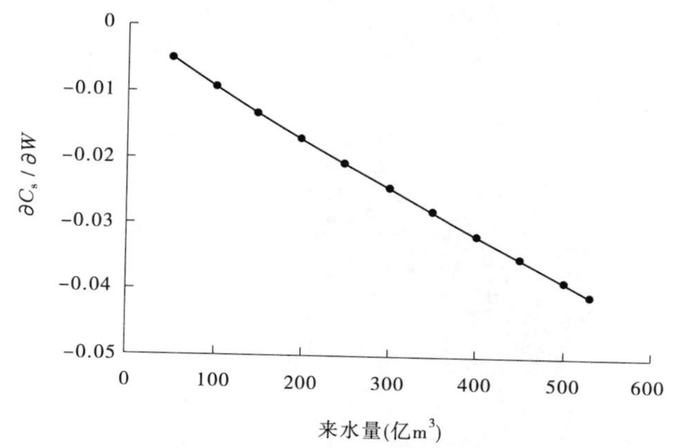

图 4-9 不同来水条件下增水的减淤效果

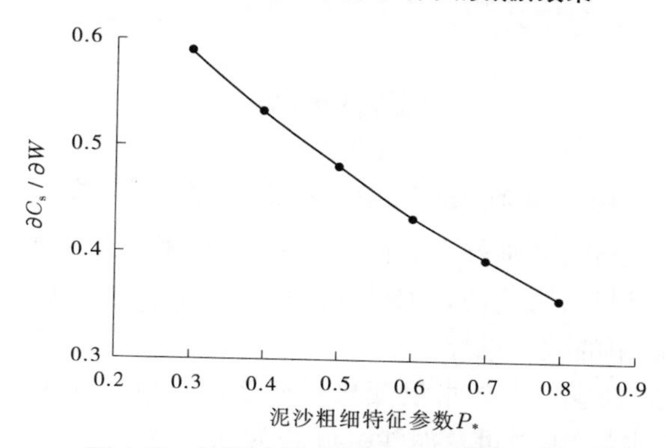

图 4-10 不同来沙条件下增沙的增淤效果

2）指数关系式

前文以多项式的形式给出了汛期下游河道冲淤与水沙间的关系，并分析了各因子变化对冲淤的影响。关于增减水对冲淤量的影响，式（4-22）未能反映不同来沙情况下增减水的减淤效果，也就是说当来水和泥沙组成一定时，不同来沙量条件下随着泥沙量的增加，河道的增淤比应该是变化的，不应该为一定值。可见，运用多项式形式反映泥沙冲淤也有不足之处。为了使计算公式相对更为合理，同样依据 1950～2004 年下游汛期观测资料，引入来水来沙综合影响因子和河道冲淤比的概念，点绘下游河道泥沙冲淤随来水来沙因子变化的关系，如图 4-11 所示，经过归纳分析得到以下关系式

$$\frac{C_s}{W^{0.2} W_s P_*^{0.7}} = 0.308 \ln\left(\frac{94.7 W_s^{0.33}}{W P_*^{0.75}}\right) \tag{4-25}$$

式中：W_s 为来沙量，亿 t；C_s 为冲淤量，亿 t；W 为来水量，亿 m^3；P_* 为粒径小于 0.025 mm 泥沙占的权重。

从式（4-25）的表达形式看，其物理概念基本能够反映黄河下游泥沙“多来、多排、多淤”的输移特性。从表达式可以看出，淤积量与来沙量成正比，与来水量及泥沙粒径小于 0.025 mm 的细泥沙含量成反比。在其他因子不变的情况下，来沙量多淤积量就多，来水量多淤积量少，泥沙颗粒组成细的淤积少。

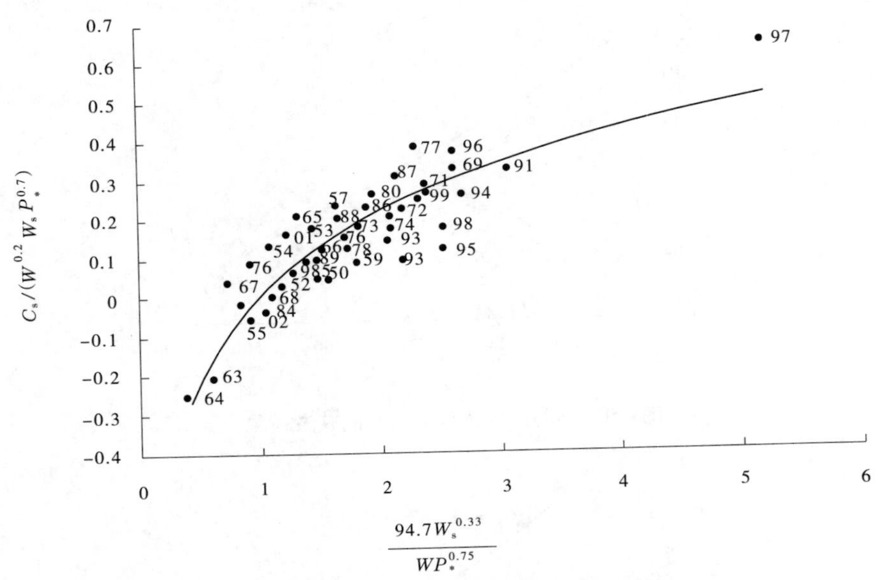

图 4-11　黄河下游汛期泥沙冲淤与水沙因子间关系

根据已建立的计算公式，分别就不同情况下来水量、来沙量及泥沙组成等因子的变化对河道冲淤的影响进行讨论，为了使各因子间的影响关系表达得更简洁形象，我们分三种情况进行图解分析及简单的数学推导。

（1）来沙量及泥沙组成不变，来水量变化对冲淤的影响。在来沙量和泥沙颗粒组成不变的条件下，假定来水量、来沙量及泥沙组成均为独立变量，分别对式(4-25)两边的来水量 W 微分，得

$$\frac{\partial C_s}{\partial W}=\frac{0.308W_sP_*^{0.7}}{W^{0.8}}\left[0.2\ln\left(\frac{94.7W_s}{WP_*^{0.75}}\right)-1\right] \tag{4-26}$$

我们假定来沙量分别为 8 亿 t、10 亿 t 及 12 亿 t，泥沙组成为粒径小于 0.025 mm 的泥沙占泥沙总量的 52%（相当于多年汛期来沙平均值），根据式(4-26)可以计算不同来沙条件下增减水量所引起的减淤量或增淤量，如图 4-12 所示。

由式(4-26)可知，增水减淤效果是水量、沙量和泥沙组成的函数，当来沙量一定时，开始随水量增加，减淤效果大，随着水量的不断增减，减淤幅度会逐渐减小。当来沙量为 8 亿 t、泥沙组成 $P_*=0.52$ 时，可以求得当 $W=150$ 亿 m³ 时，$\partial C_s/\partial W=-0.024$；当 $W=200$ 亿 m³ 时，$\partial C_s/\partial W=-0.021$；当 $W=250$ 亿 m³ 时，$\partial C_s/\partial W=-0.018$。当来沙量为 10 亿 t、泥沙组成 $P_*=0.52$ 时，可以求得当 $W=150$ 亿 m³ 时，$\partial C_s/\partial W=-0.03$；当 $W=200$ 亿 m³ 时，$\partial C_s/\partial W=-0.025$；当 $W=250$ 亿 m³ 时，$\partial C_s/\partial W=-0.022$。也就是说，同样来水量条件下，随沙量的增大，增水的减淤效果越好，反过来减水则增淤量也越大。可见，不同来水和来沙条件下，增加同等水量的减淤效果是不一样的。

（2）来水量及泥沙组成不变，来沙量变化对冲淤的影响。为分析来沙量单因素变化对河道冲淤的影响，我们分别假定来水量为 150 亿 m³、200 亿 m³ 和 250 亿 m³，来沙组成保持不变仍为多年来沙组成的平均值，即 $P_*=0.52$，根据式(4-25)计算不同来沙条件下，

下游河道淤积量随来沙量的变化,如图 4-13 所示。由图 4-13 可以看出,在来水量和来沙组成不变的情况下,来沙越多,淤积量也越大,且随来沙量的增加,冲淤量增幅也不断增加,即随沙量的增加,曲线斜率不断增大,即在来水量和泥沙组成不变的条件下,不同来沙情况下,增加同等沙量的增淤程度是不一样的,它体现了泥沙"多来、多排、多淤"的输沙特点。

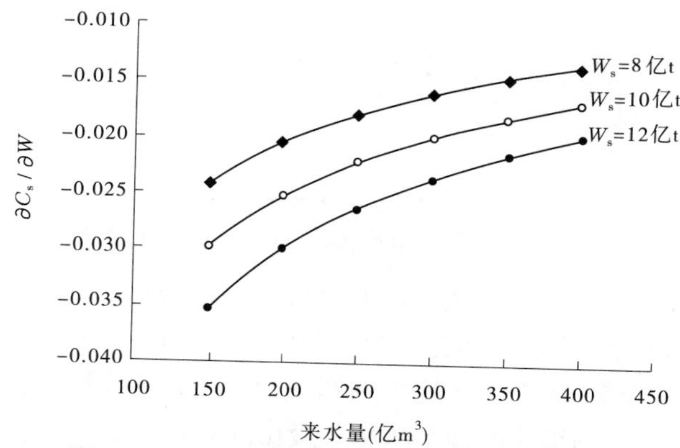

图 4-12　不同水沙量条件下$\partial C_s/\partial W \sim W$关系

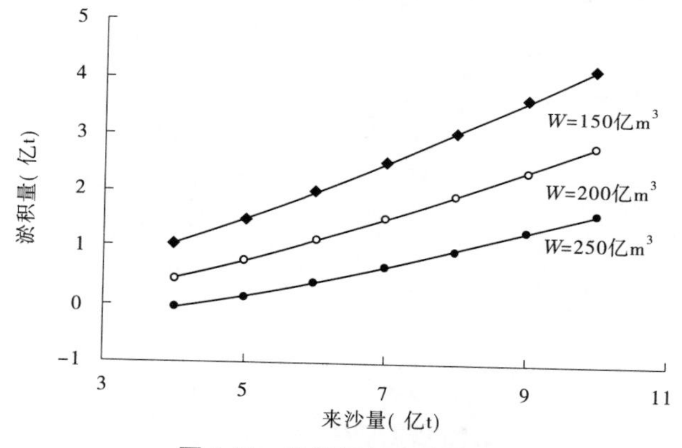

图 4-13　冲淤量与来沙量关系

在来水量和泥沙组成不变的条件下,根据式(4-25),两边对来沙量 W_s 微分,可得增减淤积量与增减沙量间的数学表达式为

$$\frac{\partial C_s}{\partial W} = 0.308 W^{0.2} P_*^{0.7} \left[\ln\left(\frac{94.7 W_s^{0.33}}{W P_*^{0.75}} \right) + 0.33 \right] \tag{4-27}$$

式(4-27)给出了增减沙量引起下游河道冲淤幅度的变化与来沙量、来水量及泥沙组成的关系,其量化图形如图 4-14 所示。可见,来沙量越大淤积增幅越快,即淤积增率越大,也就是说,淤积量增幅随来沙量的变化并不是等幅度增加或减少的,当来水量及泥沙组成一定时,随着来沙量的增加,淤积增率增大。由图 4-14 可知,当来水量为 200 亿 m³、泥沙组成 $P_* = 0.52$ 时,可以求得当 $W_s = 6$ 亿 t 时,$\partial C_s/\partial W_s = 0.37$;当 $W_s = 8$ 亿 t 时,$\partial C_s/\partial W_s = 0.43$;当 $W_s = 10$ 亿 t 时,$\partial C_s/\partial W_s = 0.47$。

(3)来水量及来沙量保持不变,来沙组成变化对河道冲淤的影响。关于泥沙颗粒组

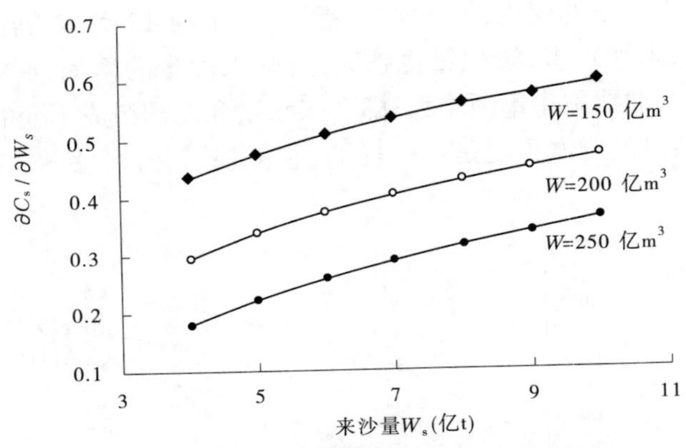

图 4-14　不同来水量条件下$\partial C_s/\partial W_s \sim W_s$关系

成对河道冲淤的影响,以往研究仅从定性上进行过探讨(赵业安等,1998),认为粗泥沙含量的增加不仅会使粗泥沙的输沙能力降低,甚至细泥沙和中沙的输沙能力也会随着降低。为了定量分析泥沙粗细对河道输沙能力的影响,假定来沙量为 8 亿 t、来水量为 180 亿 m^3,粒径小于 0.025 mm 的细泥沙含量从 0.5 变化到 0.8,据式(4-25)可以分别计算不同来沙组成情况下河道冲淤量,然后点绘冲淤量随泥沙组成变化的关系,如图 4-15 所示。

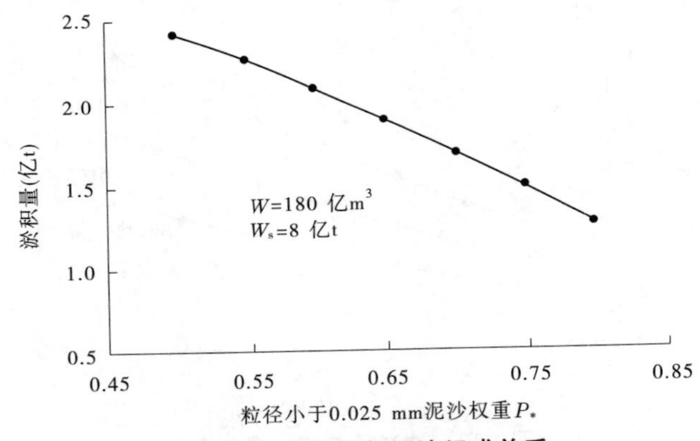

图 4-15　冲淤量与泥沙组成关系

从图 4-15 可以看出,泥沙组成对河道输沙影响很大,如来沙量 8 亿 t、来水量 180 亿 m^3,在一般来沙组成的情况下,汛期下游河道淤积泥沙约为 2.42 亿 t,在来沙量和来水量不变的情况下,若改变来沙组成即粒径小于 0.025 mm 的细泥沙由 50% 增加到 80%,这时下游河道泥沙淤积仅为 1.26 亿 t,相对于多年平均来沙组成时河道淤积量减少约 48%。值得说明的是,近 50 年间仅有三门峡水库和小浪底水库拦沙期间进入下游的泥沙组成较细,一般情况下进入下游的泥沙组成 P_* 年际间变化很小,基本维持在 0.5 左右。也就是说,各年汛期来沙组成并没用实质性的差异,汛期考虑泥沙粗细对冲淤的影响其现实意义较小。

假定来水量和来沙量不变,由式(4-25)对变量泥沙组成 P_* 微分得到增减淤积量与泥沙组成间的数学表达式如下

$$\frac{\partial C_s}{\partial P_*} = 0.308\frac{W_s}{P_*^{0.3}}\left[0.7\ln\left(\frac{94.7W_s^{0.33}}{WP_*^{0.75}}\right)-0.75\right] \tag{4-28}$$

图4-15中曲线上每一点对应的斜率表明在某一来沙组成条件下，泥沙组成变化所引起冲淤量的增减幅度。从图4-15可以看出，随着泥沙组成的变细，其曲线斜率也在不断增加，也就是说，泥沙组成越细，减淤效果越明显。当来沙量为8亿t、来水量为180亿m^3时，由式(4-28)可以计算得当$P_*=0.5$时，$\partial C_s/\partial P_*=-3.1$；当$P_*=0.8$时，$\partial C_s/\partial P_*=-4.5$。

关于汛期泥沙组成的变化，从对历年实测资料分析的结果看，除水库拦沙人为干预时段外，其余年份来沙组成粒径小于0.025 mm泥沙的比例多数为45%～58%，年际间虽有变化，但变幅较小，来沙粗细呈随机变化。若以时段划分，每一时段内汛期平均来沙组成基本趋于一定值，如图4-16所示，1965～1999年，除1981～1985年连续丰水少沙，泥沙组成偏粗外，其余各时段粒径小于0.025 mm的泥沙组成非常接近，相差不大于2%。可见，若以年来水来沙为研究对象，可以考虑来沙组成变化对河道冲淤的影响；若分析较长时期泥沙冲淤与水沙的关系，可以不考虑来沙组成的影响。

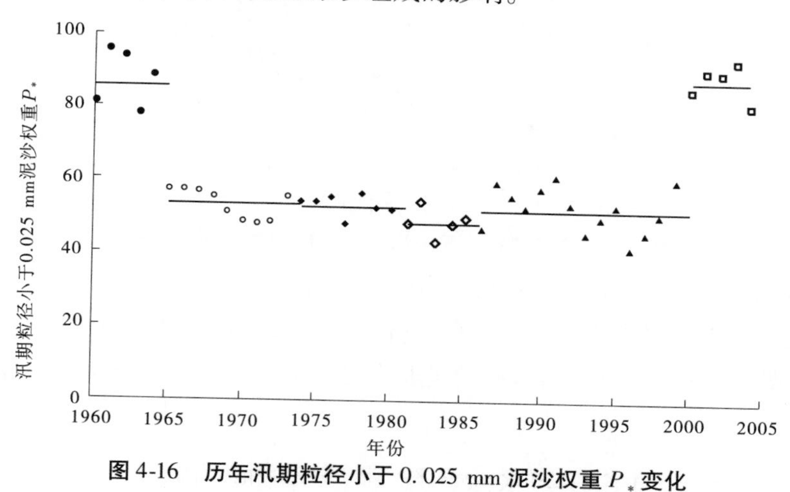

图4-16　历年汛期粒径小于0.025 mm泥沙权重P_*变化

4.4　非漫滩洪水泥沙输移规律

认识黄河水沙运行规律的目的是更好地利用它来造福人类。从自然洪水的水沙搭配参数($k=S/Q^{0.8}$)看，小流量级水沙搭配参数值基本上是大流量级的3倍，出现大水带小沙的现象，水沙搭配的不协调加剧了河道的淤积。黄河下游水沙组合千变万化，调控水沙要以下游泥沙输移规律为依据，在相同的来水来沙条件下，应尽可能做到河道少淤多排，提出适宜的水沙搭配过程。为此，系统分析洪水期不同水沙组合下下游河道泥沙的调整规律，可为水库调节水沙提供技术支撑。

4.4.1　洪水期河道冲淤比与水沙参数关系

对1960～2004年45年洪水资料进行统计，去掉大漫滩洪水和沿程水量极不平衡的洪水，筛选出平均流量大于1 000 m^3/s的洪水130余场，多场洪水来沙中平均中值粒径d_{50}为0.021 mm，来沙组成为粒径小于0.025 mm的细泥沙占来沙的54.6%、粒径0.025～0.05 mm的中沙占25.6%、粒径大于0.05 mm的粗泥沙占19.8%。若暂不考虑来沙粗细的影响，点绘洪水期泥沙冲淤比（η = 冲淤量/来沙量）与洪水期水沙搭配参数k的关系，如图4-17所示，经分析，关系可表示为式(4-29)。

$$S/Q^{0.8} = 0.18\eta^3 + 0.3\eta^2 + 0.17\eta + 0.066 \tag{4-29}$$

$$\eta = C_s/W_s \tag{4-30}$$

式中：S为洪水期平均含沙量，kg/m^3；Q为洪水期平均流量，m^3/s；η为冲淤比；C_s为洪水期冲淤量，亿t；W_s为洪水期来沙量，亿t。

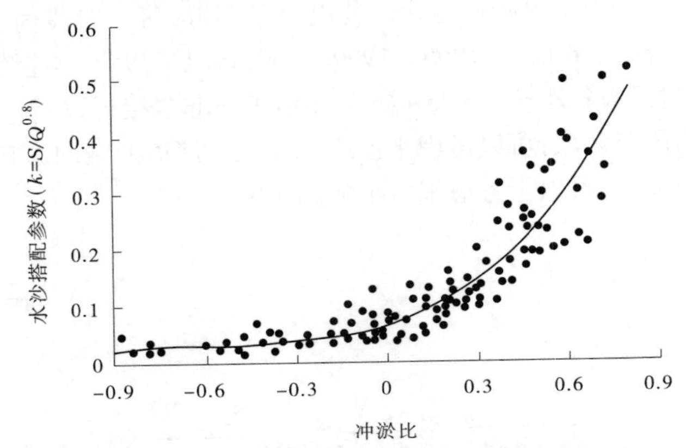

图4-17 洪水期泥沙冲淤比与水沙搭配参数间的关系

式(4-29)反映了洪水期来水来沙与河道冲淤间的定量关系，已知洪水条件就可以计算河道的冲淤状况，或给定泥沙的淤积程度就可以计算不同流量下的水沙组合。该式仅考虑了洪水期一般来沙条件下河道冲淤与水沙间的关系，并未完全反映来沙粗细对河道冲淤的影响。

4.4.2 洪水期河道冲淤比与水沙参数、泥沙组成间的关系

除含沙量和流量大小对输沙能力影响较大外，来沙组成的粗细对泥沙输移也有很大影响。若引入反映来沙粗细程度的参变量P_*（P_*为粒径小于0.025 mm的细泥沙在来沙中所占的权重），根据以上洪水资料，点绘洪水期泥沙冲淤比与平均流量、平均含沙量及泥沙粗细等参数间的关系，如图4-18所示，图中曲线的关系可表示为式(4-31)。

$$\frac{S}{Q^{0.8}}e^{-1.2P_*} = 0.111\eta^3 + 0.168\eta^2 + 0.089\eta + 0.035 \tag{4-31}$$

式(4-31)中，若假定冲淤比$\eta=0$，则式(4-31)可以化为式(4-32)。式(4-32)量化了在洪水期下游河道处于冲淤临界状态下所需的水沙组合或水沙搭配关系。

$$S = 0.035Q^{0.8}e^{1.2P_*} \tag{4-32}$$

为便于分析冲淤平衡状态下水沙搭配的量化关系及各因子变化对临界含沙量的影响，以P_*作为参数，根据式(4-32)点绘临界含沙量随流量的变化关系，如图4-19所示。

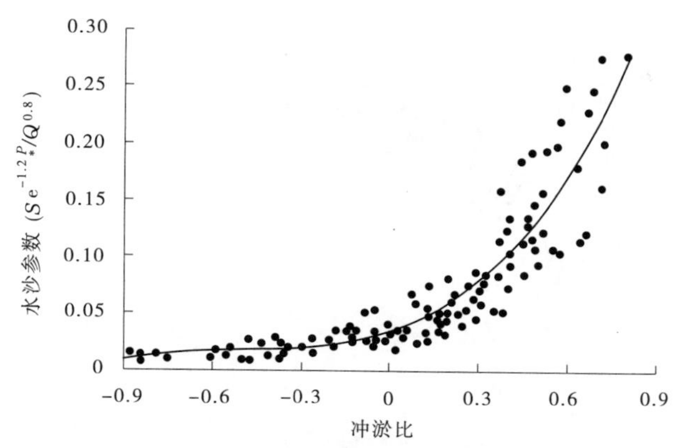

图 4-18　洪水期泥沙冲淤比与水沙参数的关系

可见，随着流量的增加，临界含沙量增大，随着来沙组成的变粗，临界含沙量减小。当 P_* 为 0.5（基本相当于一般来沙情况）时，若流量由 2 000 m^3/s 变为 4 000 m^3/s，临界含沙量由 27.9 kg/m^3 变为 48.6 kg/m^3，增加 20.7 kg/m^3；当流量一定时，假定流量为 4 000 m^3/s，P_* 由 0.45 变为 0.8 时，不淤临界含沙量由 45.7 kg/m^3 变为 69.6 kg/m^3，增加 23.9 kg/m^3。据分析，水库拦沙期异重流排沙期间，进入下游河道的泥沙较细，P_* 一般均大于 0.7，其余绝大多数洪水 P_* 一般为 0.45 ~ 0.65，故对于一般来沙组成的洪水，当流量为 4 000 m^3/s时，临界含沙量的变幅小于 12.4 kg/m^3。

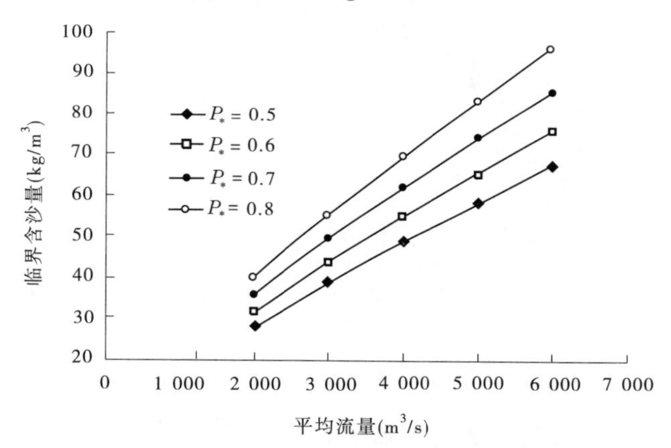

图 4-19　洪水期下游不淤临界含沙量与平均流量间的关系

式(4-31)的表达形式在已知冲淤比的条件下，计算水沙搭配容易计算，但反过来若已知水沙条件和泥沙组成，计算冲淤比则相对较为麻烦，需要试算。根据同样的洪水资料，点绘泥沙冲淤比与水沙参数间的关系，如图 4-20 所示，其回归的表达式为

$$\frac{\eta - 1.27}{0.38} = \ln\left(\frac{S}{Q^{0.8}}e^{-1.2P_*}\right) \tag{4-33}$$

式中：η 为冲淤比，即冲淤量与来沙量比值（+为淤积，−为冲刷）；S 为洪水期平均含沙量，kg/m^3；Q 为洪水期平均流量，m^3/s；P_* 为细泥沙权重。

除考虑细泥沙含量 P_* 外，同时又考虑粗泥沙含量 P_2，然后建立泥沙冲淤比与含沙

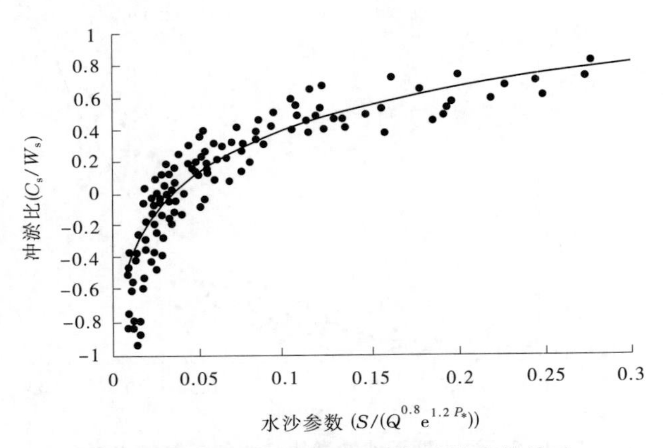

图 4-20　洪水期泥沙冲淤比与水沙参数关系

量、泥沙组成、流量间的关系,如图 4-21 所示,其回归的表达式为

$$\frac{\eta - 1.18}{0.4} = \ln\left(\frac{S}{Q^{0.8}}e^{P_2 - P_*}\right) \tag{4-34}$$

式中:η 为冲淤比,即冲淤量与来沙量比值(+为淤积,-为冲刷);S 为洪水期平均含沙量,kg/m^3;Q 为洪水期平均流量,m^3/s;P_* 为细泥沙权重;P_2 为粗泥沙权重。

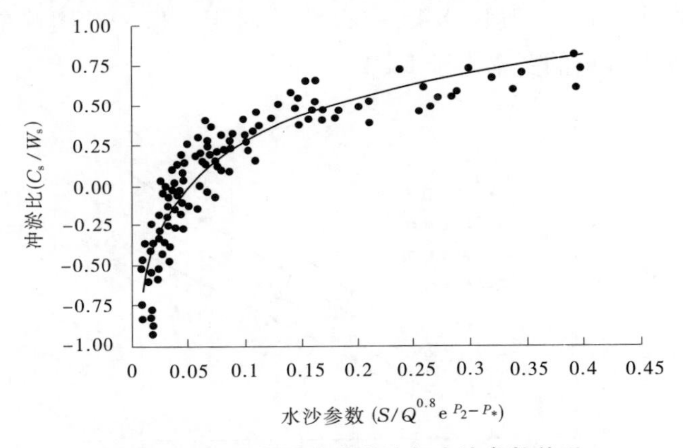

图 4-21　洪水期泥沙冲淤比与水沙参数关系

关于各因子变化对泥沙输移的定量影响,可以分别对式(4-33)、式(4-34)进行微分即可求得;假定冲淤比 $\eta=0$,即可求得冲淤平衡状态下理想的水沙搭配参数。

4.5　不同峰型洪水对泥沙输移的影响

黄河下游天然洪水过程有胖有瘦,峰值有大有小,相同的水沙量可以有多种多样的洪水组合方式,过程不同其输沙效果也有差异,单从有利于河道输沙的角度去选择水沙过程可能不便于水库操作,反过来,若只顾及水库的可操作性,则调控的水沙过程有可能不利于输沙。小浪底水库转入正常运用期后,下游河道泥沙淤积问题仍不可避免,随着水沙调控措施的不断完善,水库调控水沙减缓河道淤积已成为可能。为此,需兼顾洪水泥沙输移效果和水库调节两方面，科学合理配置水沙，塑造出既能达到下游河道输沙最优，同时又便于水库调控操作的适宜水沙过程，提高输沙效率，从而实现下游河道长期减淤的目的。

4.5.1 黄河下游天然洪水特性及过程概化

4.5.1.1 天然洪水特性

表4-8统计了1950年以来黄河下游多次洪水的特征参数，洪峰流量和平均流量反映了洪水量级的大小，峰型系数（洪峰流量与平均流量之比）则反映了洪水的相对陡峻程度，其变化范围为1.2～2.9，多场洪水平均约为1.9。20世纪50年代黄河下游洪水出现的几率大且峰值高，80年代中期以来，下游洪水发生的几率明显降低且峰值相对较小。

表4-8 下游花园口站不同洪水特征参数变化

年份	1950	1951	1952	1953	1954	1954	1955	1956	1957	1958	1958
洪峰流量（m^3/s）	7 250	9 220	6 000	11 200	15 000	12 300	6 800	8 360	13 000	22 300	10 700
平均流量（m^3/s）	4 058	3 305	4 225	4 400	6 517	6 875	4 541	4 383	5 652	7 794	6 310
峰型系数	1.79	2.79	1.41	2.55	2.30	1.79	1.50	1.91	2.30	2.86	1.70
年份	1958	1959	1959	1959	1964	1966	1967	1968	1973	1975	1976
洪峰流量（m^3/s）	10 300	7 680	9 480	7 280	7 760	8 480	7 280	7 340	5 890	7 580	9 210
平均流量（m^3/s）	6 784	3 450	5 242	5 524	5 742	4 211	6 225	3 600	3 567	6 217	7 192
峰型系数	1.52	2.23	1.81	1.32	1.35	2.01	1.17	2.04	1.65	1.22	1.28
年份	1977	1977	1979	1981	1982	1983	1984	1985	1988	1989	1996
洪峰流量（m^3/s）	8 100	10 800	6 600	7 850	15 300	8 180	6 990	8 260	7 000	6 100	7 860
平均流量（m^3/s）	4 365	3 924	3 365	4 844	6 425	4 706	4 860	4 372	4 099	2 634	3 308
峰型系数	1.86	2.75	1.96	1.62	2.38	1.74	1.44	1.89	1.71	2.32	2.38

黄河下游洪水过程有的较胖、有的尖瘦，历时有的长、有的短，一般洪水在下游传播需要4 d，为了使洪水过程自上而下传播不至于发生较大的变形，洪水历时最少不应少于7 d。从天然洪水过程看（见图4-22），涨水段与落水段有的两边基本对称，有的则相差较大，但从起涨点到峰值的流量过程基本可以分段以直线拟合，一般洪水涨水段也可以简单概化为两段线性函数，其流量分界点一般为涨水期平均流量。如果涨水段与落水段不对称，相差较大，则涨水段与落水段可以分别进行概化。为了便于下面输沙能力的定量计

算，自然洪水流量过程可以据此概化。黄河下游暴雨洪水由于洪水、泥沙来源不同和洪水遭遇形式的多样组合，洪水演进过程极其复杂，沙峰与洪峰不同步，多数沙峰滞后于洪峰，洪峰流量的大小与含沙量的高低关系并不密切，也就是说流量大并非含沙量也高，如1954 年、1958 年和 1982 年大洪水均为低含沙洪水，而 1996 年中等流量洪水则为高含沙洪水，1977 年洪水流量相对较大而含沙量却很高。可见，洪水期含沙量搭配非常复杂，现暂不考虑含沙量变化及泥沙组成变化对输沙的影响，仅研究流量过程改变对输沙的影响。

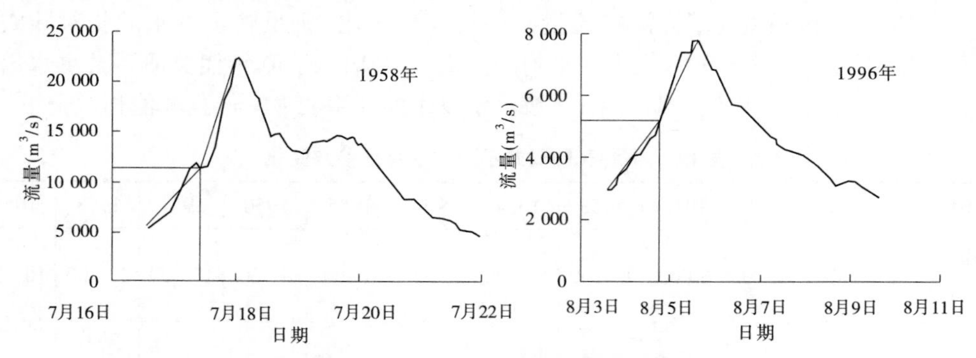

图 4-22　典型年份黄河下游花园口洪水过程

4.5.1.2　自然洪水过程的概化原则

由于自然洪水不便于量化计算，为了比较洪水期河道输沙能力的变化及分析不同类型洪水对河道输沙能力的影响，需要对自然洪水进行概化。其原则是：根据自然洪水过程流量随时间的变化特点，假定洪水涨水与落水基本对称，将一般洪水概化（如图 4-23 所示），使概化后的洪水过程尽可能与实际相符，仍分为基流和洪水两部分，基流以洪水起涨点为分界点进行划分，如图 4-23 所示，流量大小为 Q_b。严格地讲，洪水部分应该分多段以直线分别拟合，从实际洪水过程看从起涨点至峰值可近似分两段进行拟合，其洪水部分的流量分界点（X，Q_a）可以通过概化前后大于基流部分的洪量相等来计算。

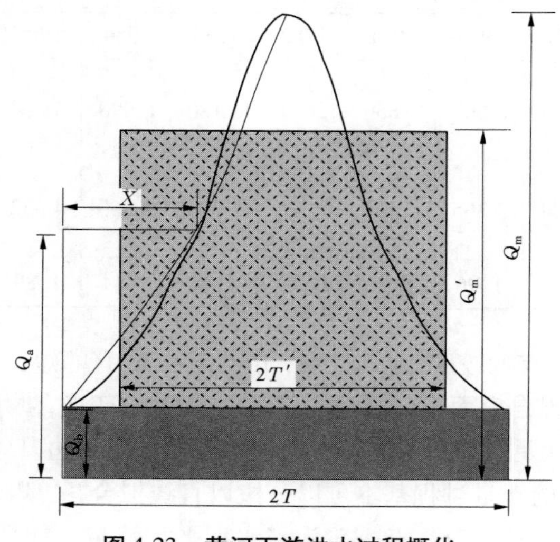

图 4-23　黄河下游洪水过程概化

4.5.2 洪水期泥沙输移效果计算分析

4.5.2.1 泥沙输移机制

影响泥沙输移的因素很多,同等的水量条件下,不同的流量过程其输沙效果也不相同。为反映不同流量过程不同对输沙的影响程度,可以简单用水流强弱指标$\sum Q_i^2 \Delta T_i$来反映(潘贤娣等,2006)。在洪水演进过程中,泥沙输移是靠河道的落差即势能不断转换为动能来实现的(刘晓燕等,2007),具体对某一固定断面而言,泥沙输移强度主要取决于水流动能大小,即

$$E = mV^2/2 \tag{4-35}$$

式中:E为水体的动能;m为流体的质量;V为流体平均流速,m/s。

单位时间内流体的质量m与流量Q成正比;流速V与流量Q又存在如下关系(申冠卿等,2001),见式(4-36),且水流在不漫滩的情况下,式(4-36)又可以近似用指数关系表达,见式(4-37)。

$$V = k_1 \ln Q + k_2 \tag{4-36}$$

$$V \propto Q^{\alpha} \tag{4-37}$$

式中:k_1、k_2和α分别为待定的系数及指数。

将式(4-37)代入式(4-35),则单位时间内流体的动能$E \propto Q^{\alpha}$。可见,输沙能力的大小与流量的适当次方成正比。同时,当来水含沙量较低或为清水时,黄河下游输沙能力一般与流量的高次方成正比(赵业安等,1998;《钱宁论文集》编辑委员会,1990)可以用式(4-38)来表示。

$$Q_s = kQ^n \tag{4-38}$$

式中:Q_s为输沙率,t/s;Q为流量,m³/s;k、n分别为待定系数和指数,可以由实测洪水资料率定,n值一般取1.7~2.0(麦乔威等,1995)。

4.5.2.2 水库调控后洪水过程输沙计算

设自然洪水总历时为$2T$,起涨流量为Q_b(或称为基流),洪水期平均流量为Q_a,天然洪水最大洪峰流量为Q_m($Q_m = mQ_a$),这里定义m为峰型系数,m值反映自然洪水的陡峻程度,据实测资料统计,m值多数为1.2~2.9,多场洪水平均值为1.90。为了比较水库调控后的洪水与自然洪水输沙能力的差异,我们从水库便于操作的原则出发,认为自然洪水过程经水库调控后流量基本恒定(平头峰),如图4-23所示,这里记概化后的自然洪水为调控后洪水,且调控后洪水流量大小为Q'_m,这里定义λ为洪水调控系数,$0 \le \lambda \le 1$,它与自然洪水的平均流量和洪峰流量有关,洪水调控系数等于调控后、调控前对应的洪峰流量与平均流量之差的比值,表示为

$$\lambda = (Q'_m - Q_a)/(Q_m - Q_a) \tag{4-39}$$

若将$Q_m = mQ_a$代入式(4-39),得出调控后洪峰流量为

$$Q'_m = Q_a + \lambda(m-1)Q_a \tag{4-40}$$

调控后洪水历时为$2T'$,这里$T' \le T$;洪水历时$2T'$应满足调控前、后水量相等,即

$$[Q_a + \lambda(m-1)Q_a]T' + Q_b(T-T') = Q_a T \tag{4-41}$$

化简式(4-41),得

$$T' = (Q_a - Q_b)T/[Q_a + \lambda(m-1)Q_a - Q_b] \tag{4-42}$$

根据以上原则,调控后的平头峰洪水过程包括两段,即涨水前基流流量 Q_b,历时为 $2(T-T')$;峰值段流量 $Q_a+\lambda(m-1)Q_a$,历时 $2T'$。整个洪水阶段 $2T$ 时间内河道输沙能力大小,可根据式(4-38)进行计算,河道总输沙量为

$$\begin{aligned} W'_s &= 2k\int_0^{T-T'} Q_b^n \mathrm{d}t + 2k\int_0^{T'} [Q_a + \lambda(m-1)Q_a]^n \mathrm{d}t \\ &= \frac{2k\lambda(m-1)Q_a T}{Q_a + \lambda(m-1)Q_a - Q_b} Q_b^n + \frac{2k[1+\lambda(m-1)]^n (Q_a - Q_b)T}{Q_a + \lambda(m-1)Q_a - Q_b} Q_a^n \end{aligned} \tag{4-43}$$

4.5.2.3 自然洪水过程输沙概化计算

天然洪水概化过程如图 4-23 所示,根据以上概化原则,涨水阶段分段进行拟合,折线的分界点为(X,Q_a),Q_a 为涨水期平均流量,X 为从涨水开始到流量为 Q_a 时的历时,其大小符合式(4-44)关系,即

$$(Q_a - Q_b)X = (m-1)Q_a(T-X) \tag{4-44}$$

$$X = \frac{m-1}{m - Q_b/Q_a} T \tag{4-45}$$

假设

$$\frac{m-1}{m - Q_b/Q_a} = \phi \quad (0 < \phi < 1) \tag{4-46}$$

则有

$$X = \phi T \tag{4-47}$$

经概化处理后,当流量小于 Q_a 时,流量随时间的变化可表示为

$$Q = Q_b + \frac{Q_a - Q_b}{\phi T} t \quad (t \leqslant \phi T) \tag{4-48}$$

经概化处理后,当流量大于 Q_a 时,流量随时间的变化可表示为

$$Q = \frac{Q_a}{1-\phi}\left(1 - m\phi + \frac{m-1}{T}t\right) \quad (\phi T \leqslant t \leqslant T) \tag{4-49}$$

当洪水过程为简化的洪水过程时,根据流量与时间的关系及输沙率与流量的高次方成正比,则在 $2T$ 时间内河道总输沙量经分段积分得

$$\begin{aligned} W_s &= 2k\int_0^{\phi T} \left(Q_b + \frac{Q_a - Q_b}{\phi T} t\right)^n \mathrm{d}t + 2k\int_{\phi T}^{T} \left[\frac{Q_a}{1-\phi}\left((1 - m\phi + \frac{m-1}{T}t\right)\right]^n \mathrm{d}t \\ &= \frac{2k\phi T}{n+1}\frac{1}{Q_a - Q_b}(Q_a^{n+1} - Q_b^{n+1}) + \frac{2kQ_a^n T}{n+1}\frac{1-\phi}{m-1}(m^{n+1} - 1) \end{aligned} \tag{4-50}$$

式(4-43)表明了洪水经调控为平头峰后河道输沙能力随时间的变化情况,而式(4-50)表明了自然洪水过程河道输沙能力随时间的变化情况。对比式(4-43)、式(4-50)的变化可以定量说明不同峰型对输沙能力的影响。为使式(4-43)、式(4-50)定

量化，假定洪水期起涨流量 Q_b 取四级即 500 m^3/s、1 000 m^3/s、2 000 m^3/s、3 000 m^3/s；洪水量级 Q_a（平均流量）分别为 4 000 m^3/s、5 000 m^3/s 和 6 000 m^3/s；峰型系数 m 分别为 1.5、2.0 和 2.5；河道输沙能力随流量变化的指数 n 值由实测资料率定，取 $n=1.8$，这里需要说明的是，河道的输沙能力在非漫滩情况下一般随流量的增大而增大，当洪水漫滩时 n 值会有所减小。本次计算考虑两种情况：一是不考虑漫滩影响，认为漫滩前后表征输沙能力大小的指数 n 保持不变；二是考虑到漫滩的影响，假定漫滩流量等于本次洪水的平均流量，漫滩后考虑到河道输沙能力降低，n 值取 1.77。当洪水调控系数 $\lambda=0$ 时，即自然洪水过程可调控为平均流量为 Q_a，历时为 $2T$ 的恒定过程；将 Q_a、Q_b、m、n 及 ϕ 值代入式(4-43)和式(4-50)，分别计算 W_s' 和 W_s，然后再计算二者的比值 W_s'/W_s，见表 4-9、表 4-10。

表 4-9　不同类型洪水输沙能力计算（不考虑漫滩洪水影响）

平均流量 (m^3/s)	峰型系数 m	输沙能力比值（W_s'/W_s）			
		$Q_b=500\ m^3/s$	$Q_b=1\ 000\ m^3/s$	$Q_b=2\ 000\ m^3/s$	$Q_b=3\ 000\ m^3/s$
$Q_a=4\ 000$	1.5	0.902	0.916	0.943	0.971
	2.0	0.826	0.848	0.895	0.945
	2.5	0.763	0.791	0.852	0.921
$Q_a=5\ 000$	1.5	0.900	0.911	0.932	0.954
	2.0	0.821	0.839	0.876	0.914
	2.5	0.758	0.780	0.827	0.879
$Q_a=6\ 000$	1.5	0.898	0.907	0.925	0.943
	2.0	0.818	0.833	0.863	0.895
	2.5	0.754	0.772	0.811	0.852

表 4-10　不同类型洪水输沙能力计算（考虑漫滩洪水影响）

平均流量 (m^3/s)	峰型系数 m	输沙能力比值（W'_s/W_s）			
		$Q_b=500\ m^3/s$	$Q_b=1\ 000\ m^3/s$	$Q_b=2\ 000\ m^3/s$	$Q_b=3\ 000\ m^3/s$
$Q_a=4\ 000$	1.5	1.122	1.127	1.124	1.092
	2.0	1.019	1.032	1.048	1.042
	2.5	0.941	0.962	0.994	1.010
$Q_a=5\ 000$	1.5	1.127	1.132	1.133	1.120
	2.0	1.021	1.032	1.048	1.052
	2.5	0.941	0.958	0.987	1.006
$Q_a=6\ 000$	1.5	1.131	1.135	1.139	1.133
	2.0	1.023	1.033	1.048	1.056
	2.5	0.942	0.957	0.982	1.001

当不考虑漫滩洪水对输沙能力的影响时，洪水漫滩前后输沙指数 n 为一定值，等水量同历时不同过程的洪水相比，自然峰比调控后的平头峰输沙效果好，且自然峰峰型系数越大，河道输沙效果越好，起涨流量越大，二者输沙效果相差也越小。当洪水起涨流量大于1 000 m^3/s 时，平头峰比自然峰（Q_a =4 000 m^3/s，m =2.5）的输沙能力降低约21%。输沙指数 n 对河道输沙能力影响很大，不考虑洪水漫滩对输沙能力的影响可能与实际不相符，如自然洪水，当 Q_a =6 000 m^3/s，m =2.5 时，洪峰流量则为15 000 m^3/s，此时河道必定漫滩。为了使计算结果更能反映实际，区分漫滩洪水与非漫滩洪水，河道的输沙能力分别取不同的值，假定漫滩流量等于洪水平均流量，计算结果如表4-10所示。从全断面输沙效果看，自然峰的输沙效果并不一定比平头峰输沙效果好，当峰型系数分别为2、2.5时，二者输沙效果非常接近，最大相差为±7%左右。值得说明的是，天然的漫滩洪水具有淤滩刷槽作用，漫滩后即使全断面输沙效果降低，它能够以漫滩为代价换来主槽的冲刷，可以改善泥沙的横向分布。

调控后的洪水过程是否合理，主要应满足两方面内容：一是与等水量同历时的自然洪水相比，输沙效果不致降低；二是洪水过程便于操作，水库调控出一般的自然洪水难度相对较大，但调控出恒定的洪水过程相对较易。以上调控的恒定平均洪水过程仅是众多可实现方案中的一种，该方案由于流量小，其输沙效果比自然非漫滩洪水要差。为了保障洪水调控前后输沙能力不降低，我们可以通过加大下泄流量来提高输沙能力。通过进一步分析，假定洪水的起涨流量 Q_b = 1 000 m^3/s，引入洪水调控系数 λ（$0 \leqslant \lambda \leqslant 1$），根据式(4-43)、式(4-50)定量计算分析不同调控洪水与相应自然洪水过程输沙能力的相对比值 W_s'/W_s，点绘二者的关系，如图4-24所示。由图4-24可以看出，不论自然洪水如何变化，随着 λ 的增加，调控后的洪水与自然洪水的输沙能力相比，在不断增大，当 $\lambda \geqslant 0.32$ 时，才能保障调控后的洪水其输沙能力不降低；当自然峰型系数 m 和洪水调控系数 λ 一定时，随着洪水量级 Q_a 的增大，调控后的洪水与自然洪水相比，输沙能力比值增加较少；

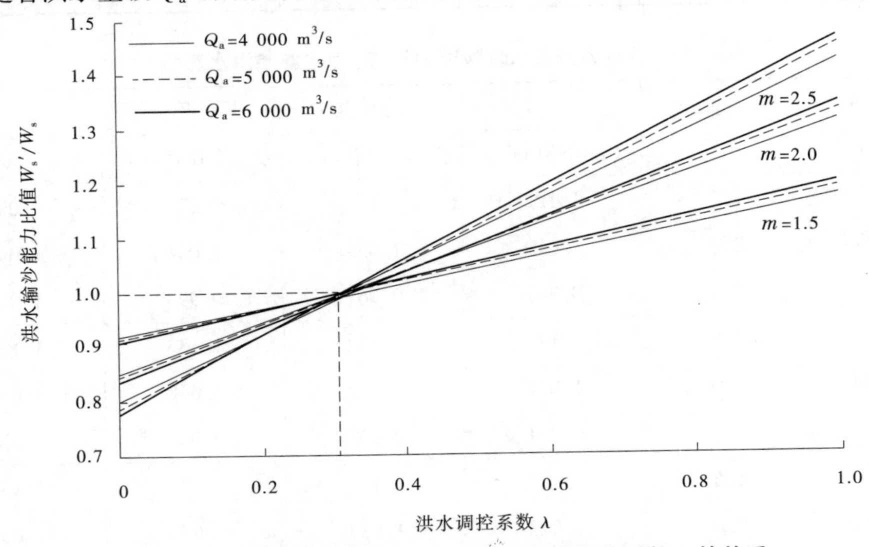

图4-24　洪水输沙能力比值 W_s'/W_s 与洪水调控系数 λ 的关系

当洪水量级 Q_a 和洪水调控系数 λ 一定时，随峰型系数 m 的增大，调控后的洪水与自然洪水相比，输沙能力比值增加幅度较大。

高含沙洪水和3 000 m^3/s 流量以下的小洪水是造成下游河道淤积的主要原因。小洪水期的水量和沙量分别占汛期水沙总量的61%和57%，水沙关系不协调加剧了河道的淤积。为达到下游河道减淤的目的，水库调水调沙既必要又艰巨。自然洪水可以调控为多种便于水库操作的恒定洪水过程。调控后的洪水与自然洪水相比，其输沙能力变化与多种因素有关，如自然洪水的峰型系数 m、洪水量级 Q_a（平均流量）、起涨流量 Q_b、洪水是否漫滩和调控后洪水调控系数 λ 等。当洪水调控系数和自然峰型系数一定时，调控洪水与自然洪水相比，随着洪水量级的增大，输沙能力比值增加，但增加幅度很小；当洪水调控系数和自然峰洪水量级一定时，调控洪水与自然洪水相比，随着峰型系数的增大，输沙能力比值增加，且增加幅度较大。

调控后洪水与自然同量级洪水的输沙能力相比，调控后洪水的输沙能力有大有小，其变化受洪水调控系数 λ 影响很大。当 $\lambda=0$，即当调控洪水的恒定流量与自然洪水的平均流量相等时，在非漫滩情况下，当起涨流量 Q_b 为1 000 m^3/s 时，调控洪水相应于峰型系数为2.5、洪水量级为4 000 m^3/s 的自然洪水输沙能力降低约21%。洪水调控系数 $\lambda=0$ 的洪水可以说是众多调控洪水中对输沙最为不利的一种洪水，分析计算认为，在等水量同历时条件下，随着洪水调控系数 λ 的增加，调控后洪水的输沙能力也逐渐增加，当 $\lambda \geq 0.32$ 时，既能保障调控后的洪水输沙能力不降低，同时又便于水库操作。

假定洪水调控前后水体的含沙量和泥沙组成都相差不大，洪水调控后仅改变洪水的形状，该计算方法和结论可以定量反映低含沙水流或清水条件下不同类型洪水的输沙效果，对小浪底水库调水调沙流量的调控可提供技术支撑。由于黄河问题的复杂性，该研究对较高含沙水流或高含沙水流泥沙输移规律考虑得还不够周全，有待于进一步完善。

4.6 洪水历时对河道排沙的影响

4.6.1 水库调控后自然洪水过程

根据对历史洪水资料的分析，一般洪水从小浪底到利津的传播时间大约需要4 d，当洪水历时很短时，由于河道的槽蓄作用，洪峰在向下游传递的过程中会很快变小，洪水过程变形很大，如图4-25中1号洪水过程。洪水均为人造洪水，涨水及落水均在短时间内完成，进入下游的洪水过程类似为“矩形波”。1号洪水过程小浪底平均流量约为2 140 m^3/s，历时1.6 d。经下游演进后，利津站洪水过程可以认为是“梯形波”，只不过由于小浪底洪水历时很短，洪水坦化后，峰型段历时很短，约0.3 d，平均流量为2 000 m^3/s，与小浪底相比洪峰衰减6.5%。由于峰前涨水段、峰后落水段洪水过程沿程坦化，利津站过程比小浪底历时长1～1.5 d。2号洪水三站（小浪底＋黑石关＋武陟）平均流量为2 540 m^3/s，历时9.4 d，经河道演进后利津站洪水历时10.9 d，比三站过程约长1.5 d，洪水过程为“梯形波”。其中峰型段历时 8. 3 d,比三站过程少 1. 1 d,利津站峰型段平均流量为 2 600 m^3/s,与三站相比基本保持不变。3 号洪水三站平均流量为 2 700 m^3/s,历时 9. 5 d,经河道演进后利津站洪水历时变为 10. 7 d,比三站过程约长 1. 2 d,洪水过程与 1 号、2 号洪水相似,仍为“梯形波”,其中峰型段历时 8. 4 d,比三站过程少 1. 1 d,利津站峰型段平均流量为 2 650 m^3/s,与三站相比稍小,洪水衰减约 2%。

从 2004 年洪水演进过程看,若小浪底调水调沙出库为“矩形波”洪水,其洪水在下游河道的演进过程非常相似,共同特点为:“矩形波”洪水,坦化到利津站洪水过程均为“梯形波”;利津站洪水历时与三站相比长 1 ~ 1. 5 d,其中峰型段短约 1 d;在洪水演进过程中,在沿程引水较少且区间无大量加水的情况下,利津站峰型段平均流量与三站相比,衰减 2% ~ 6. 5%。

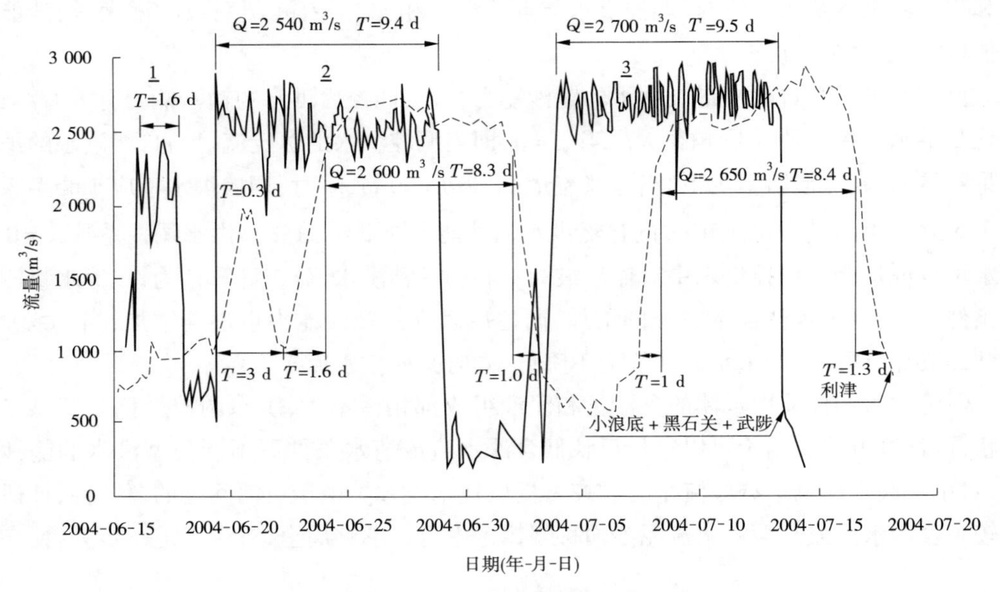

图 4-25　2004 年洪水过程

图 4-26 给出了 2002 年调水调沙期间黄河下游洪水的演进过程。从图 4-26 中可以看出,其过程与 2004 年非常相似,但流量大小差别较大,因为本次洪水过程沿程引水较大,利津站峰型段平均流量与小浪底相比衰减较大。小浪底站洪水历时约 11 d,平均流量为 2 360 m^3/s,而利津站洪水过程持续时间约 13 d,其中峰型段历时 9. 9 d,平均流量为 2 160 m^3/s,洪水衰减 8. 5%。

据以上初步分析,小浪底水库调水调沙或人工塑造异重流期间,小浪底水库出库的流量过程均为速涨速落,可以近似地认为是恒定的“矩形波”过程。这类洪水过程经过下游长河段调整后,矩形波会发生变形,逐渐演进为“梯形波”。变形后的过程与小浪底出库过程相比,其主要变化为洪峰流量减小,洪水历时加长。经分析认为,当洪水持续时间较短时,洪水经过长距离演进,洪水过程变化较大,如图 4-25 中的 1 号洪水,那么洪水历时多长才不至于使洪水过程变形较大,洪水过程产生失真,从而影响到洪水期间泥沙输移的真实性呢?以下从河道输沙机上对“矩形波”洪水进行探讨。

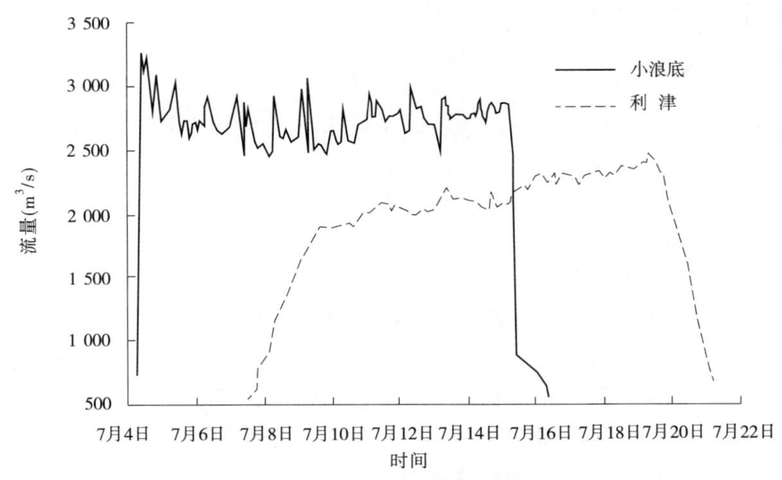

图 4-26　2002 年洪水过程

4.6.2　自然洪水概化及输沙计算

如前所述,适宜的恒定流量洪水过程其输沙效果并不一定比自然洪水差,下面主要讨论恒定流洪水历时长短对河道输沙的影响。图 4-27 给出了“矩形波”洪水经过下游河道坦化的概化过程。

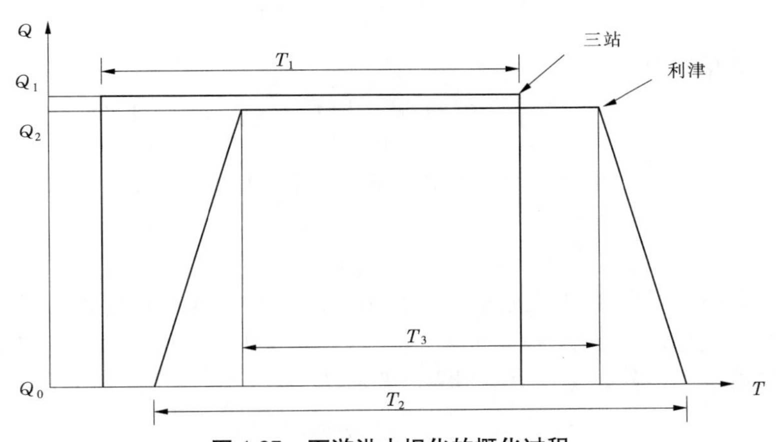

图 4-27　下游洪水坦化的概化过程

假定洪水过程中下游各站的起涨流量为 Q_0,三站洪峰流量为 Q_1,洪水历时为 T_1;利津站洪峰流量为 Q_2,洪水历时为 T_2,峰值时段为 T_3,若不考虑区间引水、加水及河道耗损量,则利津站与三站相比,除洪水过程不同外,水量应该基本平衡,即

$$Q_1T_1 = Q_0T_2 + (Q_2 - Q_0)(T_2 + T_3)/2 \tag{4-51}$$

经实测洪水分析,一般情况下利津站峰值时段比三站约短 1 d,即 $T_3 = T_1 - 1$。代入式(4-51),得

$$T_2 = \frac{(2Q_1 - Q_2 + Q_0)T_1 + Q_2 - Q_0}{Q_2 + Q_0} \tag{4-52}$$

当起涨流量 Q_0 很小时,则(以下讨论均假定 Q_0 很小)

$$T_2 \approx \left(\frac{2Q_1}{Q_2} - 1\right)T_1 + 1 \tag{4-53}$$

设利津站与三站相比峰值比变化为 ε,则 $\varepsilon = Q_2/Q_1$,这里 ε 称为峰变系数,将 ε 代入式(4-53),得

$$T_2 \approx \left(\frac{2}{\varepsilon} - 1\right)T_1 + 1 \tag{4-54}$$

以上导出的时间 T_2 仅能说明洪水演进到利津站后,在无引水的条件下,在时间 T_2 内,利津站与三站水量平衡。黄河下游河道输沙效果不仅与来水来沙量有关,而且与来水过程也密切相关,即与水流提供的能量大小有关。同样的水量不同的过程对输沙能力影响很大,为了保障洪水演进到利津站后仍然具有一定的输沙效果,就必须使得三站大流量持续有一定的历时,具体历时应多长,以下进行分析探讨。若不考虑含沙量大小对输沙能力的影响,则河道输沙能力与流量的高次方成正比,见式(4-38)。

对于三站而言,在 T_1 时间内的输沙量为

$$W_s = kQ_1^nT_1 \tag{4-55}$$

对于利津站而言,假定涨水段与落水段历时相等,则涨水段与落水段历时为

$$T_0 = (1/\varepsilon - 1)T_1 + 1 \tag{4-56}$$

在 T_2 时间内利津站输沙量为

$$W'_s = 2k\int_0^{T_0}\left(\frac{Q_2}{T_0}\right)^n t^n \mathrm{d}t + kQ_2^n(T_1 - 1) \tag{4-57}$$

将式(4-57)化简得

$$W'_s = k(\eta Q_1)^n\left[\frac{2(1/\varepsilon - 1)T_1 + 2}{n + 1} + T_1 - 1\right] \tag{4-58}$$

式(4-58)与式(4-55)的比值称为洪水期下游河道输沙比,可表示为

$$\frac{W'_s}{W_s} = \eta^n\left[\frac{2(1/\varepsilon - 1)}{n + 1} + \frac{2}{(n + 1)T_1} + 1 - \frac{1}{T_1}\right] \tag{4-59}$$

式(4-59)表征了洪水历时对河道输沙能力的影响,由于式中参变数较多,难以判别不同参数变化对河道输沙的影响,假定 $n = 1.8$、1.9,$\varepsilon = 0.95$、0.98,分别可以求得下游河道输沙比变化与洪水历时的定量关系,如图 4-28 所示。

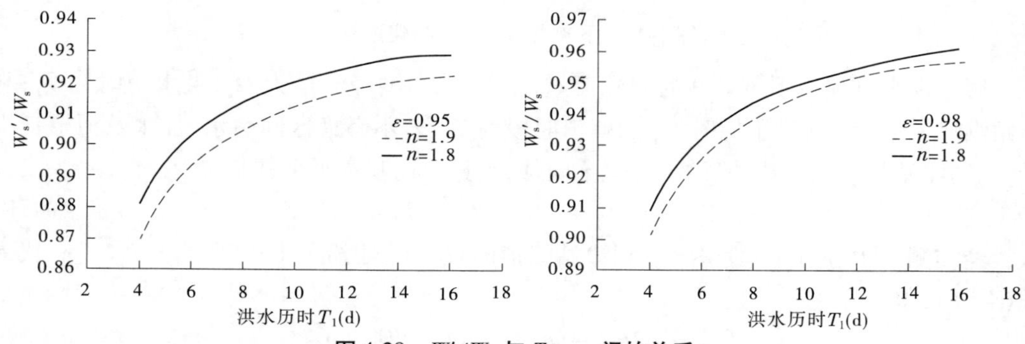

图 4-28　W'_s/W_s 与 T、n、ε 间的关系

从图 4-28 可以看出，假定洪水演进至利津站后峰变系数 $\varepsilon=0.95$、$n=1.9$ 时，若保障输沙比不低于 90%，则进入下游河道的洪水历时 T_1 不应少于 7 d，若洪水历时为 14 d，则输沙比约为 92%；假定洪水演进至利津后峰变系数 $\varepsilon=0.98$、$n=1.9$，若保障输沙比不低于 90%，则进入下游河道的洪水历时不应少于 4 d，若历时为 11 d，则输沙比为 95%，不过需要指出的是，在洪水历时较短的情况下，峰变系数 ε 值一般很难达到 0.98。

影响河道输沙的因素很多，以上通过简单概化，量化了河道输沙比与不同洪水历时、峰变系数等因子间的关系。为了保障洪水期河道具有一定的输沙功能，或者说水流能量不至于有较大的衰减，洪水必须持续一定的时间，河道才能具有较好的输沙效果。

4.7 水库拦沙期河床粗化对下游河道输沙能力的影响

水库拦沙期间，由于泥沙沿程调整主要来源于河床，影响泥沙输移的因素除来沙多少和流量大小外，河床的粗化也是引起输沙能力降低的重要因素之一，该期间，由于进入下游的含沙量较低，此时流量大小对泥沙输移起到了决定性的作用。通过对 1960 ~ 1964 年三门峡水库拦沙期不同场次的洪水分析，得出了洪水期利津站平均流量与输沙率间的关系，如图 4-29 所示。由图 4-29 可以看出，持续冲刷期输沙能力的变化不仅与流量有关，而且与河道的累计冲刷状况有关。图中反映出流量与输沙率之间存在有较好的关系，总的趋势为：随着流量的增加，输沙能力也在增加；且随着冲刷的不断发展，点群之间存在明显的条带，即在流量一定的条件下，年际间的输沙能力存在一定的差异。

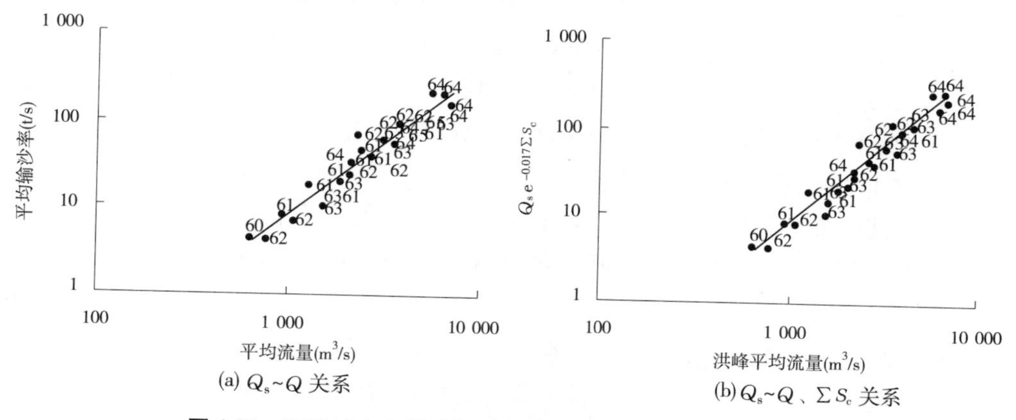

(a) Q_s~Q 关系　　(b) Q_s~Q、ΣS_c 关系

图 4-29　三门峡水库拦沙期利津站输沙能力与水沙因子关系

从图 4-29(a)可以看出，连续冲刷期不同年份之间同流量下输沙能力之间存在差异，这主要是因为随着河道的不断冲刷，河床粗化，河槽中可以补充的沙量在逐渐减少，即河槽中容易被水流带走的细泥沙及中沙在冲刷阶段后期已明显减少，沙源补给不足是造成冲刷后期输沙能力降低的根本原因。

图 4-30 点绘了 1960 ~ 1964 年三门峡水库拦沙期下游不同粒径组泥沙单位水量冲刷量随流量的变化情况，由图 4-30 可以看出，在冲刷初期，随着流量的增加，单位水量冲刷量增大，当冲刷达一定程度后，随着流量的增加，单位水量冲刷量基本维持不变，甚至会减

少;进一步分析发现,即使冲刷后期,随着流量的增加,粒径大于0.05 mm的粗泥沙其单位水量冲刷量仍在增加,而粒径小于0.05 mm的中沙及细泥沙其单位水量冲刷量不仅没有增加,相反却减小。由此可见,输沙能力的降低主要是因为河床不断粗化,沿程河床交换层内可以补给的有效床沙量(指粒径小于0.025 mm的细泥沙和粒径为0.025~0.05 mm的中沙)不断减少,并非水流不具备挟带这部分泥沙的能力。

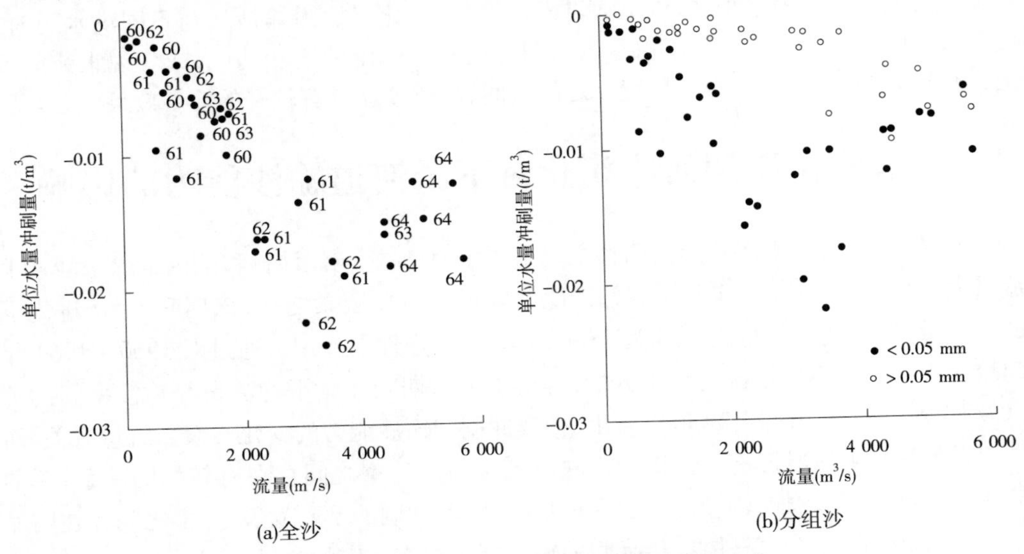

(a)全沙　　(b)分组沙

图4-30　三门峡水库拦沙期下游输沙能力变化

以上分析了连续冲刷期河床粗化是输沙能力降低的主要原因,那么河床粗化引起输沙能力降低的程度如何?我们引进河槽累计冲刷量$\sum S_c$为参数,点绘洪峰期利津站输沙率与流量、累计冲刷量间的关系,如图4-29(b)所示。对比图4-29(a)和图4-29(b)可以看出,引入累计冲刷量参数后,图4-29(b)点群的集中程度要优于图4-29(a)。图4-29(b)中各水沙因子间的关系可以由式(4-60)表示,从式(4-60)可以看出,输沙能力随流量的增大而增大,同时也随河道冲刷量的增加而不断衰减,其衰减程度与冲刷量大小呈指数关系。

$$Q_s = 5.47 \times 10^{-5} Q^{1.741} e^{0.017 \sum S_c} \tag{4-60}$$

式中:Q为洪水期平均流量,m³/s,反映水流的强弱程度;Q_s为洪水期平均输沙率,t/s,反映河道输沙能力的大小;$\sum S_c$为河段前期累计冲刷量,这里一般取负值,亿t,反映河道输沙能力的衰减程度。

关于累计冲刷量的大小对河道输沙能力的影响程度如何,我们对式(4-60)进行简单的计算分析讨论。式(4-60)定量给出了输沙能力变化与河槽冲刷量间的关系,将三门峡水库拦沙始、末$\sum S_c$分别取0和-23亿t,代入式(4-60)可以分别计算出河道输沙能力的变化,并将结果绘于图4-31。从图4-31可以看出,1960~1964年洪水实测点群较好地集中分布在两条回归曲线之间。

当流量不变时,取$Q = 3\ 000$ m³/s,假定不同的冲刷量,计算输沙能力随冲刷量的变化情况,见表4-11。由表4-11可以看出,当下游累计冲刷量为5亿t时,在同流量下利津站

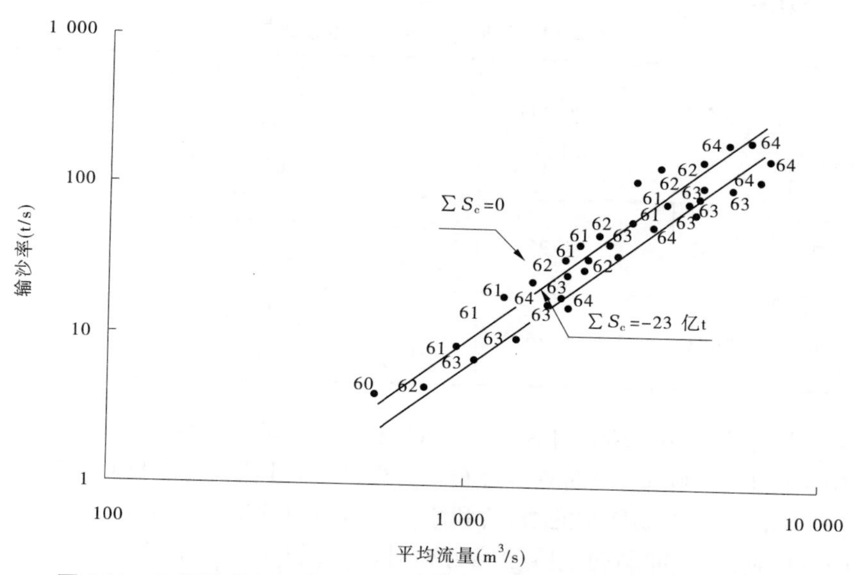

图 4-31　三门峡水库拦沙期利津站输沙率变化与流量、累计冲刷量关系

输沙能力相对于冲刷初期降低 8%；随着冲刷量的增加，当冲刷量为 15 亿 t 时，利津站输沙能力相对冲刷初期降低 22%；至 1964 年，当下游河道冲刷量达最大时，利津站输沙能力相对于冲刷初期基本降低了 32%。为了进一步分析河道输沙能力的变化，表 4-12 给出了不同年份下游河道冲刷物组成比较，冲刷末期 1964 年汛期与冲刷初期 1961 年汛期相比，1964 年汛期下游共冲刷泥沙 7.16 亿 t，其中细泥沙和中沙分别占 32.5% 和 28.9%，1961 年汛期下游共冲刷泥沙 5.01 亿 t，细泥沙和中沙分别占 66.5% 和 25.9%，1964 年细泥沙冲刷比例明显小于 1961 年。由此可见，在连续冲刷过程中由于河床的不断粗化，河槽细泥沙及中沙补给有限，从而会造成河道输沙能力降低。

表 4-11　不同冲刷条件下 $Q = 3\ 000\ m^3/s$ 时输沙能力变化

累计冲刷量 $\sum S_c$(亿 t)	0	-5	-10	-15	-20	-23
计算输沙率 Q_s(t/s)	62.0	57.0	52.4	48.2	44.3	42.2
相对冲刷初期输沙能力变化	1	0.92	0.85	0.78	0.72	0.68

小浪底水库于 1999 年 10 月底蓄水拦沙运用，至 2006 年 10 月水库已拦沙运用 7 年。该时期为枯水少沙系列，年最大来水量和来沙量分别为 216.7 亿 m^3 和 7.76 亿 t，年均来水量为 182.2 亿 m^3，来沙量为 3.974 亿 t，其中汛期水量、沙量分别占年总量的 45% 和 94%，年水量、沙量分别是长系列 1919～2005 年均值的 31.4% 和 48.4%。该阶段小浪底水库共排沙 4.585 亿 t，年均排沙 0.655 亿 t，年排沙比约为 16.5%，小浪底出库泥沙主要以异重流的方式排出。2000～2006 年小浪底出库平均含沙量为 3.3 kg/m^3，下游河道除异重流排沙期河道微淤外，均发生了不同程度的冲刷，1999 年 10 月至 2005 年 10 月 6 年间，下游河槽共冲刷泥沙约 8 亿 t。

表 4-12　不同年份冲刷物组成比较

项目	来水量（亿 m^3）	来沙量（亿 t）	冲刷量（亿 t）			
			<0.025 mm	0.025 ~ 0.05 mm	>0.05 mm	全沙
1961 年汛期	287	1.25	-3.332 66.5%	-1.295 25.9%	-0.383 7.6%	-5.01
1964 年汛期	488	8.76	-2.324 32.5%	-2.069 28.9%	-2.767 38.6%	-7.16

图 4-32 点绘了 2000 ~ 2005 年利津站流量与输沙率间的关系。由图 4-32 可以看出，当流量较小（小于 1 000 m^3/s）时点群分布较为散乱，流量较大时点群相对较为集中。但无论流量大小如何，随冲刷历时的增长，利津站输沙能力随流量的变化表现为较明显的分带性，即同流量条件下，冲刷初期输沙能力相对较大，随河道冲刷量的增加，床沙不断粗化，输沙能力明显降低，尤其小水情况下，由于水动力条件很弱，输沙能力变化表现更为突出。

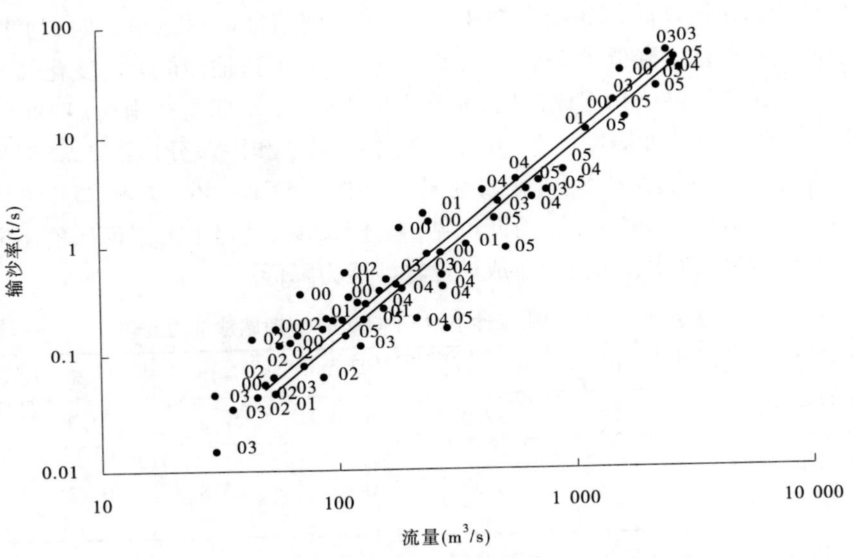

图 4-32　小浪底拦沙期利津站输沙率变化与流量关系

将 2000 ~ 2005 年下游河槽冲刷始末的累计冲刷量代入 1960 ~ 1964 年资料回归的公式（4-60），经计算冲刷始末不同流量输沙能力的变化如图 4-32 中的直线所示。可见，小浪底水库拦沙期利津站输沙能力与流量的实测对应点群基本均匀分布在直线两侧。由于水库出库含沙量很低，泥沙输移并不像一般的含沙水流一样，具有“多来多排”的输沙特性，沿程泥沙的恢复主要来自河床，输沙能力的大小主要取决于水流的强弱与河床的粗细，图 4-32 的实测资料说明无论是三门峡水库拦沙期还是小浪底水库拦沙期，泥沙输移均具有一定的规律性。

4.8 小 结

(1)黄河下游洪水期水沙量与汛期水沙量间具有较好的量化关系。即洪水期流量大于2 500 m^3/s 或3 000 m^3/s 的水沙量与相应汛期的水沙量之间不是孤立的,而是相互联系的,三黑武控制站这一定量对应关系可表示为

$$W' = 0.002\,2W^2 - 0.077W - 12.1 \quad (Q \geqslant 3\,000\ m^3/s)$$

$$W'_s = 0.002\,2W_s^2 + 0.255W_s - 0.35 \quad (Q \geqslant 3\,000\ m^3/s)$$

(2)对洪水期水沙搭配的合理性进行了量化分析。引入不同流量下水动力指标 E_i、水动力指标权重 δ_i 及理想挟沙量 W'_{si} 作为参数,来判断洪水期水沙搭配的合理性。

$$E_i = Q_i^n T_i$$

$$\delta_i = \frac{Q_i^n T_i}{\sum Q_i^n T_i}$$

$$W'_{si} = \delta_i \sum W_{si}$$

(3)高含沙洪水及小流量洪水是下游河道淤积的主要原因。从洪水流量级划分看,洪水期平均流量小于2 500 m^3/s 的洪水其淤积量占汛期淤积量的79.4%;若从洪水含沙量级划分看,1965~1999年间26场高含沙洪水其淤积量占汛期淤积量的72.8%。细泥沙洪水和异重流洪水对下游河道影响较小。

(4)建立了汛期河道冲淤与水沙因子间的非线性量化关系,并分析了水沙因子变化对河道冲淤的影响。依据黄河下游汛期实测资料,考虑到不同年份泥沙粗细的变化,就水沙变化对冲淤的影响分别以多种形式进行了表述。

$$\frac{C_s}{W^{0.2}W_s P_*^{0.7}} = 0.308\ln\left(\frac{94.7W_s^{0.33}}{WP_*^{0.75}}\right)$$

(5)揭示了黄河下游非漫滩洪水流量、含沙量及河道冲淤量之间的关系。依据黄河下游长系列实测洪水资料,研究了黄河下游非漫滩洪水流量、含沙量及河道淤积量之间的关系,分别建立了不考虑级配影响和考虑级配影响的非漫滩洪水输沙关系。其中,不考虑级配的非漫滩洪水输沙关系为

$$\frac{S}{Q^{0.8}} = 0.18\eta^3 + 0.3\eta^2 + 0.17\eta + 0.066$$

考虑级配的非漫滩洪水输沙关系为

$$\frac{S}{Q^{0.8}}e^{-1.2P_*} = 0.111\eta^3 + 0.168\eta^2 + 0.089\eta + 0.035$$

根据上述关系,当 $\eta = 0$ 时,即可得到黄河下游冲淤临界流量与含沙量的搭配关系。

(6)提出了洪水峰型和历时对河道排沙影响的计算方法。通过将天然洪水概化为"平头峰",建立了利用洪水调控系数 λ 来反映洪水调控前后输沙能力变化的计算方法。洪水调控系数 λ 的具体表达式为

$$\lambda = \frac{Q'_m - Q_a}{Q_m - Q_a}$$

通过建立概化前后输沙比随洪水调控系数 λ 的变化关系,认为在等水量同历时洪水条件下,经小浪底水库调控后,洪水输沙能力可以保持不变甚至增加,当 $\lambda \geqslant 0.32$ 时,可保障调控后的洪水输沙能力不降低。

通过将小浪底调水调沙出库洪水过程概化为“矩形波”,利津站洪水过程概化为“梯形波”,建立了洪水期下游河道输沙比模型,即利津站输沙量与三站输沙量的比值

$$\frac{W'_s}{W_s} = \eta^n \left[\frac{2(1/\varepsilon - 1)}{n + 1} + \frac{2}{(n + 1) T_1} + 1 - \frac{1}{T_1} \right]$$

据此可计算洪水不同历时对河道排沙的影响。当洪水演进至利津后的峰变系数 $\varepsilon = 0.95$ 时,洪水历时大于 7 d,下游河道输沙比可不低于 90%。

(7)量化分析了清水持续冲刷期河床粗化对河道输沙能力的影响。引入河道累积冲刷量作为反映持续冲刷期河床粗化程度的量化指标,建立了清水冲刷阶段河道输沙能力与流量大小和河道累积冲刷量的量化关系。由于河床的不断冲刷,河槽中可以补给的有效床沙量不断减少是造成输沙能力降低的主要原因,并不是水流不具备挟带中沙和细泥沙的能力。

第5章 黄河下游平水期不同水沙过程对河道主槽萎缩的影响

黄河下游主槽变化直接表征着河道过流能力的变化，一般来说，主槽冲刷，平滩流量会增大；主槽淤积，平滩流量相应减小。由于非汛期和汛期平水期进入下游的流量较小，通常均在主槽内运行，因此这两个时期河道冲淤直接影响着河道过流能力的变化。三门峡水库运用前的20世纪50年代，河道基本属于天然情况，非汛期和汛期均发生淤积，非汛期淤积量占全年淤积量的20%，且淤积遍及全下游，汛期平水期也发生淤积，但淤积量仅占汛期淤积量的9.1%；1960~1964年为三门峡水库拦沙运用期，下泄低含沙量水流，河道发生冲刷，其中非汛期和汛期平水期下游河道也在冲刷，从而使平滩流量不断增大，到1964年汛后，下游河道平滩流量较建库前明显增大，孙口以上河道平滩流量超过8 000 m^3/s；1965~1973年为三门峡水库滞洪排沙运用期，由于水库的滞洪作用和汛后大量排沙，出库洪峰流量大大削减，还出现了“大水带小沙，小水带大沙”的现象，水沙过程极不协调，下游河道由冲刷变为淤积，且淤积主要集中在主槽，非汛期和汛期平水期淤积比例大幅提高，随着滩槽高差的不断减少，平滩流量明显降低，到1973年汛前已降至3 200~3 700 m^3/s；自1973年11月以来，三门峡水库实行蓄清排浑控制运用，非汛期水库蓄水运用，下泄水流以清水为主，汛期水库降低水位运用，将非汛期库区淤积的泥沙利用洪水排出库外，年内库区基本达到冲淤平衡，出库水沙过程也有了较大的改善，下游主槽过流能力不断恢复，至1985年汛前，下游平滩流量为6 000~7 000 m^3/s，与建库前状况接近。

小浪底水库投入运用后，非汛期下游以低含沙量水流为主的特征将长期不变。汛期是黄河下游来沙量集中的时期，尤其以洪水期最为突出，汛期除洪水期外的时期一般称为汛期平水期，鉴于三门峡水库控制运用以来进入下游的水沙过程特征基本反映了今后的趋势，本章将以1973年汛后以来的原型观测资料，就平水期(包括非汛期和汛期平水期)不同水沙过程对下游河道主槽萎缩的影响展开研究，以期对今后小浪底水库更好地调控非汛期和汛期平水期水沙过程提供技术支撑。

5.1 平水期来水来沙变化特点

三门峡水库蓄清排浑运用以来，对黄河下游来水来沙条件影响较大的有两个时间转折点，即龙羊峡水库和小浪底水库分别于1986年和2000年投入运用。为此，我们把1974~2006年划分为三个时段，采用实测水沙资料进行统计分析(见表5-1)，得出以下几点结论：

(1)非汛期水量基本稳定，但有减少的趋势，非汛期进入下游的沙量很少。

表 5-1　黄河下游各时期来水来沙条件变化统计

项目		1974～1985 年①	1986～1999 年		2000～2006 年	
		量	量	占①的比例（%）	量	占①的比例（%）
水量（亿 m^3）	非汛期	172.5	149.1	86	141.1	82
	汛期洪水期	210.3	90.4	43	56.0	27
	汛期平水期	49.3	37.5	76	46.5	94
沙量（亿 t）	非汛期	0.378	0.328	87	0.020	5
	汛期洪水期	9.946	6.688	67	0.533	5
	汛期平水期	0.993	0.538	54	0.109	11
含沙量（kg/m^3）	非汛期	2.19	2.20	100	0.14	6
	汛期洪水期	47.3	74.0	156	9.52	20
	汛期平水期	20.1	14.3	71	2.34	12

注：表中若汛期洪水过程跨入非汛期，则非汛期所列数值相应扣减。

（2）汛期洪水期来水来沙量逐时段大幅减少，水量减小比例大于沙量减小比例（小浪底水库运用以来除外），1986～1999 年洪水期平均含沙量明显大于 1974～1985 年。

（3）汛期平水期水量各时段基本稳定，沙量绝对量较小，且有减少的趋势。

逐年非汛期、汛期以及汛期平水期的水沙量分布状况如图 5-1、图 5-2 所示。

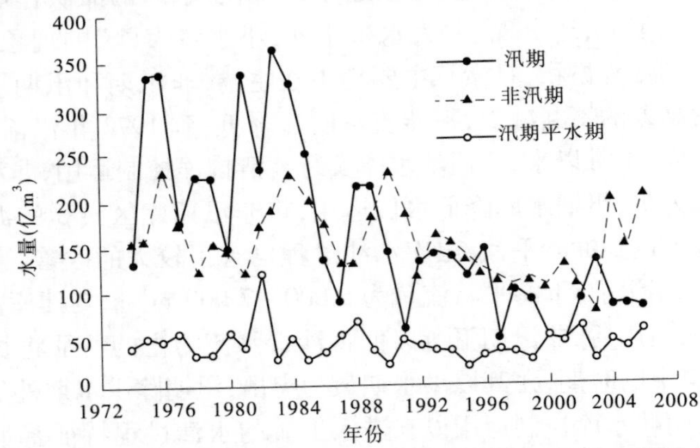

图 5-1　1974 年以来汛期、汛期平水期及非汛期逐年进入下游水量情况

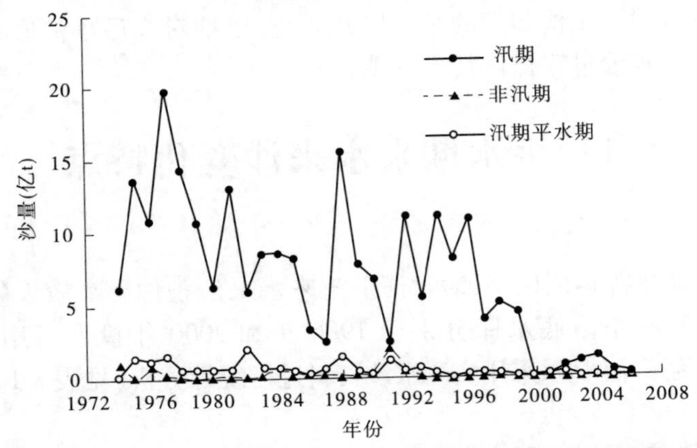

图 5-2　1974 年以来汛期、汛期平水期及非汛期逐年进入下游沙量情况

5.2 非汛期下游河道冲淤变化分析

5.2.1 低含沙洪水期下游分河段临界冲刷条件

采用小浪底水库拦沙运用初期和三门峡水库拦沙运用期的实测洪水资料，点绘分河段洪水期的冲淤效率（指单位水量冲淤量）与洪水平均流量的关系，如图 5-3 ~ 图 5-5 所示。

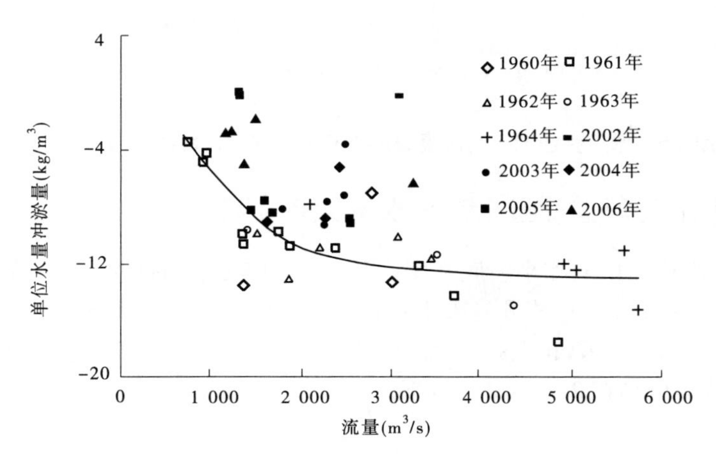

图 5-3 水库拦沙期不同流量级洪水高村以上河段冲淤效率变化

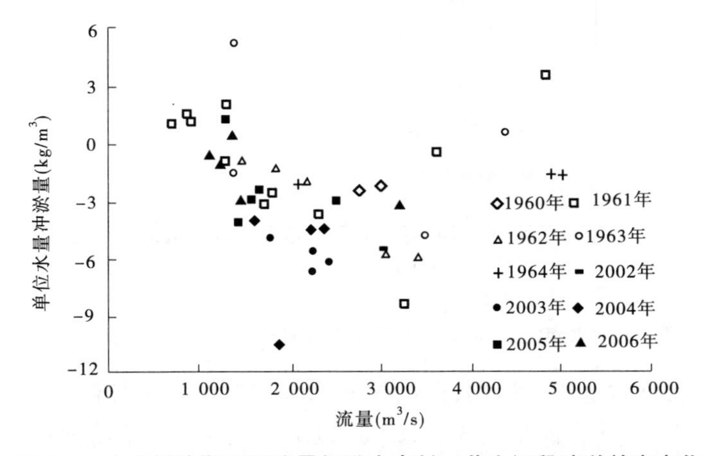

图 5-4 水库拦沙期不同流量级洪水高村—艾山河段冲淤效率变化

由图 5-3 ~ 图 5-5 可知，在水库拦沙期下泄低含沙水流的条件下，下游河道均发生冲刷，冲淤效率随着洪水期平均流量的增大而增大，只有水库泄放含沙量较高的异重流洪水时，才会在下游河道引起少量的淤积。高村以上河段在各流量级均发生冲刷；高村—艾山河段一般在流量大于 1 200 m³/s 之后发生冲刷；艾山—利津河段在小流量时发生淤积，当流量达到 2 000 m³/s 之后开始冲刷。

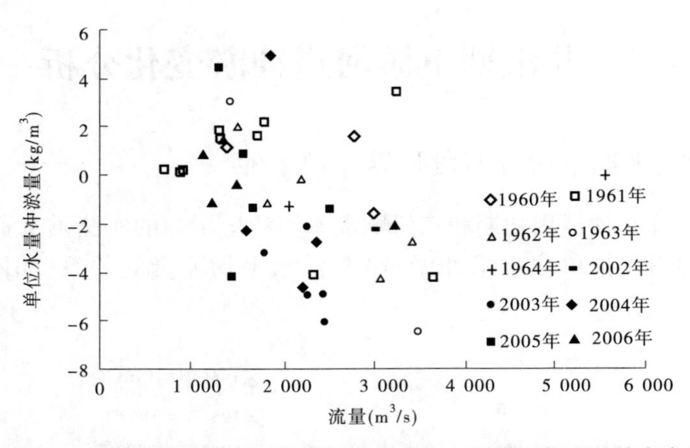

图 5-5　水库拦沙期不同流量级洪水艾山—利津河段冲淤效率变化

5.2.2　非汛期下游河道冲淤量与来水量关系

三门峡水库拦沙运用期和小浪底水库拦沙运用初期，汛期排沙期短，排沙量小，非汛期基本下泄清水，下游河道冲淤量与来水量的相关关系较好（见图 5-6），1963 年和 1964 年非汛期水库因排沙量大引起点据偏离，这两年非汛期进入下游的平均含沙量均在 10 kg/m^3 以上，其他年份均在 2.5 kg/m^3 以下。

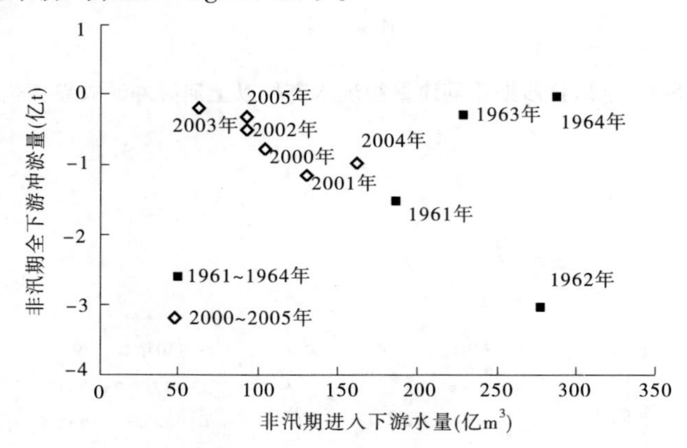

图 5-6　水库拦沙期非汛期下游冲淤量与进入下游水量的关系

1974 年至小浪底水库投入运用，三门峡水库采用蓄清排浑控制运用，非汛期进入下游河道的泥沙很少，平均含沙量在 3.0 kg/m^3 以下。该时期内下游河道的冲刷量同样随着非汛期水量的增加而增大（见图 5-7）。

表 5-2 为不同时期下游河道非汛期平均冲淤量沿程分布情况，由表 5-2 可以看出，因非汛期水库下泄清水，高村以上河段冲刷，由于流量较小，冲刷主要发生在夹河滩以上，高村—艾山河段微冲微淤，艾山以下淤积。1986 ~ 1999 年黄河下游非汛期平均来水量为 149.1 亿 m^3，全下游（利津以上河段，下同）平均冲刷 0.636 亿 t；小浪底水库运用后，水库基本下泄清水，非汛期全下游平均冲刷 0.591 亿 t。

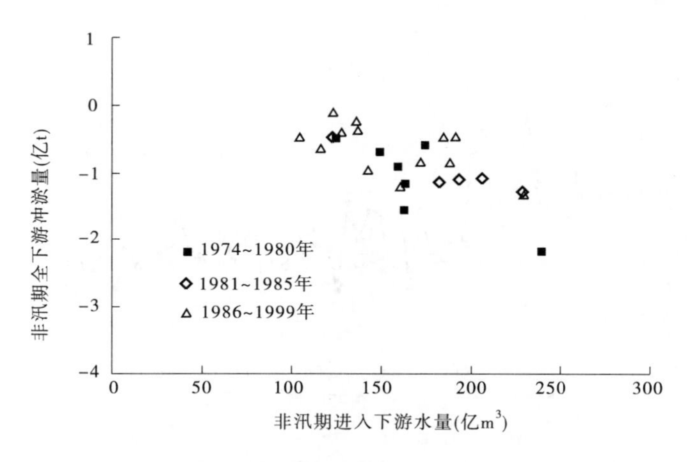

图 5-7　蓄清排浑期非汛期下游冲淤量与进入下游水量的关系

表 5-2　黄河下游分时段非汛期平均冲淤量(断面法结果)

年份	1974 ~ 1980 年	1981 ~ 1985 年	1986 ~ 1999 年	2000 ~ 2006 年
小黑武—花园口(亿 t)	-0.964	-0.848	-0.756	-0.313
花园口—夹河滩(亿 t)	-0.426	-0.156	-0.218	-0.351
夹河滩—高村(亿 t)	-0.150	-0.082	-0.016	-0.047
高村—孙口(亿 t)	0.113	-0.03	0.028	-0.006
孙口—艾山(亿 t)	0.136	-0.006	-0.001	-0.001
艾山—泺口(亿 t)	0.212	0.18	0.176	0.055
泺口—利津(亿 t)	0.359	0.052	0.151	0.072
小黑武—利津(亿 t)	-0.720	-0.89	-0.636	-0.591
进入下游水量(亿 m^3)	167.0	183.8	149.1	143.0

5.2.3　非汛期清水下泄对河道主槽断面的影响

为了分析不同时期非汛期清水下泄对河道主槽断面的冲淤影响,分别选取三门峡水库蓄清排浑运用之后的 1989 ~ 1990 年和小浪底水库运用后的 2003 ~ 2004 年两个非汛期,分别计算这两个非汛期下游沿程各断面平滩高程下的断面形态参数(如河宽、水深、过水面积、宽深比等)变化情况。

图 5-8 为 1989 年汛后至 1990 年汛前下游沿程各断面平滩高程下过水面积、平均水深和宽深比变化图。由图 5-8(a)可以看出,花园口—高村河段各断面非汛期主槽过水面积多数表现为增大,平均增大约 300 m^2,说明非汛期该河段以冲刷为主;高村—艾山河段各断面过水面积多数也表现为增大,但增大幅度明显小于上游河段,过水面积平均增大约 10 m^2,说明该河段的冲刷幅度明显小于上游河段;艾山—利津河段各断面过水面积多数表现为减少,平均减少约 40 m^2,说明该河段非汛期以淤积为主。

由图 5-8(b)可以看出,花园口—高村河段以冲刷为主,平均水深多数表现为增加,平

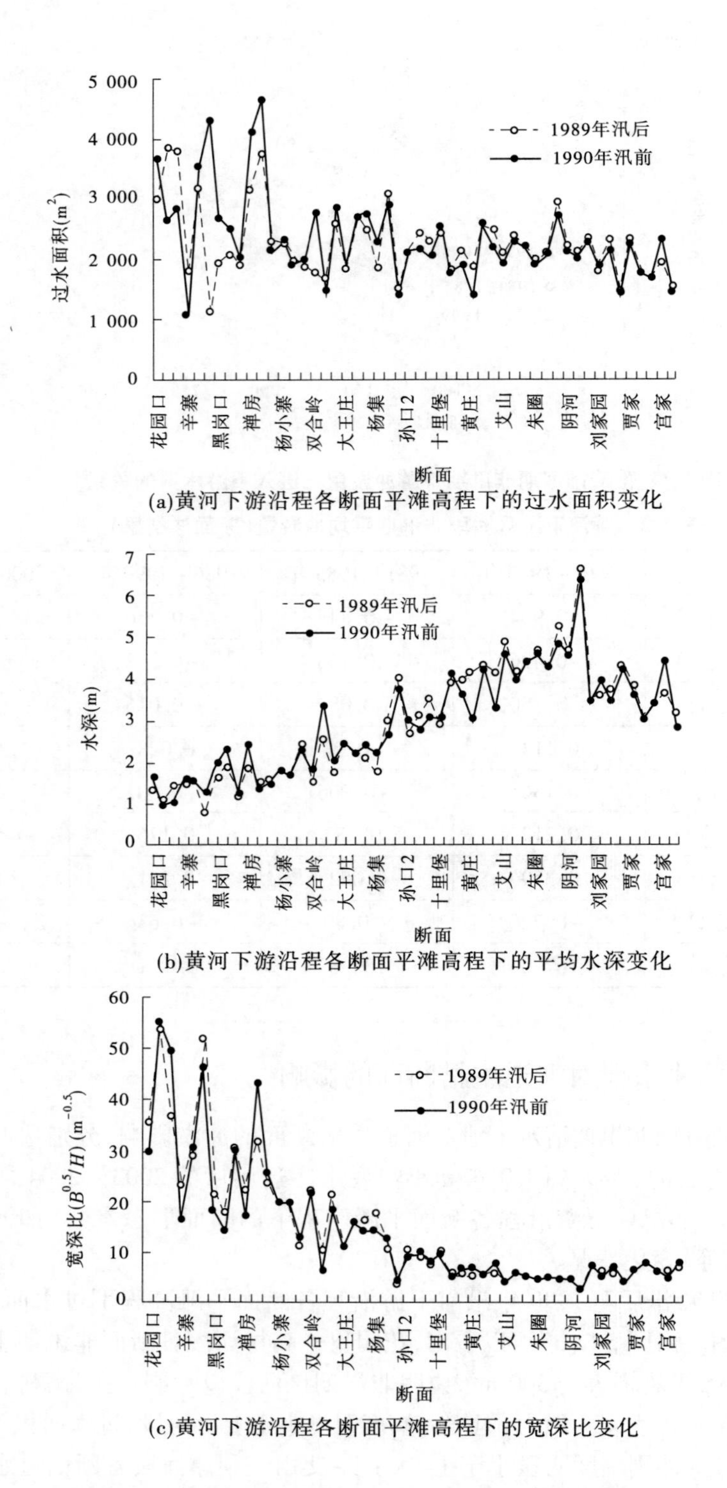

(a)黄河下游沿程各断面平滩高程下的过水面积变化

(b)黄河下游沿程各断面平滩高程下的平均水深变化

(c)黄河下游沿程各断面平滩高程下的宽深比变化

图 5-8　1989 年汛后至 1990 年汛前下游沿程过水面积、平均水深和宽深比变化

均增加约0.10 m;虽然高村—艾山河段各断面平滩面积有所增加,但平均水深表现为减小,平均减少0.07 m;艾山—利津河段各断面平均水深多数以减少为主,平均减少0.07 m左右。

由图5-8(c)可以看出,1989～1990年黄河下游非汛期各断面宽深比变化不大。

2003～2004年非汛期花园口—高村河段各断面主槽平滩面积同1989～1990年非汛期相似,多数表现为增大,平均增大约150 m^2,说明非汛期该河段以冲刷为主;高村—艾山河段各断面平滩面积多数表现为减少,平均减少约10 m^2,说明该河段微淤;艾山—利津河段各断面平滩面积多数表现为减少,平均减少约80 m^2,说明该河段非汛期以淤积为主。

2003～2004年非汛期花园口—高村、高村—艾山、艾山—利津三个河段平均水深和宽深比各断面虽然变化不同,但是从三个河段平均情况来看变化不大。

5.3 近年来高村以下河段非汛期冲淤变化分析

尽管非汛期进入下游河道的水沙条件以清水为主,下游河道总体上表现为冲刷,但由于流量较小,加之沿程河道边界条件的差异以及受引水引沙的影响,每年11月～翌年5月高村以下河段一般表现为淤积。自2002年以来每年都实施了调水调沙运用,由于调水调沙期间水库下泄流量大、历时长、含沙量偏低,造成了下游全程冲刷,尤其高村以下河段的冲刷在一定程度上抵消了非汛期大部分时段形成的淤积,从而有可能实现高村以下河段主槽的冲淤平衡。

小浪底水库运用后每年非汛期的11月～翌年2月和3～5月两时段下游高村—艾山以及艾山—利津两河段冲淤量变化分别见表5-3和表5-4,其中11月和12月为上年数据。可以看出,艾山—利津河段3～5月淤积量占11月～翌年5月淤积量的64%,而高村—艾山河段11月～翌年5月淤积全部发生在3～5月。由此表明,高村以下河段非汛期淤积主要集中在春灌期的3～5月。

表5-3 高村—艾山河段不同时段冲淤量变化

运用年	冲淤量(亿t)					
	11月～翌年2月	3～5月	调水调沙期	其他时期	全年	全年(断面法)
2000	-0.003	0.199	0	-0.021	0.175	0.206
2001	-0.073	0.088	0	0.062	0.077	0.076
2002	0.001	0.058	-0.102	0.084	0.041	-0.197
2003	0.002	0.02	-0.163	-0.628	-0.769	-0.572
2004	-0.318	0.035	-0.198	-0.21	-0.691	-0.232
2005	-0.009	-0.004	-0.122	-0.213	-0.348	-0.408
2006	-0.082	-0.036	-0.192	-0.083	-0.393	-0.301
7年平均	-0.069	0.051	-0.111	-0.144	-0.273	-0.204

表 5-4　艾山—利津河段不同时段冲淤量变化

运用年	冲淤量(亿 t)					
	11 月～翌年 2 月	3～5 月	调水调沙期	其他时期	全年	全年(断面法)
2000	0.053	0.159	0	0.071	0.283	0.217
2001	0.087	0.068	0	-0.022	0.133	0.025
2002	0.01	0.09	-0.073	0.173	0.200	-0.325
2003	0.001	0.015	-0.035	-0.187	-0.206	-0.766
2004	0.034	0.033	-0.151	0.093	0.009	-0.501
2005	0.023	0.046	-0.015	-0.159	-0.105	-0.471
2006	0.077	0.101	-0.123	0.011	0.066	0.050
7 年平均	0.041	0.073	-0.057	-0.003	0.054	-0.253

每年一般在汛初实施的调水调沙运用使高村以下河段明显冲刷，从 7 年平均情况看，高村—艾山河段调水调沙期间冲刷量尚大于春灌期 3～5 月的淤积量，艾山—利津河段调水调沙期间冲刷量接近春灌期 3～5 月的淤积量(若从 2002 年开始统计前者大于后者)，由于 11 月～翌年 2 月艾山—利津河段仍持续淤积，因此仅靠汛前调水调沙还不能使艾山—利津河段非汛期实现冲淤平衡。

5.4　引水引沙对下游河道沿程冲淤调整的影响分析

5.4.1　黄河下游引水引沙特点

5.4.1.1　非汛期引水引沙特点

黄河下游的引水主要发生在非汛期，非汛期引水量占年引水量的 70% 左右。由于非汛期进入黄河下游的泥沙较少，所以引沙也相对较少。黄河下游历年非汛期引水引沙量变化见图 5-9、图 5-10。由图 5-9(a)可以看出，黄河下游非汛期引水量的变化不受干流非汛期来水量变化趋势的影响，非汛期引水量从 20 世纪 70 年代以后逐步增多，到 90 年代达到最大，之后基本趋于稳定。从表 5-5 也可以看出黄河下游不同时段非汛期引水量变化趋势，1960～1973 年时段非汛期引水量最少，为 27.88 亿 m^3，引沙量也相对较少，为 0.294 亿 t，引水平均含沙量为 10.5 kg/m^3。到 1986～1999 年时段非汛期引水量达到最大，为 73.14 亿 m^3，引沙量也相对较多，为 0.555 亿 t，平均含沙量为 7.9 kg/m^3。2000 年之后引水引沙又有所减少。从图 5-9(b)可以看出，黄河下游非汛期的引水比由 20 世纪 70 年代初期的 10% 左右，增大到 90 年代后期的 60% 左右，最大年份非汛期引水比接近 70%。图 5-10为黄河下游历年非汛期引沙量和来沙量变化过程，可以看出，黄河下游非汛期来沙量虽然变幅很大，但引沙量相对比较稳定，80 年代之后，除个别年份外，多数年份的引沙量都大于来沙量。引走的泥沙多数来自河床的补给。

黄河下游非汛期不同河段引水引沙量变化见图 5-11 和图 5-12。可以看出，非汛期艾山—利津河段引水量明显多于其他河段，其次是高村—艾山河段、花园口—高村河段、铁谢—花园口河段,利津以下河段非汛期引水量最少。各河段引沙量的变化与引水量的变化相对应,艾山—利津河段引沙量明显多于其他河段。各河段非汛期引水引沙量最多的时段仍出现在1986~1999年小浪底水库运用之前黄河下游来水来沙相对最枯的时段。

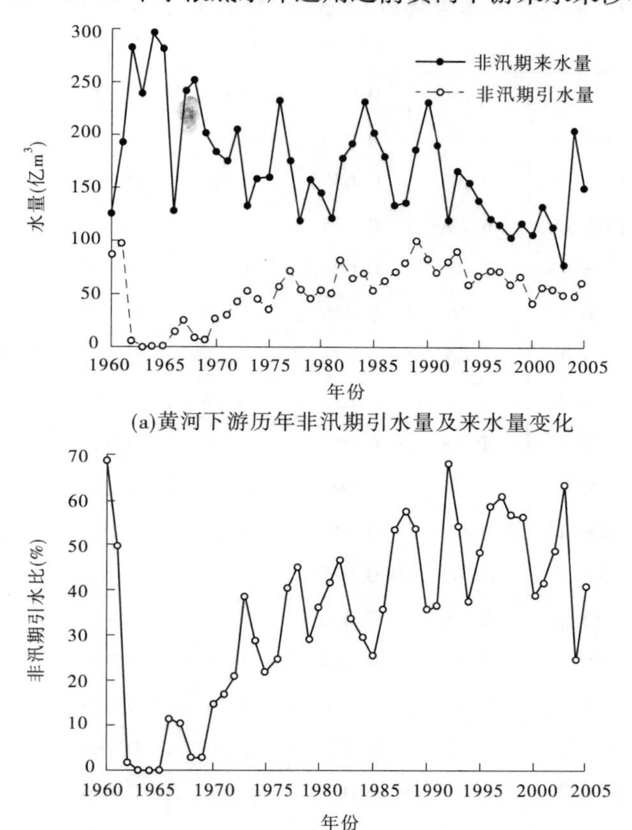

(a)黄河下游历年非汛期引水量及来水量变化

(b)黄河下游历年非汛期引水量占来水量百分数变化

图5-9 黄河下游历年非汛期引水量、来水量变化及引水量占来水量的比例

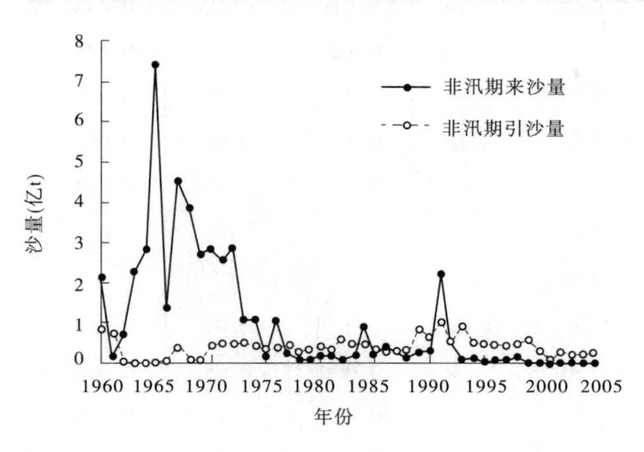

图5-10 黄河下游历年非汛期引沙量及来沙量变化

表 5-5　黄河下游不同河段、不同时段平均引水引沙量变化

河段	时段	非汛期		汛期		全年	
		引水量（亿 m³）	引沙量（亿 t）	引水量（亿 m³）	引沙量（亿 t）	引水量（亿 m³）	引沙量（亿 t）
铁谢—花园口	1960～1973 年	8.69	0.094	4.06	0.138	12.75	0.232
	1974～1980 年	5.70	0.039	2.93	0.118	8.63	0.157
	1981～1985 年	7.07	0.045	3.68	0.094	10.75	0.139
	1986～1999 年	6.13	0.032	3.12	0.106	9.25	0.138
	2000～2006 年	2.98	0.004	1.04	0.007	4.02	0.011
	1960～2006 年	6.46	0.049	3.12	0.101	9.58	0.150
花园口—高村	1960～1973 年	6.60	0.073	5.23	0.259	11.83	0.332
	1974～1980 年	12.50	0.072	14.78	0.620	27.28	0.692
	1981～1985 年	10.35	0.071	9.38	0.262	19.73	0.333
	1986～1999 年	12.30	0.095	6.56	0.211	18.86	0.306
	2000～2006 年	9.67	0.047	3.08	0.025	12.75	0.072
	1960～2006 年	10.03	0.075	7.17	0.264	17.20	0.339
高村—艾山	1960～1973 年	6.15	0.066	5.17	0.182	11.32	0.248
	1974～1980 年	12.91	0.103	7.78	0.314	20.69	0.417
	1981～1985 年	16.89	0.126	9.23	0.223	26.12	0.349
	1986～1999 年	18.07	0.132	7.30	0.164	25.37	0.296
	2000～2006 年	14.71	0.074	4.48	0.036	19.19	0.110
	1960～2006 年	13.13	0.099	6.52	0.179	19.65	0.278
艾山—利津	1960～1973 年	6.45	0.062	3.39	0.118	9.84	0.180
	1974～1980 年	20.20	0.141	10.35	0.438	30.55	0.579
	1981～1985 年	28.68	0.183	9.96	0.221	38.64	0.404
	1986～1999 年	35.41	0.289	11.74	0.290	47.15	0.579
	2000～2006 年	22.70	0.127	9.95	0.083	32.65	0.210
	1960～2006 年	21.91	0.164	8.59	0.223	30.50	0.387
利津以下	1960～1973 年	0	0	0	0	0	0
	1974～1980 年	0	0	0	0	0	0
	1981～1985 年	0.16	0	0.01	0	0.17	0
	1986～1999 年	1.23	0.008	0.65	0.014	1.88	0.022
	2000～2006 年	2.72	0.008	1.40	0.005	4.12	0.013
	1960～2006 年	0.79	0.004	0.40	0.005	1.19	0.009

续表 5-5

河段	时段	非汛期		汛期		全年	
		引水量(亿 m³)	引沙量(亿 t)	引水量(亿 m³)	引沙量(亿 t)	引水量(亿 m³)	引沙量(亿 t)
全下游	1960～1973 年	27.88	0.294	17.86	0.697	45.74	0.991
	1974～1980 年	51.30	0.355	35.83	1.491	87.13	1.846
	1981～1985 年	63.14	0.426	32.27	0.800	95.41	1.226
	1986～1999 年	73.14	0.555	29.38	0.785	102.52	1.340
	2000～2006 年	52.78	0.261	19.95	0.156	72.73	0.417
	1960～2006 年	52.31	0.390	25.81	0.772	78.12	1.162

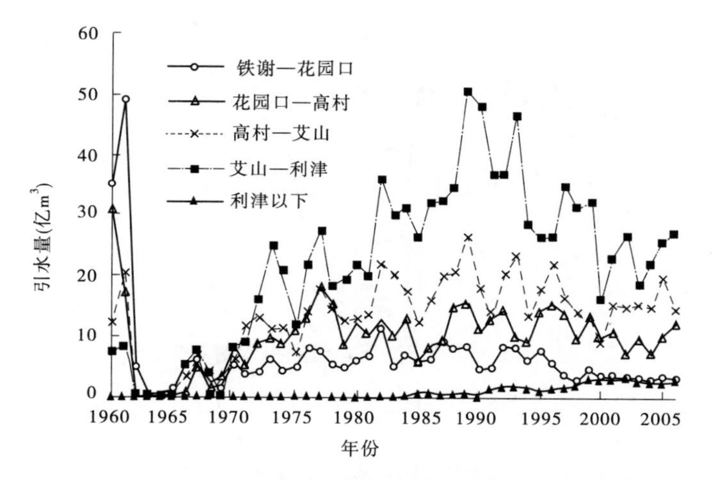

图 5-11 黄河下游不同河段历年非汛期引水量变化

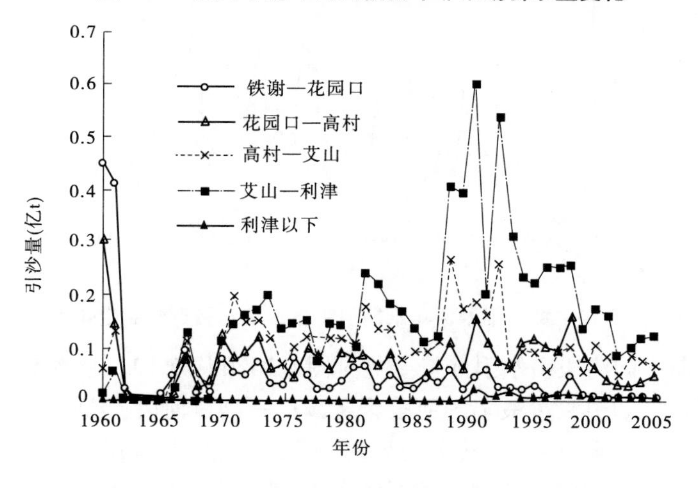

图 5-12 黄河下游不同河段历年非汛期引沙量变化

5.4.1.2 汛期引水引沙特点

黄河下游汛期引水量虽然仅占年引水量的30%左右,但由于汛期来水含沙量高,所以引水含沙量也较高,造成汛期引沙量相对较多。黄河下游历年汛期引水引沙量变化见图5-13~图5-15。可以看出,在黄河下游汛期来水量大幅度减少的情况下,汛期引水量基本不受其影响,从20世纪70年代以后开始到2002年相对比较稳定,多年平均引水30亿m^3左右,从而导致汛期引水比也有逐步增大的趋势,2000年由于受小浪底水库蓄水的影响,汛期进入下游的水量较少,导致该年汛期引水比达到最大,接近60%(见图5-14)。2003年之后的几年,受黄河下游两岸地区汛期降雨较多的影响,汛期引水较少。汛期引沙量的多少主要受黄河来水含沙量大小的影响。由图5-15可以看出,黄河下游汛期来沙量较多的年份,引沙量也相对较多;反之亦然。

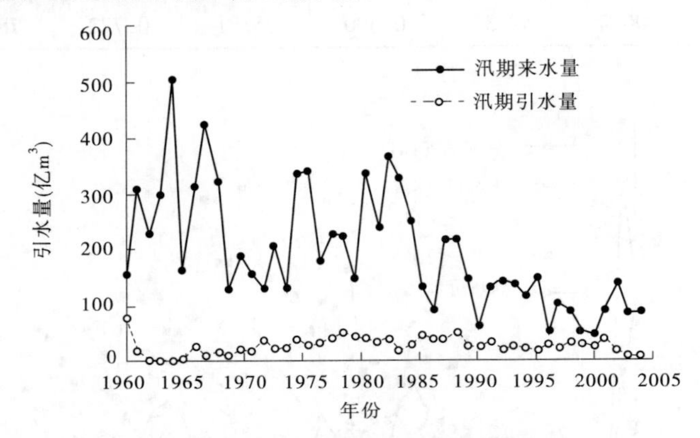

图5-13　黄河下游历年汛期引水量变化

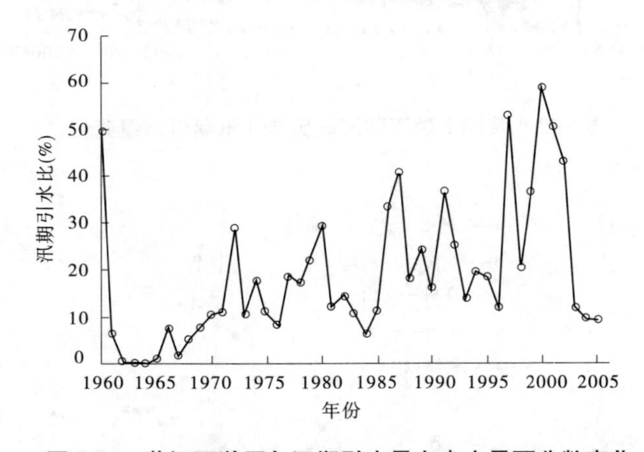

图5-14　黄河下游历年汛期引水量占来水量百分数变化

黄河下游汛期不同河段引水引沙量变化见图5-16和图5-17。由图5-16可以看出,20世纪80年代之前,汛期引水量最多的河段为花园口—高村河段。80年代之后,艾山—利津河段引水量明显多于其他河段,其次是高村—艾山河段、花园口—高村河段、铁谢—花园口河段,利津以下河段引水量最少。各河段引沙量的变化与引水量的变化不太对应,主要受大河来水含沙量和引水口门的影响。

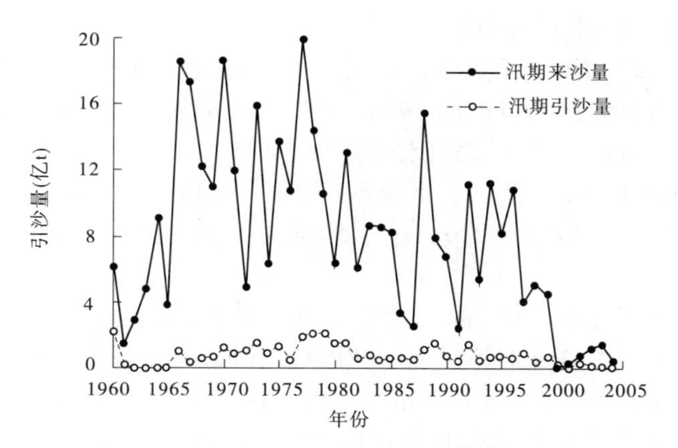

图 5-15　黄河下游历年汛期引沙量变化

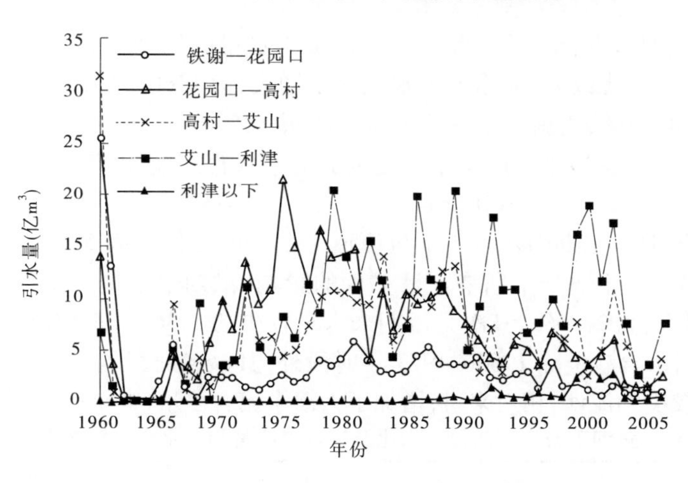

图 5-16　黄河下游不同河段历年汛期引水量变化

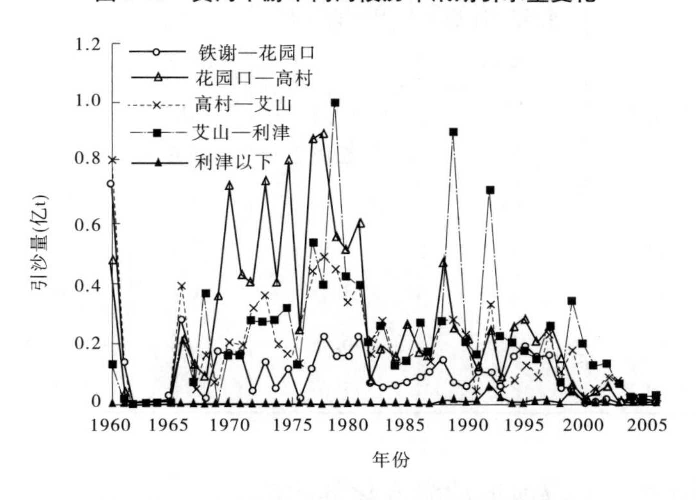

图 5-17　黄河下游不同河段历年汛期引沙量变化

5.4.1.3 不同时段引水引沙量对比

黄河下游不同河段、不同时段引水引沙量变化情况见表5-5。由表5-5可以看出，在三门峡水库采用蓄清排浑运用以前的1960～1973年，黄河下游引黄灌溉经过了大水漫灌、停灌、复灌等几个阶段，多年平均引水量最少，为45.74亿 m^3，引沙量为0.991亿t，引水平均含沙量为21.7 kg/m^3。之后引水量不断增加，到1986～1999年时段，黄河下游引水量达到最大，年平均达到102.52亿 m^3，引沙量为1.340亿t，引水平均含沙量为13.1 kg/m^3。

从各河段年引水引沙情况看，除利津以下河段引水引沙量较少外，其他河段引水引沙量变化较大。1960～1973年时段铁谢—花园口、花园口—高村、高村—艾山、艾山—利津四个河段引水量相差不多，引沙量也相差不大。1974年之后的各个时段，多年平均引水量数艾山—利津河段最大，引沙量除1974～1980年时段花园口—高村河段最多外，其他时段也数艾山—利津河段最多。

黄河下游不同时段非汛期引水量占下游河道来水量的比例见表5-6。由表5-6可以看出，自20世纪60年代以来，非汛期引水比逐步增大，由1960～1973年的13.6%增加到1986～1999年的49.4%，也就是说非汛期来水将近50%被引走，从而降低了下游河道水流的输沙能力；而引水含沙量一般小于或接近大河来水含沙量，因此非汛期引水引沙量对黄河下游河道冲淤调整会产生不利影响。

黄河下游不同时段汛期引水量占下游河道来水量的比例见表5-6。由表5-6可以看出，汛期引水比的变化主要受汛期来水量多少的影响，汛期来水量最少的2000～2006年时段，其引水比最大，为23.6%；其次是汛期来水量较少的1986～1999年时段，其引水比为22.7%。而汛期引水含沙量除1960～1973年时段外，其余各时段均小于大河来水含沙量，引水的同时引走较少的泥沙，相对来讲，增加了大河水流含沙量，容易造成河道淤积。

表5-6 黄河下游不同时段引水比及来水含沙量和引水含沙量变化情况

时段	非汛期			汛期		
	引水比(%)	来水含沙量(kg/m^3)	引水含沙量(kg/m^3)	引水比(%)	来水含沙量(kg/m^3)	引水含沙量(kg/m^3)
1960～1973年	13.6	12.5	10.5	7.0	35.8	39.0
1974～1980年	31.9	7.5	6.9	15.6	42.4	41.6
1981～1985年	34.1	6.3	6.4	10.1	24.6	24.2
1986～1999年	49.4	7.2	7.9	22.7	44.2	26.6
2000～2006年	37.8	3.0	4.1	23.6	9.7	6.4
1974～2006年	40.5	6.3	6.7	17.2	34.5	27.2
1960～2006年	30.8	8.5	7.3	13.3	35.0	29.6

5.4.2 引水引沙与下游河道冲淤变化的响应

黄河下游河道自上而下由于沿程引水，导致沿程水量不断减少，水流挟沙能力相对降低。从非汛期引水比与河段单位水量冲淤量相关关系可以看出(见图 5-18),黄河下游河道随着引水比的增大,河道单位水量冲刷量减少或者单位水量淤积量增加,当引水比达到一定程度时,河道冲淤性质也会改变。由于汛期引水量仅占年引水量的 20% 左右,同时由于汛期河道冲淤变化相对较大,因此汛期引水引沙对河道冲淤调整的影响相对大河的冲淤变化来说较小,以下重点分析非汛期引水引沙对河道冲淤变化的影响。

点绘黄河下游花园口—高村河段非汛期引水比与该河段淤积比之间的关系(见图 5-19),可以看出,花园口—高村河段非汛期淤积比随该河段引水比的增加有增加的趋势,但点群相对散乱,说明引水引沙只是影响该河段冲淤变化的一个方面。

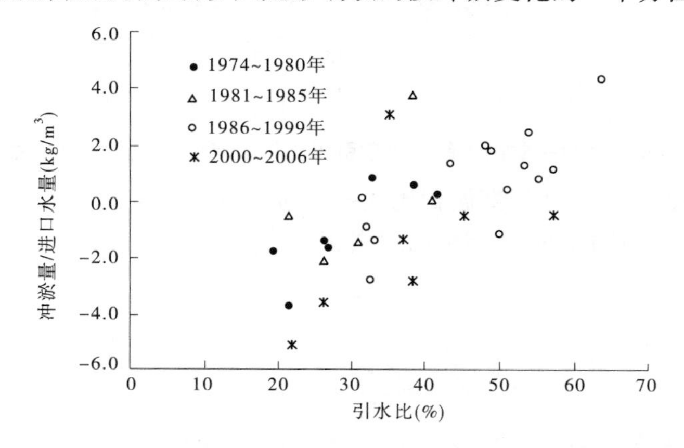

图 5-18 花园口—利津河段非汛期引水比与单位水量冲淤量之间的关系

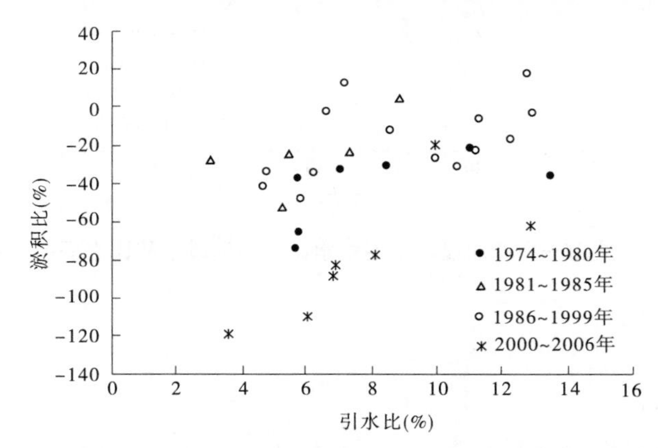

图 5-19 花园口—高村河段非汛期引水比与该河段淤积比之间的关系

高村—艾山河段非汛期引水比与该河段淤积比之间的关系(见图 5-20)显示,该河段非汛期淤积比随引水比的增加也有增加的趋势,但点群也相对散乱,说明引水引沙也只是影响该河段冲淤变化的一个方面。

点绘艾山—利津河段非汛期引水比与该河段淤积比之间的关系(见图 5-21),可以看出,艾山—利津河段非汛期淤积比随该河段引水比的增加而增加的趋势比较明显。说明引水引沙对该河段的冲淤变化产生较大影响,同时该河段的冲淤调整还受上游河段冲淤调整之后含沙量恢复程度的影响,即进入该河段水沙搭配参数的影响(见图 5-22)。

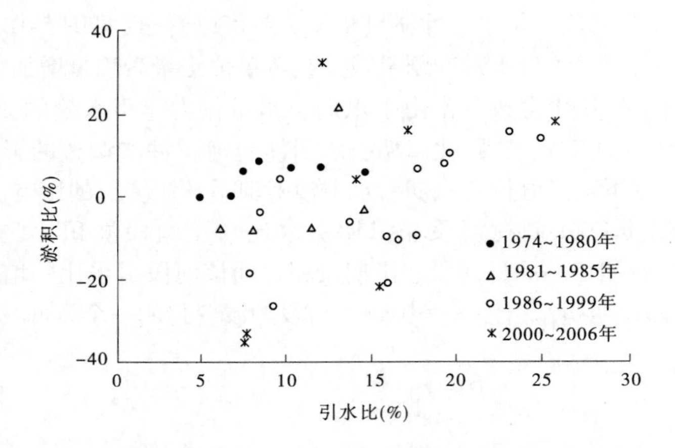

图 5-20 高村—艾山河段非汛期引水比与该河段淤积比之间的关系

总之,黄河下游各河段非汛期淤积比随相应河段引水比的增加有增加的趋势,表明非汛期引水引沙会减少河道冲刷或增加河道淤积。

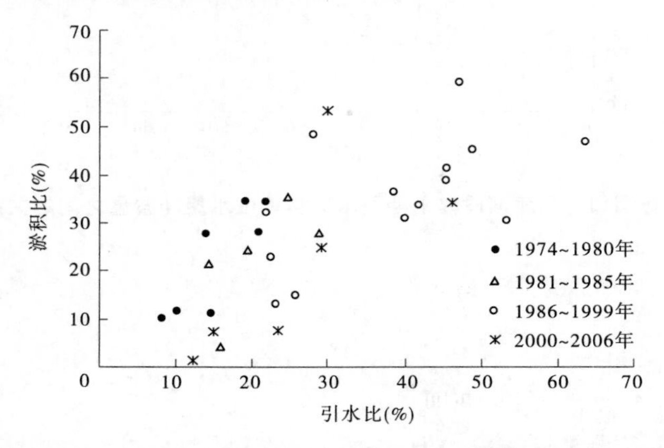

图 5-21 艾山—利津河段非汛期引水比与该河段淤积比之间的关系

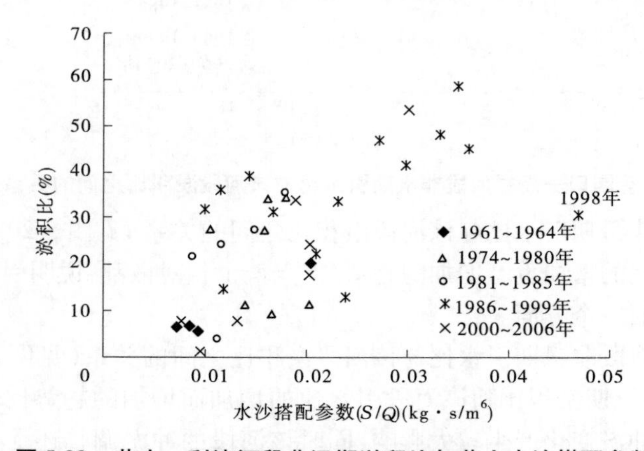

图 5-22 艾山—利津河段非汛期淤积比与艾山水沙搭配参数的关系

5.4.3 引水引沙对河道冲淤影响机制分析

根据麦乔威、赵业安、潘贤娣等的研究，当含沙量较大时，黄河的输沙率大体上可以用下式表示

$$G_s = KQ^{\alpha}S_0^{\beta} \tag{5-1}$$

式中：G_s 为输沙率，t/s；Q 为流量，m^3/s；S_0 为上站含沙量，kg/m^3；K 为系数；α、β 为指数，与河床形态有关。

在低含沙量时，黄河的输沙率也可以用式(5-1)表示，只不过此时取 $\beta = 0$，而 K 、α 的值与含沙量较高情况取值不同而已。

如图 5-23 所示，在不引水情况下，0 断面的输沙率为

$$G_{s0} = Q_0S_0 \tag{5-2}$$

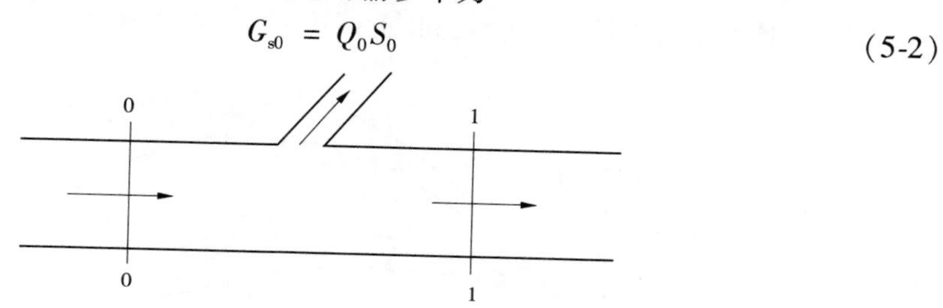

图 5-23 引水引沙示意图

1 断面的输沙率为

$$G_{s1} = Q_0S_1 = K_1Q_0^{\alpha_1}S_0^{\beta_1} \tag{5-3}$$

在引水的情况下，假设引水含沙量为黄河含沙量的 λ 倍，即

$$S_{引} = \frac{\lambda}{2}(S_0 + S_1) \tag{5-4}$$

如引水量为黄河来水量的 η 倍，亦即

$$Q_{引} = \eta Q_0 \tag{5-5}$$

则引水输沙率为

$$G_{s引} = \eta S_{引}\,Q_0 = \frac{\lambda\eta}{2}(S_0 + S_1)Q_0 \tag{5-6}$$

引水后 1 断面的输沙率为

$$G'_{s1} = (Q_0 - \eta Q_0)S'_1 = K_1(1 - \eta)^{\alpha_1}Q_0^{\alpha_1}S_0^{\beta_1} \tag{5-7}$$

不引水时 0—1 河段在 t 时间内的淤积量为(忽略引沙对河道输沙关系的影响)

$$W_{0-1} = (G_{s0} - G_{s1})t \tag{5-8}$$

引水后 0—1 河段在 t 时间内的淤积量为

$$W'_{0-1} = (G_{s0} - G'_{s1} - G_{s引})t \tag{5-9}$$

则引水引沙造成的增淤量为

$$\Delta W_{0-1} = W'_{0-1} - W_{0-1} \tag{5-10}$$

相对增淤量为(增淤量与进口断面输沙量的比值)

$$\Delta_{0-1} = \frac{\Delta W_{0-1}}{G_{s0}t} = \frac{G_{s1} - G'_{s1} - G_{s引}}{G_{s0}} \tag{5-11}$$

经推导,得到增淤量与进口断面来沙量的比值 Δ_{0-1} 为

$$\Delta_{0-1} = \frac{S_1}{S_0}[1 - (1 - \eta)^{\alpha_1}] - \frac{\lambda\eta}{2}\left(1 + \frac{S_1}{S_0}\right) \tag{5-12}$$

从式(5-12)可以看出,河段引水引沙后,对本河段冲淤的影响,与原河段的冲淤情况 $(\frac{S_1}{S_0})$、分流比(η)及分沙比(λ)、河道冲淤特性等因素有关。

根据国内不少学者的研究,在式(5-1)中,当水流的含沙量很低时,$\alpha=2$、$\beta=0$;当含沙量较高时,$\alpha=1.1\sim1.33$、$\beta=0.7\sim0.9$。假定引水含沙量等于大河含沙量,点绘出清水或低含沙量情况时的相对增淤量(增淤量与原河道进口来沙量的比值)与分流比及原河道冲淤情况的关系图(见图5-24)。点绘出含沙量较高情况时的相对增淤量与分流比及原河道冲淤情况的关系图(见图5-25),此时取 $\alpha=1.2$、$\beta=0.8$。

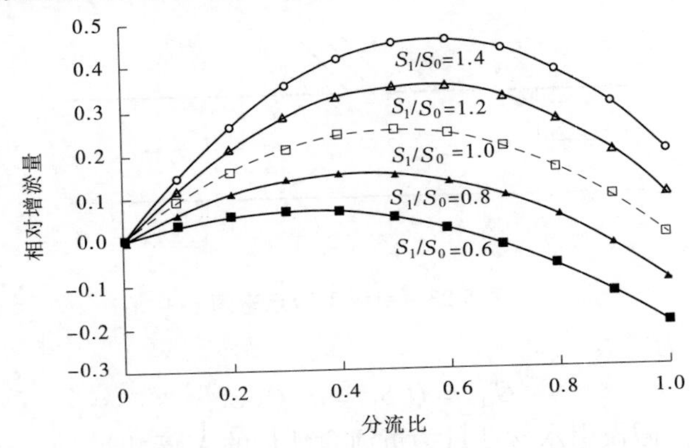

图5-24 相对增淤量与原河道冲淤状况的关系(清水或含沙量较低情况)

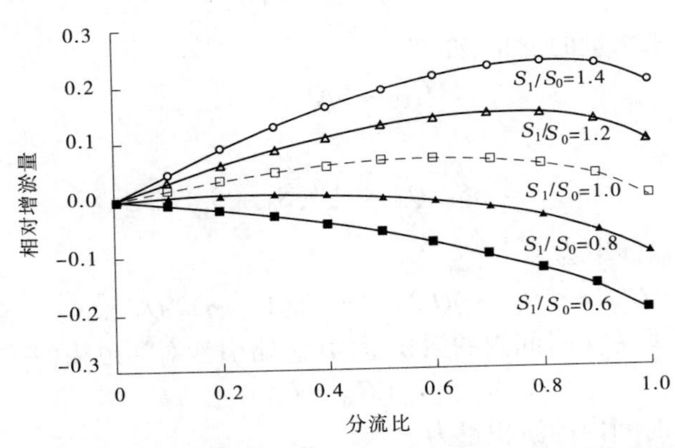

图5-25 相对增淤量与原河道冲淤状况的关系(含沙量较高情况)

从图5-24可以看出,在含沙量较低的情况下,在分流比较小时,随着分流比的增大,河道相对增淤量也增大;当分流比达到一定程度时,随着分流比的进一步增大,河道相对增淤量减小,甚至会出现减淤。当原河道为冲刷情况(即 $S_1/S_0>1$),或不冲不淤时(即 $S_1/S_0=1$),引水引沙只能引起原河道的增淤,分流比为0.6时相对增淤量最大;当原河道为淤积(即 $S_1/S_0<1$,但是由于原河道含沙量较低,这种情况很少出现)、分流比不是很大

时，引水引沙引起增淤，当分流比很大时，甚至出现减淤。对于同样的分流比，原河道冲刷情况越严重，引水引起的相对增淤量也越大，也就是说，原河道的输沙能力越大，引水造成的相对增淤量也越大。

从图 5-25 可以看出，在原河道为冲刷的情况下，引水只能引起原河道增淤。在原河道为淤积情况下，当分流比较小时，随着分流比的增大，河道相对增淤量略有增加；当分流比达到一定程度时，随着分流比的进一步增大，河道相对增淤量减小，甚至可能出现减淤；对于淤积严重的河道，甚至较小的分流比都会引起减淤。

5.4.4 引水引沙对下游河道冲淤影响的定量分析

采用式(5-12)，假定引水含沙量等于黄河含沙量，通过对黄河下游 1960～2006 年河床冲淤情况进行分析计算，不同时段和不同河段的增淤量计算结果见表 5-7。由表 5-7 可知，1960～2006 年由于引水引沙，黄河下游非汛期平均增淤量为 0.235 亿 t，汛期平均增淤量为 0.072 亿 t，年平均增淤量为 0.307 亿 t，分别占年、汛期来沙量的 3.4%、0.9%。从增淤量的沿程分布来看，年平均增淤主要出现在高村以上河段，高村以上河段年均增淤量为 0.151 亿 t，占黄河下游河段年均增淤量的 49.2%；高村—艾山、艾山—利津河段年均增淤量分别为 0.075 亿 t、0.082 亿 t，分别占黄河下游河段增淤量的 24.3%、26.5%。从非汛期增淤量的分布来看，非汛期引水引沙引起的增淤量最多的在高村以上河段，平均为 0.148 亿 t，占非汛期黄河下游增淤量的 63.0%；从汛期增淤量的分布来看，汛期引水引沙引起的增淤量最多的在艾山—利津河段，平均为 0.040 亿 t，占汛期黄河下游增淤量的 55.8%，其次在高村—艾山河段，平均为 0.029 亿 t，占汛期黄河下游增淤量的 40.1%。

表 5-7 黄河下游引水引沙引起的河道年均增淤量分布

时段	项目	河段	铁谢—高村	高村—艾山	艾山—利津	铁谢—利津
1960～2006 年	增淤量（亿 t）	非汛期	0.148	0.046	0.041	0.235
		汛期	0.003	0.029	0.040	0.072
		运用年	0.151	0.075	0.081	0.307
	占铁谢—利津河段的百分比（%）	非汛期	63.0	19.6	17.4	100
		汛期	4.2	40.3	55.6	100
		年均	49.2	24.4	26.4	100
1974～1980 年	增淤量（亿 t）	非汛期	0.193	0.050	0.061	0.304
		汛期	-0.085	0.037	0.058	0.010
		运用年	0.108	0.087	0.119	0.314
	占铁谢—利津河段的百分比（%）	非汛期	63.5	16.4	20.1	100
		汛期	-850.0	370.0	580.0	100
		年均	34.34	27.7	37.9	100

续表 5-7

时段	项目	河段	铁谢—高村	高村—艾山	艾山—利津	铁谢—利津
1981～1985 年	增淤量（亿 t）	非汛期	0.217	0.043	0.061	0.321
		汛期	0.085	0.047	0.055	0.187
		运用年	0.302	0.090	0.116	0.508
	占铁谢—利津河段的百分比（%）	非汛期	67.6	13.4	19.0	100
		汛期	45.5	25.1	29.4	100
		年均	59.4	17.7	22.8	100
1986～1999 年	增淤量（亿 t）	非汛期	0.189	0.073	0.064	0.326
		汛期	-0.047	0.034	0.053	0.040
		运用年	0.142	0.107	0.117	0.366
	占铁谢—利津河段的百分比（%）	非汛期	58.0	22.4	19.6	100
		汛期	-117.5	85.0	132.5	100
		年均	38.8	29.2	32.0	100
2000～2006 年	增淤量（亿 t）	非汛期	0.157	0.068	0.009	0.234
		汛期	0.135	0.028	0.033	0.196
		运用年	0.292	0.096	0.042	0.430
	占铁谢—利津河段的百分比（%）	非汛期	67.1	29.1	3.8	100
		汛期	68.9	14.3	16.8	100
		年均	67.9	22.3	9.8	100

不同时段由于来水来沙、河道冲淤、引水引沙等条件的不同，引水引沙引起的增淤量也不同。其中 1974～1980 年，由于引水引沙，黄河下游非汛期平均增淤量为 0.304 亿 t，汛期平均增淤量为 0.010 亿 t，年平均增淤量为 0.314 亿 t，分别占年、汛期来沙量的 2.6%、0.1%。从增淤量的沿程分布来看，高村以上和艾山—利津两个河段年平均增淤量较多，分别为 0.108 亿 t、0.119 亿 t，分别占该时段下游河段增淤量的 34.3% 和 38.0%；其次为高村—艾山河段，年平均增淤量为 0.087 亿 t，占下游河段增淤量的 27.7%。从非汛期增淤量的分布来看，该时段非汛期引水引沙引起的增淤量最多的在高村以上河段，平均为 0.193 亿 t，占非汛期黄河下游增淤量的 63.4%；从汛期增淤量的分布来看，该时段汛期引水引沙引起的增淤量最多的在艾山—利津河段，平均为 0.058 亿 t，其次在高村—艾山河段，平均为 0.037 亿 t，而高村以上河段由于该时期来水含沙量较大，河道淤积较多，引水引沙反而引起河道减淤。

1981～1985 年时段，由于引水引沙，黄河下游非汛期平均增淤量为 0.321 亿 t，汛期平均增淤量为 0.187 亿 t，年平均增淤量为 0.508 亿 t，分别占年、汛期来沙量的 5.5%、2.1%。从增淤量的沿程分布来看，高村以上河段增淤量最多，年平均增淤量为 0.302 亿 t，占该时段下游河段增淤量的 59.4%。从非汛期增淤量的分布来看，该时段非汛期引水引沙引起的增淤量最多的也在高村以上河段,平均为0.217亿t,占非汛期黄河下游增淤量的67.6%;从汛期增淤量的分布来看,该时段汛期引水引沙引起的增淤量最多的也在高村以上河段,平均为0.085亿t,占汛期黄河下游增淤量的45.5%。

1986~1999年时段,由于引水引沙,黄河下游非汛期平均增淤量为0.326亿t,汛期平均增淤量为0.040亿t,年平均增淤量为0.366亿t,分别占年、汛期来沙量的5.0%、0.6%。从增淤量的沿程分布来看,高村以上河段年平均增淤量最多,为0.142亿t,占该时段下游河段增淤量的38.8%;其次为艾山—利津河段,年平均增淤量为0.117亿t,占下游河段增淤量的32.0%。从非汛期增淤量的分布来看,该时段非汛期引水引沙引起的增淤量最多的也在高村以上河段,平均为0.189亿t,占非汛期黄河下游增淤量的58.0%;从汛期增淤量的分布来看,该时段汛期引水引沙引起的增淤量最多的在艾山—利津河段,平均为0.053亿t,其次在高村—艾山河段,平均为0.034亿t,而高村以上河段由于该时期来水少,含沙量大,河道淤积严重,引水引沙反而引起河道减淤。

2000~2006年时段,非汛期和汛期来水含沙量均很低,由于引水引沙,黄河下游非汛期平均增淤量为0.234亿t,汛期平均增淤量为0.196亿t,年平均增淤量为0.430亿t。从增淤量的沿程分布来看,高村以上河段增淤量最多,年平均增淤量为0.292亿t,占该时段下游河段增淤量的67.9%;其次是高村—艾山河段,年均增淤量为0.096亿t,占该时段下游河段增淤量的22.3%。从非汛期增淤量的分布来看,该时段非汛期引水引沙引起的增淤量最多的也在高村以上河段,平均为0.157亿t,占黄河下游河道非汛期增淤量的67.1%,其次是高村—艾山河段,年均增淤量为0.068亿t,占黄河下游河道非汛期增淤量的29.1%;从汛期增淤量的分布来看,该时段汛期引水引沙引起的增淤量最多的也在高村以上河段,平均为0.135亿t,占汛期黄河下游增淤量的68.9%,其次是高村—艾山和艾山—利津河段,平均增淤量分别为0.028亿t、0.033亿t,分别占该时段下游河道汛期增淤量的14.3%、16.8%。

5.5 汛期平水期不同水沙过程对河槽冲淤调整的影响

5.5.1 汛期平水期来水来沙特点

根据黄河下游主要水文站历年的流量含沙量过程,通过对1974年以来的场次洪水划分,考虑洪水传播时间,汛期洪水期以外的水沙过程,即视为汛期平水期水沙过程。经统计计算,汛期平水期进入黄河下游的水沙量过程见图5-26和图5-27。

由图5-26和图5-27可以看出,虽然汛期和洪水期水沙量有大幅度变小的趋势,但是汛期平水期进入黄河下游的水沙量变化不大。在汛期来水量比较丰的20世纪七八十年代,平水期水量所占比例相对较小,而在汛期来水量比较枯的90年代,平水期水量所占比例相对较大,有些年份平水期水量甚至超过洪水期水量。从图5-27还可以看出,平水期沙量相对洪水期来说,所占比例更小,可以说绝大多数的泥沙都来自于场次洪水中。

汛期平水期不同时段的水沙特征值见表5-8。由表5-8可以看出,三门峡水库采用蓄清排浑运用之后至1985年,由于进入下游的水沙量较为丰沛,所以平水期水沙量也相对较多，水、沙量分别约为50亿 m^3 和1亿t左右，平均流量为1 300 m^3/s，平均含沙量为20 kg/m^3。1986年以后由于进入黄河下游的水沙量大幅度减少，所以平水期水、沙量也有所减少，但是减少幅度不大，1986~1999年平水期进入黄河下游的水、沙量分别为37.49亿 m^3 和0.54亿t左右，平均流量为656 m^3/s，平均含沙量为14.3 kg/m^3。小浪底水库投入运用之后至2006年，平水期水量变化不大，平均为46.46亿 m^3，沙量减少很多，平均为0.11亿t，平均流量为523 m^3/s，平均含沙量为2.4 kg/m^3。

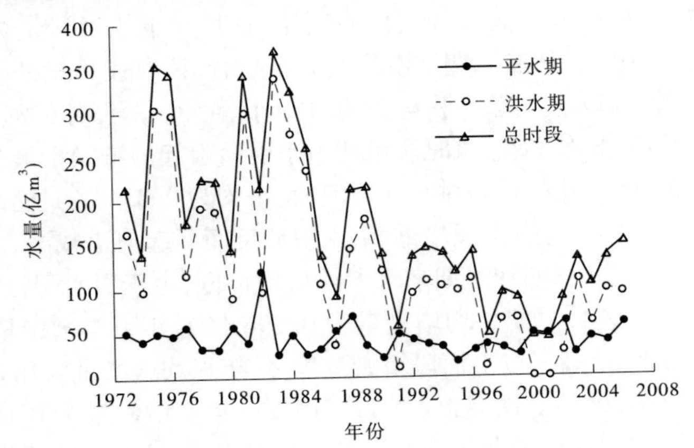

图5-26　汛期平水期进入黄河下游的水量过程

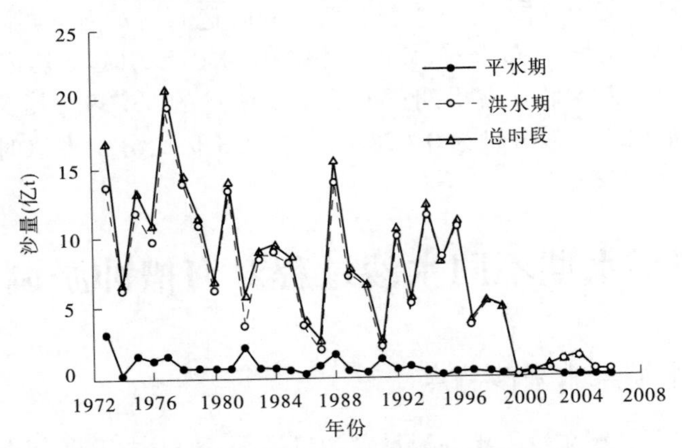

图5-27　汛期平水期进入黄河下游的沙量过程

表5-8　黄河下游不同时段汛期平水期水沙特征值

时段	天数(d)	水量(亿 m^3)	沙量(亿t)	平均流量(m^3/s)	平均含沙量(kg/m^3)
1974~1999年	55	42.96	0.75	898	17.4
1974~1980年	46	46.77	1.00	1 188	21.3
1981~1985年	39	52.91	0.99	1 570	18.7
1986~1999年	66	37.49	0.54	656	14.3
2000~2006年	103	46.46	0.11	523	2.4

5.5.2 汛期平水期下游河道冲淤变化

由于汛期平水期进入下游的水沙量较少,平均含沙量较低,因此其对下游河道的冲淤影响相对较小。从图 5-28 可以看出,汛期平水期黄河下游河道的冲淤量变化较小,基本上处于冲淤平衡状态。

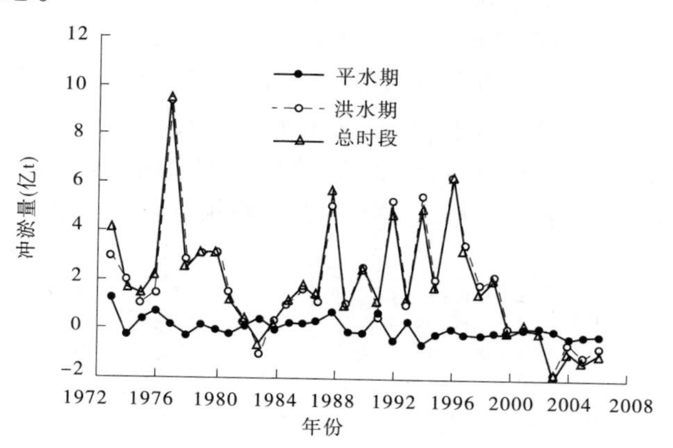

图 5-28 汛期平水期黄河下游冲淤量变化

不同时段、不同河段汛期平水期冲淤量见表 5-9。由表 5-9 可以看出,1974 ~ 1999 年黄河下游汛期平水期共淤积泥沙 1.40 亿 t,年平均淤积 0.054 亿 t,淤积量仅占该时期来沙量的 7.2%。其中,高村以上河段淤积 1.49 亿 t,高村以下河段冲刷 0.09 亿 t,汛期平水期的冲淤调整在高村以上河段基本完成,高村以下河段基本处于冲淤平衡状态。来水来沙相对较枯的 1986 ~ 1999 年,汛期平水期共淤积 0.20 亿 t,年平均淤积 0.014 亿 t,淤积量仅占该时期来沙量的 2.6%。其中,高村以上河段淤积 0.07 亿 t,高村以下河段淤积 0.13 亿 t,两河段的冲淤变化均较小。小浪底水库投入运用之后至 2006 年,由于汛期平水期下泄清水,下游河道发生冲刷,共冲刷 0.89 亿 t,年平均冲刷 0.127 亿 t。其中,高村以上河段冲刷 0.98 亿 t,高村以下河段淤积 0.09 亿 t,该时期虽然汛期平水期进入下游的平均流量较小,但是由于近似清水,水流处于次饱和状态,上段河槽先发生冲刷,冲淤调整之后,水流含沙量达到饱和,高村以上河段冲刷,高村—艾山河段微冲微淤,艾山以下河段发生淤积。

表 5-9 黄河下游不同时段、不同河段汛期平水期冲淤量变化

时段	三黑小—高村累计(亿 t)	高村—艾山累计(亿 t)	艾山—利津累计(亿 t)	三黑小—利津累计(亿 t)	三黑小—利津河段年平均(亿 t)	占来沙量的百分数(%)
1974 ~ 1999 年	1.49	0.06	-0.15	1.40	0.054	7.2
1974 ~ 1980 年	0.47	0.45	-0.28	0.64	0.091	9.2
1981 ~ 1985 年	0.95	-0.48	0.09	0.56	0.112	11.4
1986 ~ 1999 年	0.07	0.09	0.04	0.20	0.014	2.6
2000 ~ 2006 年	-0.98	-0.06	0.15	-0.89	-0.127	-115

5.5.3 汛期平水期不同水沙条件对河槽冲淤调整影响

点绘黄河下游汛期平水期水沙因子(包括流量、含沙量、水沙搭配参数等)与平水期冲淤量的关系,发现汛期平水期水沙因子与平水期冲淤量有一定的趋势关系(见图 5-29 和图 5-30),但是点据较为散乱,说明汛期平水期冲淤调整还受其他因素的影响,如前期河床冲淤调整、断面形态、河道纵比降等。前期河床冲淤调整的影响一般表现为:若前期河槽持续冲刷,接下来的平水期以淤积为主;若前期河槽持续淤积,接下来的平水期以冲刷为主。从图 5-29 和图 5-30 可以看出,汛期平水期进入下游河道的平均含沙量小于 15 kg/m^3(相应来沙系数小于 0.012)时,汛期平水期以冲刷为主;反之,则以淤积为主。由于汛期平水期的来沙量较少,其对河槽的冲淤调整影响相对来说较小。

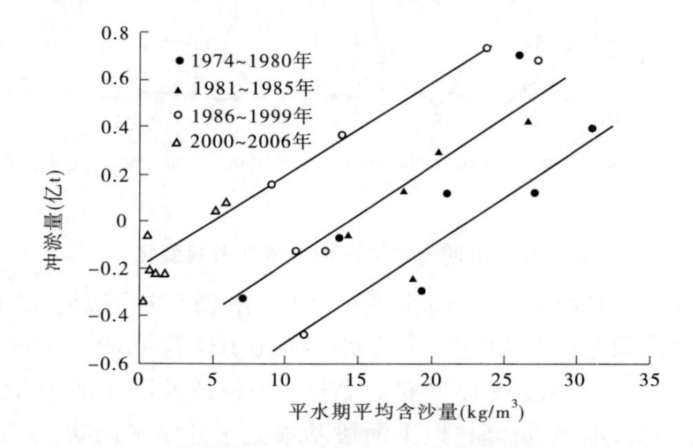

图 5-29 汛期平水期平均含沙量与下游河道冲淤量关系

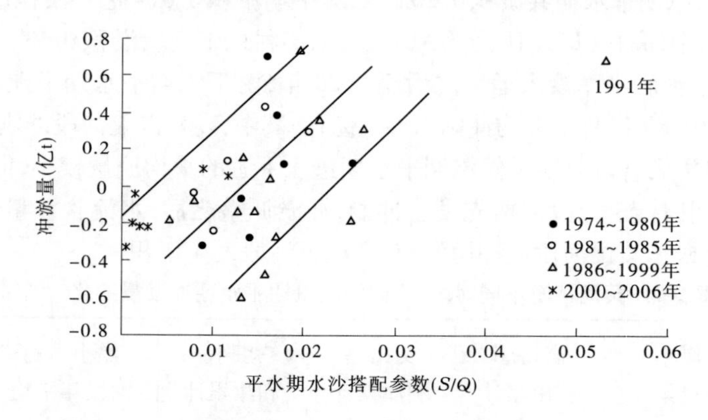

图 5-30 汛期平水期水沙搭配参数与下游河道冲淤量关系

选择汛期平水期三黑小平均含沙量分别大于和小于 15 kg/m^3 的典型年份,点绘沿程各站含沙量变化情况,见图 5-31。由图 5-31 可以看出,汛期平水期三黑小平均含沙量大于 15 kg/m^3 的年份,沿程各站含沙量一般是衰减的,说明河道以淤积为主;三黑小平均含沙量小于 15 kg/m^3 的年份,沿程各站含沙量一般是增多的,说明河道以冲刷为主。

值得一提的是,除小浪底水库拦沙运用初期下游河道在汛期平水期呈现冲刷外,其他时段均表现为淤积,按照本次划分的平水期结果,因来水来沙量较小,故造成的河道淤积量绝对值不大。若将汛期进入下游的日平均流量小于1 000 m^3/s 的水沙过程视为汛期平水期，计算结果则显示，1974～1999 年系列的各时段下游河道汛期平水期淤积比明显提高，如1986～1999 年时段，下游河道汛期平水期年均淤积0.099 亿 t，河道淤积比达20%。由此说明，不同的平水期划分方法不影响冲淤计算的定性结果，但对冲淤计算的定量结果有一定的影响。考虑到汛期平水期冲淤调整均在主河槽内进行，其淤积会降低主槽的过流能力，对此必须引起高度重视。

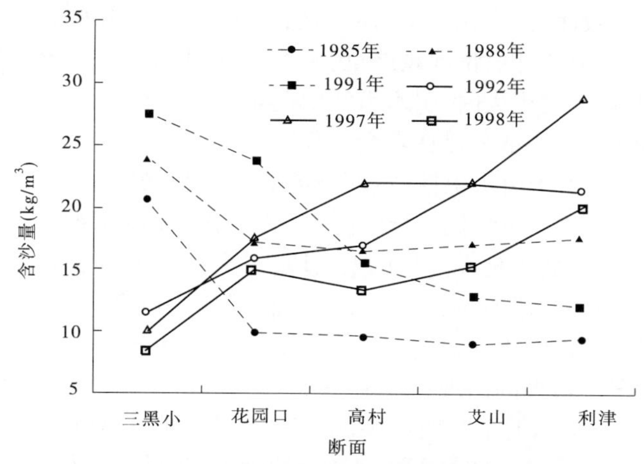

图 5-31　典型年份汛期平水期含沙量沿程变化情况

5.6　小　结

(1)对 1973 年 11 月以来黄河下游不同时段平水期水沙条件的分析，认为非汛期水量基本稳定，但有减少的趋势，非汛期进入下游的沙量很少，大部分时间为清水；汛期平水期水量各时段基本稳定，沙量绝对量较小，且有减少的趋势。

(2)三门峡水库控制运用以来，非汛期黄河下游河道整体表现为冲刷，其冲刷一般发展到高村，高村—艾山河段微冲微淤，艾山以下河段表现为淤积。非汛期高村以上河段冲刷越多，艾山以下河段淤积越多；反之亦然。

(3)在非汛期以下泄清水为主的条件下，下游高村以上河段在各流量级均发生冲刷；高村—艾山河段一般在流量大于1 200 m^3/s 之后发生冲刷；艾山—利津河段在小流量时发生淤积，当流量达到2 000 m^3/s 之后开始冲刷。非汛期下游河道冲刷量随着进入下游的水量增加而增大，据此建立了非汛期下游河道冲刷量与来水来沙量间的关系，结果显示，非汛期来水 150 亿 m^3 可使下游河道冲刷 0.642 亿 t。

(4)小浪底水库运用以来高村以下河段非汛期淤积主要集中在春灌期的3～5 月；每年汛初实施的调水调沙运用使高村以下河段明显冲刷，高村—艾山河段调水调沙期间冲刷量大于春灌期淤积量，艾山—利津河段调水调沙期间冲刷量接近春灌期的淤积量。

(5)黄河下游引水主要发生在非汛期，非汛期引水量占年引水量的70%左右；由于非汛期引水较多，引水量比较大(如 1986～1999 年时段平均引水比达到50%左右)，从而降低了干流河道水流的输沙能力，而引水含沙量一般小于或接近大河含沙量，因此非汛期引水引沙对黄河下游河道冲淤调整会产生不利影响。汛期引水较少(如1986～1999年时段平均引水比为23%左右)，但由于汛期引水含沙量一般小于黄河含沙量，引水的同时引走较少的泥沙，相对来讲，增加了黄河水流含沙量，容易造成河道淤积。

(6)通过对河段引水引沙的概化分析，认为河段引水引沙后，本河段相对增淤量(增淤量与进口断面输沙量之比)与不引水条件下河道冲淤状况、分流比、分沙比、河道冲淤特性等因素有关。一般而言，当原河道为冲刷或不冲不淤时，引水引沙会使本河段增淤，对于同样的分流比，原河道冲刷情况越严重，引水引沙引起的相对增淤量越大；在原河道为淤积情况下，分流比不是很大时，引水引沙引起增淤，当分流比达到一定程度时出现减淤，原河道淤积严重时，较小的分流比就会引起减淤。

(7)1960～2006年由于引水引沙，黄河下游非汛期平均增淤0.235亿t，汛期平均增淤0.072亿t，年平均增淤0.308亿t，分别占年、汛期来沙量的3.4%、0.9%。从增淤量沿程分布看，年平均增淤主要出现在高村以上河段，占全下游年均增淤量的49.2%，高村—艾山、艾山—利津河段年均增淤量分别占下游河段增淤量的24.3%和26.5%；非汛期引水引沙引起的增淤量最多的也在高村以上河段，占非汛期全下游增淤量的63.0%；汛期引水引沙引起的增淤量最多的出现在艾山—利津河段，占汛期全下游增淤量的55.8%。

(8)根据本书划分的汛期平水期资料，汛期平水期一般在含沙量小于15 kg/m^3(相应来沙系数小于0.012 $kg \cdot s/m^6$)时，下游河道以冲刷为主；反之，则以淤积为主。从长时段累积结果看，汛期平水期下游河道处于淤积状态。由于汛期平水期进入下游的水、沙量较少，其对下游河道的冲淤影响相对较小。

第6章　河道主槽断面对长系列径流泥沙过程的响应

平滩流量是指水位与河漫滩相平时的流量,是反映水流造床能力和河道排洪输沙能力的重要指标,因此平滩流量也是研究维持河道主槽不萎缩所关注的重点。本章以平滩流量和平滩面积作为河道主槽过流能力的代表,主要研究以下内容:首先通过理论分析,建立冲积河流的滞后响应模型,并以平滩流量为代表,推导实用的平滩流量计算方法;其次利用实测资料,分析前期水沙条件对平滩流量的影响,利用滞后响应模型研究平滩流量对长系列径流泥沙过程的响应,并探讨平滩流量的响应模式;最后分析平滩面积对长系列径流泥沙过程的响应。

6.1　冲积河流的滞后响应模型

6.1.1　概述

众所周知,河床变形一般滞后于来水来沙条件的变化,因此滞后响应是冲积河流河床演变的一种普遍现象,也是研究冲积河流河床演变规律的关键因素之一。从时间上讲,滞后响应关注的重点是处于非平衡状态下的河床随时间的过渡过程,平衡状态或稳定状态只是其演变过程的发展目标或控制条件;从空间上讲,滞后响应关注的重点是河床形态的宏观特征,有别于单个泥沙颗粒的微观运动。

任何时段的河床演变,都是在给定初始河床边界条件下进行的,正如采用数学模型计算河床冲淤时需要给定初始河床边界条件一样,在相同的水沙条件下,不同的初始条件和边界条件会有不同的模拟结果。考虑到初始条件和边界条件本身是前期水沙条件作用的结果,其体现了前期水沙条件对当前时段河床演变的影响,因此当前时段的河床演变,不仅受当前水沙条件的影响,而且通过边界条件,还受前期若干时段内水沙条件的影响,将此现象称为前期影响或累计影响,也有的称为记忆功能。

滞后响应和累计影响(前期影响、记忆功能)是两个既有区别又有联系的概念。前者指的是当前时段的河床对水沙变化的反应速度和响应模式,而后者指的是前期(过去)时段的水沙条件通过初始河床边界对当前时段河床调整的影响。滞后响应和累计影响在任何河段和任何时段的河床演变中都是同时存在的,在河床演变的研究中应该同时给予考虑,忽略任何一项都难以全面把握河床演变的内在规律。例如,当建立平滩流量与当前来水来沙的直接关系时,虽然两者具有一定的相关性,但关系往往比较散乱,原因就是在平滩流量与当前水沙条件的直接关系中没有考虑河床的滞后响应和水沙条件的累计影响。

近年来,一些学者针对水库泥沙淤积及河床演变中存在的滞后现象开展了大量研究,取得了一系列具有理论意义和实际价值的认识。例如,吴保生等(2004,2006,2007a,

2008a,2008b,2008c,2008d)、王兆印等(2004)、Wu 等(2007)、Wang 等、(2007)在对黄河下游平滩流量及三门峡水库淤积资料分析的基础上,发现平滩流量及水库淤积量不仅受当年水沙条件的影响,而且通过边界条件,还受前期若干年内的水沙条件的影响,并且采用滑动平均和加权平均的方法研究了平滩流量及库区淤积量等与来水来沙的滞后响应关系。林秀芝等(2005)研究了渭河华县站平滩流量对来水来沙的响应,发现平滩流量与年水量和汛期水量的 2 年滑动平均值的关系较好。梁志勇等(2005)、冯普林等(2005)在对黄河下游河道几何形态的分析中也发现,河道的几何形态不仅受来水大小的影响,而且受前期断面形态的影响,即存在"记忆"效应,并得出了对断面形态影响最大的是前 5 年来水过程的结论。

常见的做法包括采用前期若干年水沙因子的加权平均、滑动平均或几何平均来考虑前期水沙条件的累计作用和滞后影响,但无论采用滑动平均还是加权叠加的方法来考虑前期水沙条件的累计作用和滞后影响,都具有一定的经验性和任意性,缺乏必要的理论支撑。因此,本节从河床演变学的自动调整原理出发,首先建立平滩流量的滞后响应模型,然后以黄河下游河道为对象,检验模型的正确性和适用性。本研究对认识黄河下游河床演变中存在的滞后现象,揭示滞后响应的物理本质,进行滞后响应的分析和计算,都具有重要的理论意义和实用价值。

6.1.2 滞后响应理论模型的建立

6.1.2.1 基本模型

河床演变的基本原理认为冲积河流具有自动调整的功能,其最终结果是力求使来自上游的水量和沙量通过河段下泄时,河流保持一定的相对平衡(钱宁等,1987)。也就是说,当一个河段的上游来水来沙条件或下游边界条件发生改变时,河段将通过河床的冲淤调整,最终建立一个与改变后的水沙条件相适应的新的平衡状态。在河床的自动调整过程中,其初始的调整变化速度是较为迅速的,但随着河床的调整变化不断趋近于新的平衡状态,速度会逐渐降低,最后趋近于零(见图 6-1)。也就是说,河床的某一特征指标在受到外界扰动后的调整变化速率,与其当前状态与平衡状态之间的差值成正比。这种河床从原有状态演变到新的平衡状态的过程可用下列微分方程表示的基本模型来描述

$$\frac{\mathrm{d}y}{\mathrm{d}t} = \beta(y_e - y) \tag{6-1}$$

式中:y 为 t 时刻的特征变量;y_e 为相对某一给定水沙条件下,河床调整达到相对平衡时的特征变量;β 为特征变量的变化速率,是一个与水流能量大小和河床边界可动性有关的参数,为求解方便,暂假定其为常数;t 为时间。

对于图 6-1 所示的滞后响应模式,有如下几点需要说明:①假定水沙变化的扰动是突然发生的,之后维持不变;②当扰动发生后,河床立即通过冲淤对水沙变化作出响应,没有延迟时间;③在新的水沙条件下,河床将通过自动调整作用最终达到相对平衡,相应的 y_e 是一个常数;④扰动发生时,特征变量 y 可以是原有的平衡状态值,也可以是处于不平衡状态的任何值。

6.1.2.2 通用积分模式

为了求解方便,将式(6-1)改写为如下形式

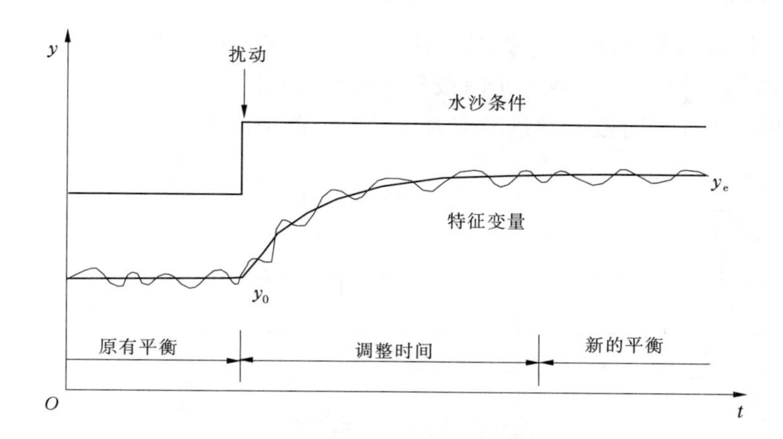

图 6-1　冲积河流某一特征变量对水沙变化的响应过程示意图

$$\frac{\mathrm{d}y}{\mathrm{d}t} + \beta y = \beta y_e \tag{6-2}$$

显然,式(6-2)表示的常微分方程是一阶非齐次线性方程,其通解为

$$y = e^{-\int \beta \mathrm{d}t} \left(\int \beta y_e e^{\int \beta \mathrm{d}t} \mathrm{d}t + C_1 \right) \tag{6-3}$$

式中:C_1 为积分常数。

当 $t = 0$ 时,$y = y_0$,代入式(6-3)得到如下特解

$$y = y_0 e^{-\beta t} + e^{-\beta t} \left(\int_0^t \beta y_e e^{\beta t} \mathrm{d}t \right) \tag{6-4}$$

考虑到含有积分项,将式(6-4)称为通用积分模式。

6.1.2.3　单步解析模式

考虑到 β 和 y_e 均为常数,可以对式(6-4)右边的积分项直接求解,由此得到

$$y = (1 - e^{-\beta t}) y_e + e^{-\beta t} y_0 \tag{6-5}$$

式(6-5)为滞后响应模型的直接解析解,称为单步解析模式,也称指数衰减方程。

6.1.2.4　多步递推模式

实际河流系统的来水来沙条件是不断变化的,在一个给定的有限时段 Δt 内,河道断面不一定能够调整至平衡状态。对于这种情况,式(6-5)也是完全可以适用的,因为式(6-5)描述的是特征变量 y 调整的路径,可以是调整过程中的任何时刻。本时段河床调整的结果,无论是否已经达到平衡状态,都将作为下一个时段的初始边界条件对其河床演变产生影响,并由此使得前期的水沙条件对后期的河道形态调整产生累计作用和滞后影响,这也就是滞后响应的物理本质所在。按照这一思路,将上一时段的结果作为下一时段的初始条件,通过逐时段递推,经过 n 次后得到如下迭代关系式

$$y_n = (1 - e^{-\beta \Delta t}) \sum_{i=1}^{n} \left[e^{-(n-i)\beta \Delta t} y_{ei} \right] + e^{-n\beta \Delta t} y_0 \tag{6-6}$$

式中:Δt 为时段长度;n 为迭代时段数;i 为时段编号;y_{ei} 为在第 i 年的水沙条件下,河床调整达到相对平衡时的特征变量。

逐时段的迭代关系如图 6-2 所示。

式(6-6)可以看做是式(6-5)的扩展,当取 $n=1$ 时,式(6-6)又退化为式(6-5)。对于图6-2所示的时间序列,如果把第1个时段看做是当前时段,则 y_n 便是未来 n 个时段后的特征变量;如果把第 n 个时段看做是当前时段,则 y_n 便是前期 n 个时段累计作用后的特征变量。

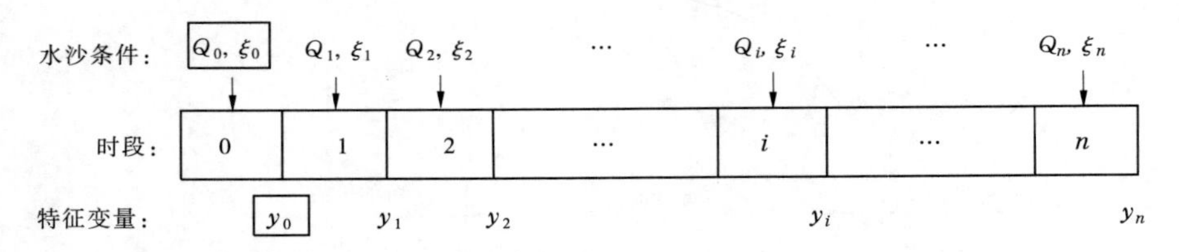

图6-2 迭代关系示意图

考虑到 $e^{-n\beta\Delta t}$ 小于1,且随 n 的增大不断减小,即随着时间的增加,初始边界条件 y_0 对 y_n 的影响逐渐减小,为了消除对初始值 y_0 的依赖,y_0 可以用 y_{e0} 近似代替,由此得到

$$y_n = (1 - e^{-\beta\Delta t})\sum_{i=1}^{n}[e^{-(n-i)\beta\Delta t}y_{ei}] + e^{-n\beta\Delta t}y_{e0} \tag{6-7}$$

式(6-6)为含有初始条件的多步递推模式,而式(6-7)为不含初始条件的多步递推模式。当已知初始值 y_0 时,可以根据前期 n 个时段的水沙条件,用式(6-6)来推求河床经过 n 个时段调整后的状态值 y_n。当初始值 y_0 未知时,可以根据前期 $n+1$ 个时段的水沙条件,用式(6-7)来计算河床经过 n 个时段调整后的状态值 y_n。

6.2 实用的平滩流量计算方法

6.2.1 平滩流量的滞后响应模型

6.2.1.1 基本模型

平滩流量是反映主槽断面形态的综合参数。以平滩流量作为特征变量,分别代入式(6-5)、式(6-6)和式(6-7),可得平滩流量的滞后响应模型方程

$$Q_b = (1 - e^{-\beta t})Q_e + e^{-\beta t}Q_{b0} \tag{6-8}$$

$$Q_{bn} = (1 - e^{-\beta\Delta t})\sum_{i=1}^{n}[e^{-(n-i)\beta\Delta t}Q_{ei}] + e^{-n\beta\Delta t}Q_{b0} \tag{6-9}$$

$$Q_{bn} = (1 - e^{-\beta\Delta t})\sum_{i=1}^{n}[e^{-(n-i)\beta\Delta t}Q_{ei}] + e^{-n\beta\Delta t}Q_{e0} \tag{6-10}$$

在式(6-8)~式(6-10)中,Q_b 为平滩流量;Q_{b0} 为 $t=0$ 时刻的平滩流量;Q_e 为平滩流量的平衡值,是来水来沙条件的函数;Q_{e0} 为初始时段内的水沙条件所决定的平滩流量平衡值。式(6-8)~式(6-10)都能够考虑前期来水来沙条件的累计作用和滞后影响,具有普遍的适用性。

由式(6-9)和式(6-10)可以看出,由于平滩流量平衡值 Q_e 为来水来沙条件的函数,因此第 n 个时段末的平滩流量 Q_{bn} 不仅与本时段的水沙条件有关,也受到前期一定时段内

的水沙条件的影响。如式(6-9)中的 Q_{bn} 与包括本时段在内的前期 n 个时段内的水沙条件有关,而式(6-10)由于将初始平滩流量 Q_{b0} 以初始时段内水沙条件所决定的 Q_{e0} 代替,因此式(6-10)中的 Q_{bn} 实际上受到包括本时段在内的前期 $n+1$ 个时段的水沙条件的影响。

6.2.1.2 调整前期水沙条件影响权重的模型方程

式(6-9)表明,前期不同时段内的水沙条件对当前平滩流量 Q_{bn} 的影响权重不同,其权重的大小由式(6-9)自动给出。式(6-9)中初始平滩流量 Q_{b0} 的影响权重为 $e^{-n\beta\Delta t}$,而第 i $(i=1,2,\cdots,n)$ 个时段水沙条件的影响权重为 $(1-e^{-\beta\Delta t})e^{-(n-i)\beta\Delta t}$。可见,随着 i 的增大,前期第 $i(i=1,2,\cdots,n)$ 个时段内水沙条件的影响权重呈现依次增大的趋势,即越靠近当前时段的水沙条件对当前平滩流量的影响越大,这种分布规律符合常识,是合理的。而对于式(6-10),以 Q_{e0} 代替 Q_{b0} 使得第 1 个时段之前的一个时段内(记为第 0 时段)的水沙条件也对当前的平滩流量产生影响,影响权重为 $e^{-n\beta\Delta t}$。从影响当前平滩流量的物理机制来看,第 0 时段水沙条件的影响权重应该小于之后的任何一个时段,由于第 i 时段的影响权重 $(1-e^{-\beta\Delta t})e^{-(n-i)\beta\Delta t}$ 随 i 增大依次增大,因此只需第 0 时段的影响权重小于第 1 时段的影响权重即可,即

$$e^{-n\beta\Delta t} < (1-e^{-\beta\Delta t})e^{-(n-1)\beta\Delta t} \tag{6-11}$$

由式(6-11)可直接求解得:$\beta>0.693$。但根据以往经验(吴保生,2008b),实际计算过程中利用实测资料拟合的参数往往出现 $\beta\leqslant 0.693$ 的情况。这意味着出现了第 0 时段的水沙条件影响权重比第 1 时段还要大的情况,这显然是不合理的。为解决这一由 Q_{e0} 代替 Q_{b0} 带来的矛盾,按照第 $i(i=1,2,\cdots,n)$ 时段内水沙条件影响权重的分布规律,将模型中第 0 时段 Q_{e0} 的权重调整为 $(1-e^{-\beta\Delta t})e^{-n\beta\Delta t}$。由此,式(6-10)可改写为如下形式

$$Q_{bn} = (1-e^{-\beta\Delta t})\sum_{i=0}^{n}\left[e^{-(n-i)\beta\Delta t}Q_{ei}\right] \tag{6-12}$$

式(6-12)即为调整了前期水沙条件影响权重分布后的平滩流量滞后响应模型。可以看出,式(6-12)不仅消除了模型对初始平滩流量的依赖,同时也使得前期不同时段水沙条件的影响权重按照越靠近当前时段权重越大的规律分布。

6.2.1.3 考虑不同年份之间河道调整速度的模型方程

在滞后响应模型的理论探讨阶段,式(6-5)中的参数 β 是一个与其他众多因素有关的变量,不同的时段其值的大小会有一定的区别,具体体现在不同时段内河道冲淤调整变化的速度不同。考虑滞后响应模型推导的需要,且参数 β 本身直接计算比较困难,因此暂时以一个常数代替,其值的大小根据实测资料率定,并由此推导得出平滩流量的滞后响应模型。

但这一简化给模型的计算精度带来一定的影响,为此本书接下来在式(6-8)的基础上,推导不同时段内参数 β 的取值不同时的模型方程。记第 $i(i=0,1,\cdots,n)$ 个时段对应的参数 β 为 β_i。经过第 1 个计算时段 Δt 后,平滩流量调整至 Q_{b1},式(6-8)改写为

$$Q_{b1} = (1-e^{-\beta_1\Delta t})Q_{e1} + e^{-\beta_1\Delta t}Q_{b0} \tag{6-13}$$

在第 2 计算时段里,将 Q_{b1} 作为平滩流量的初始值,该时段末的平滩流量可以表达为

$$Q_{b2} = (1 - e^{-\beta_2 \Delta t}) Q_{e2} + e^{-\beta_2 \Delta t} Q_{b1} \tag{6-14}$$

将式(6-13)代入式(6-14)可得

$$Q_{b2} = (1 - e^{-\beta_2 \Delta t}) Q_{e2} + e^{-\beta_2 \Delta t} (1 - e^{-\beta_1 \Delta t}) Q_{e1} + e^{-(\beta_1 + \beta_2) \Delta t} Q_{b0} \tag{6-15}$$

依次类推,经过 n 个计算时段,Q_{bn} 可表示为如下形式

$$Q_{bn} = (1 - e^{-\beta_n \Delta t}) Q_{en} + \left[\sum_{i=1}^{n-1} (1 - e^{-\beta_i \Delta t}) e^{-(\beta_{i+1} + \beta_{i+2} + \cdots + \beta_n) \Delta t} Q_{ei} \right] + e^{-(\beta_1 + \beta_2 + \cdots + \beta_n) \Delta t} Q_{b0} \tag{6-16}$$

由式(6-16)可以看出,平滩流量 Q_{bn} 同样为 Q_{b0}、Q_{e1}、…、Q_{en} 的函数,与参数 β 取常数时相同。对式(6-16)的结构进行调整:一是参考式(6-10)以 Q_{e0} 代替 Q_{b0},以消除模型对初始平滩流量 Q_{b0} 的依赖;二是参考式(6-12)调整 Q_{e0} 的影响权重,得到 Q_{bn} 表达式如下

$$Q_{bn} = (1 - e^{-\beta_n \Delta t}) Q_{en} + \sum_{i=0}^{n-1} (1 - e^{-\beta_i \Delta t}) e^{-(\beta_{i+1} + \beta_{i+2} + \cdots + \beta_n) \Delta t} Q_{ei} \tag{6-17}$$

显然,当 $\beta_0 = \beta_1 = \cdots = \beta_n = \beta$ 时,式(6-17)即简化为式(6-12)的形式。式(6-17)即为考虑不同时段内参数 β 的取值差异时平滩流量的滞后响应模型方程。

6.2.1.4 平滩流量平衡值 Q_e 的计算方法

平滩流量平衡值 Q_e 是指,当作用于冲积河流的来水来沙条件维持足够长时间不变时,塑造出的达到冲淤平衡状态的河道形态所对应的平滩流量。由于冲积河流的河道形态由来水来沙条件决定,因此对于特定的水沙条件,都存在一个与之对应的平滩流量平衡值 Q_e。但实际河流系统的水沙条件总是处于频繁变化之中,河道形态的调整难以在短时间内达到平衡状态,因此平滩流量平衡值只是平滩流量调整的一个最终理想的目标,实际河道形态调整过程中很难达到,也无法实际到现场观测到 Q_e 的值。

根据上述对 Q_e 物理意义的理解可以看出,Q_e 由水沙条件决定,因此可以表达为某些描述水沙条件的参数的函数形式。黄河下游是典型的冲积性河流,河床形态与上游来水来沙关系密切,河床通过不断的泥沙冲淤来适应不断变化的来水来沙条件,同时考虑到河道的调整变化主要发生在流量较大的汛期,Q_e 可以表示为

$$Q_e = K \xi_f^a Q_f^b \tag{6-18}$$

式中:Q_f 为汛期平均流量;$\xi_f = S_f / Q_f$,称做来沙系数,可以看做是实际悬移质含沙量与其临界值的比值(吴保生和申冠卿,2008e),S_f 为汛期平均悬移质含沙量;K、a、b 分别为待定系数和指数。

式(6-18)给出了 Q_e 计算方法的一种基本模式,将平滩流量平衡值用汛期平均流量和汛期平均来沙系数表示。其中,汛期平均流量直接体现了来水量的作用大小;而来沙系数代表水流搭配、单位水流功率、含沙量等众多重要的物理意义(吴保生和申冠卿,2008e),是体现河流来沙情况的综合参数。

实际上,式(6-18)体现了汛期平均水沙条件的影响,这也是一般河床演变研究中最常用的方法。2002 年以来,黄河下游利用三门峡水库和小浪底水库进行调水调沙,通过改变来水过程,下泄集中的较长时间的大洪水冲刷下游河道,取得了显著的成效。可见,来水过程对河道调整具有显著的影响。为此,引入洪峰流量(以最大日均流量代替)以体现

不同来水过程的影响，洪峰流量越小，来水过程越均匀。当模型应用于黄河下游时，将式(6-18)改写为如下形式计算平滩流量平衡值 Q_e

$$Q_e = K\xi_f^a Q_f^b e^{c(Q_m - Q_f)} \tag{6-19}$$

式中：Q_m 为汛期日均最大流量，代表洪峰流量，m^3/s；c 为待定的系数；其他符号意义同前。

从式(6-19)可以看出，当来水来沙条件完全均匀时，$Q_m = Q_f$，$e^{c(Q_m - Q_f)} = 1$；当来水过程存在一定的波动时，$Q_m > Q_f$，若 $c > 0$，则 $e^{c(Q_m - Q_f)} > 1$，若 $c < 0$，则 $e^{c(Q_m - Q_f)} < 1$，说明式(6-19)可以在一定程度上反映来水过程的影响。

6.2.1.5 参数 β 的计算方法

式(6-17)给出了考虑不同时段内参数 β 取值差异时的模型方程，下面探讨参数 β 的具体计算方法。β 值的大小反映了河道调整的速度，因此 β 同样与来水来沙条件有关。来水量是影响河流调整的最主要的因素，来水量越大，水流对河流的作用能力就越强，河道调整就越快；水流中含沙量与挟沙力越接近，水流对河流形态的调整作用就越小；而不同的来水来沙过程同样影响冲淤调整结果。因此，实际应用中，如果河道冲淤调整比较剧烈，或者不同年份之间调整速率差异明显，可以考虑不同年份采用不同的 β 值，以更加真实地反映实际情况，提高模型的计算精度。但由于实际计算的困难，应用时参数 β 的计算难以全面考虑所有因素，鉴于影响河流调整的主要因素为上游来流量，因此针对不同年份汛期平均流量的差异，按如下方法计算参数 β

$$\beta = \beta_0 Q_f^d \tag{6-20}$$

式中：参数 β_0 和 d 根据实测资料率定。

6.2.2 平滩流量的滞后响应模型的验证

下面以利津站为例，对平滩流量滞后响应模型进行验证。图 6-1 给出了冲积河流的某一特征变量在水沙条件扰动后的调整路径，并推导出式(6-5)描述其调整过程。以平滩流量为例得到的式(6-8)描述了平滩流量在水沙条件扰动后的调整变化过程。根据吴保生(2008b)的研究成果，式(6-8)应用到利津站时，取 $K = 348.6$、$a = -0.15$、$b = 0.29$、$\beta = 0.431$，水沙条件作用时间 t 取 1 年。由此得到描述利津站的平滩流量响应调整路径的方程

$$Q_b = 348.6(1 - e^{-0.431\Delta t})\xi_f^{-0.15} Q_f^{0.29} + e^{-0.431\Delta t} Q_{b0} \tag{6-21}$$

式中：Δt 为水沙条件作用的时间长度，取值 $\Delta t = [0,1]$ 年。

将水沙条件作用时间(1 年)均分为 10 段，相当于取 Δt 时间步长为 0.1 年，代入式(6-21)计算平滩流量的调整路径。图 6-3 选取了利津 1982 ~ 1986 年时段计算平滩流量调整路径，并与实测平滩流量的变化过程进行对比。从图 6-3 可以看出，计算平滩流量调整路径与实际情况基本一致。无论平滩流量平衡值大于初始值还是小于初始值，平滩流量都自动往靠近平衡值的方向进行调整；由于受时段长度的限制，当平滩流量调整至时段末时并未达到平衡状态，当水沙条件再次改变时，平滩流量便立即沿着新的路径开始新一轮的调整。

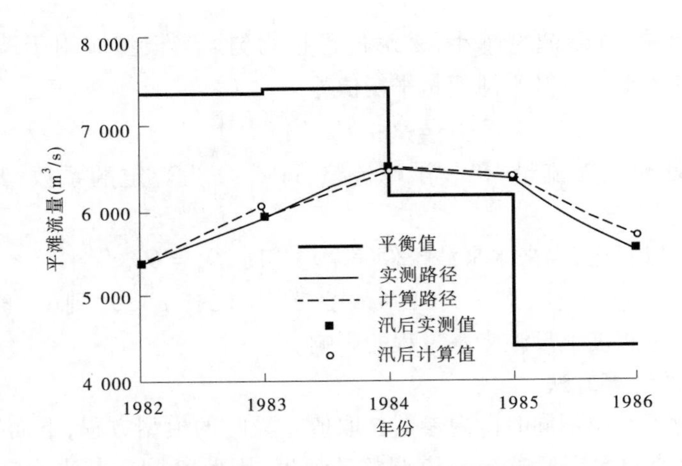

图 6-3　冲积河流特征变量对水沙变化的响应过程示意图

6.3　平滩流量对长系列径流泥沙的响应

6.3.1　前期水沙条件对平滩流量的影响分析

河床形态与上游来水来沙关系密切。但考虑到河道的调整变化主要发生在流量较大的汛期,图 6-4 和图 6-5 点绘了花园口站 1950 ~ 2002 年的平滩流量与汛期平均流量的关

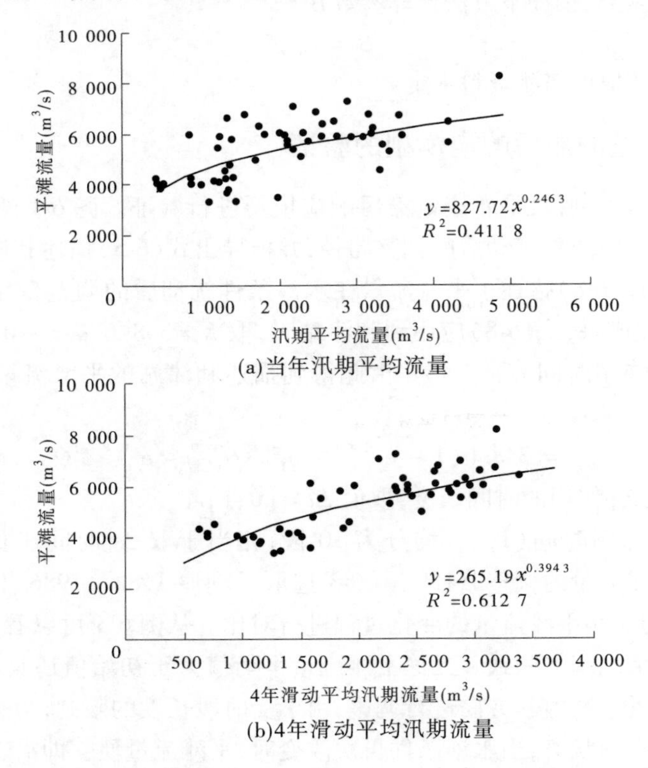

图 6-4　花园口平滩流量与汛期平均流量的关系

系。由图 6-4(a)可以看出,平滩流量随汛期平均流量的增大而增大,两者之间成正比关系,只不过相关程度不高。其回归关系为

$$Q_{bf} = 827.72Q_f^{0.2463} \quad (R^2 = 0.4118) \tag{6-22}$$

图 6-4(b)为平滩流量与 4 年滑动平均汛期流量的关系,其回归关系为

$$Q_{bf} = 265.19\overline{Q}_{4f}^{0.3943} \quad (R^2 = 0.6127) \tag{6-23}$$

比较式(6-22)和式(6-23)可以看出,平滩流量与 4 年滑动平均汛期流量之间的关系,较平滩流量与当年汛期平均流量之间的关系相关程度有较大提高,相关系数 R^2 由 0.411 8提高到 0.612 7。

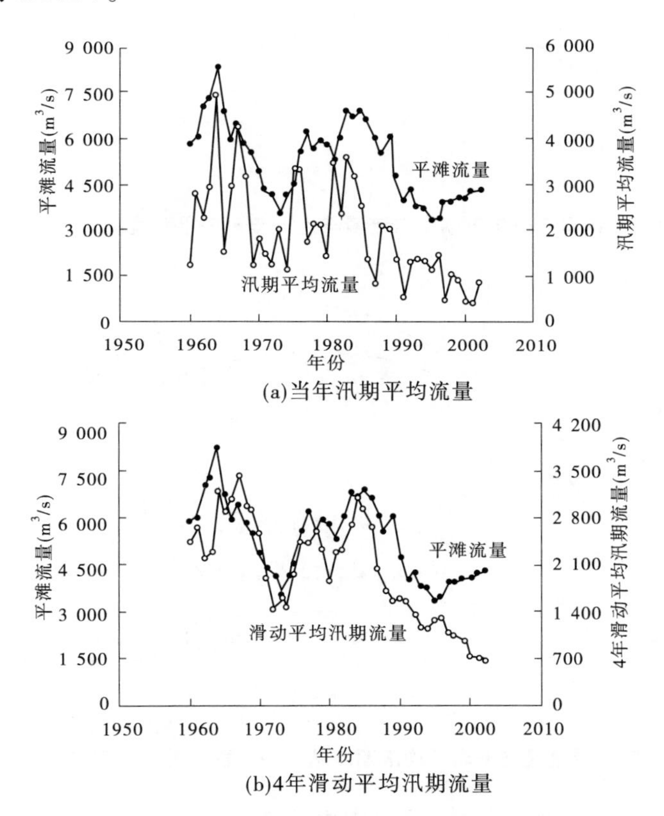

图 6-5　花园口平滩流量与滑动平均汛期流量的响应关系

为了说明平滩流量对前期河床形态的依赖性,图 6-6 点绘了当年汛期平滩流量与上一年汛期平滩流量的关系,两者之间相关程度很高(R^2 =0.768 4)。考虑到上一年平滩流量本身是过去水沙条件塑造的结果,以滑动平均流量来反映前期水流条件的影响就在情理之中,图 6-4(b)和图 6-5(b)的结果说明了这种处理方法的合理性。

图 6-7 给出了花园口平滩流量与滑动平均汛期流量的相关程度随包括年数的变化过程。由图 6-7 可以看出,一开始相关系数随着包括年数的增加而增加,并在包括年数为 4 左右时达到最大;之后进一步包括更多年数的相关程度反而降低,其原因是距离当年较远的过去,对目前河床演变的影响已经消失,滑动平均汛期流量中包含了与目前河床演变无关或关系不大的信息。河床调整的这种滞后响应,在其他河床演变现象中也普遍存在

(Wu et al. ,2004;吴保生等,2005;吴保生等,2006)。

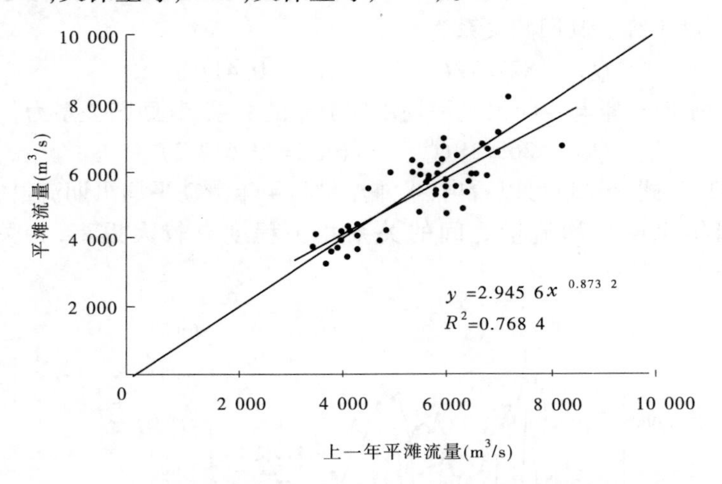

图 6-6　花园口当年汛期平滩流量与上一年汛期平滩流量的关系

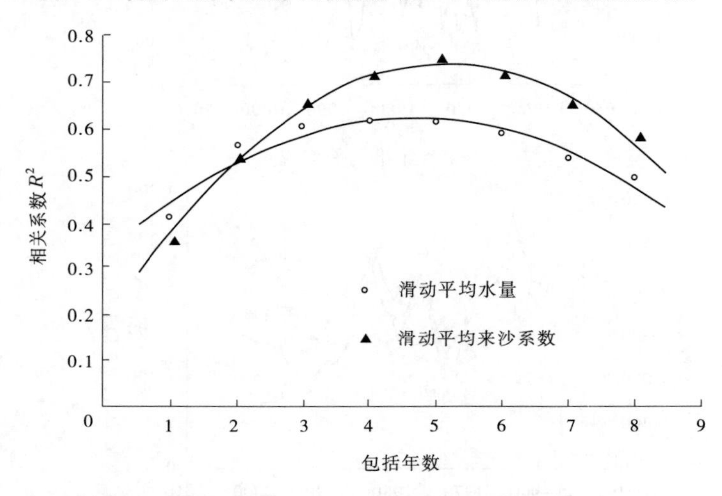

图 6-7　花园口平滩流量与滑动平均汛期流量的相关程度随包括年数的变化过程

关于平滩流量对来沙条件的响应,可以用来沙系数($\xi = \dfrac{S}{Q}$)来反映。以往的研究表明,黄河下游河道的冲淤变化与该系数的关系密切,来沙系数小时冲刷,平滩流量加大;来沙系数大时淤积,平滩流量减小。图 6-8 点绘了平滩流量与当年汛期平均来沙系数和 4 年滑动平均来沙系数的关系,依据图中数据得到的相关关系分别为

$$Q_{bf} = 2\,613.6\xi_f^{-0.173\,1} \quad (R^2 = 0.361\,7) \tag{6-24}$$

$$Q_{bf} = 1\,514.7\bar{\xi}_{4f}^{-0.315\,1} \quad (R^2 = 0.709\,1) \tag{6-25}$$

需要说明的是,为了应用的方便,式(6-24)中的来沙系数由汛期平均含沙量 S_f 与汛期平均流量 Q_f 计算,即 $\xi_f = \dfrac{S_f}{Q_f}$。也可以先由日均含沙量和日均流量计算每天的来沙系数,由此得到汛期来沙系数的平均值,但结果差别不大。此外,图 6-7 中给出的相关系数

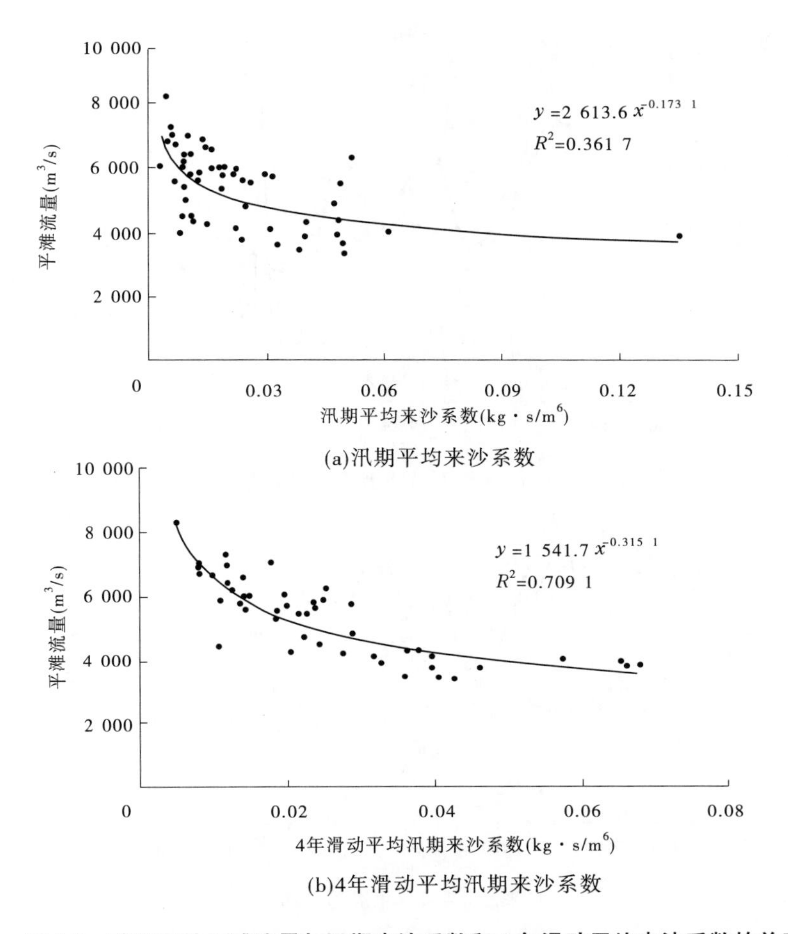

(a)汛期平均来沙系数

(b)4年滑动平均汛期来沙系数

图 6-8 花园口站平滩流量与汛期来沙系数和 4 年滑动平均来沙系数的关系

随滑动平均来沙系数包括不同年数变化的结果表明,当包括年数为 5 年时,相关系数最大。说明平滩流量的调整对来水和来沙的响应方式有所不同,对来沙变化的响应与调整所需要的时间更长。但为了与图 6-4 和式(6-23)一致,图 6-8(b)和式(6-25)给出了采用 4 年滑动平均来沙系数的结果。

图 6-8 显示的结果,一是说明平滩流量随来沙系数的增大而减小,两者之间成反比关系;二是说明采用 4 年滑动平均汛期来沙系数,能够在一定程度上反映前期水沙搭配的影响,相关系数 R^2 由 0.361 7 提高到 0.709 1,相关程度有较大提高。假设花园口汛期来沙系数由 0.02 增加到 0.04 的水平(增加一倍),根据式(6-25)可以得到,花园口平滩流量将由 5 296 m^3/s 减小到 4 243 m^3/s,减少了 1 053 m^3/s,即减少了 20%。

为了更清楚地揭示平滩流量对来沙系数的响应关系,图 6-9 点绘了平滩流量和汛期来沙系数的历年变化过程。由图 6-9 可以看出,当来沙系数连续上升时,平滩流量减小;当来沙系数连续下降时,平滩流量增大。但平滩流量没有汛期来沙系数的波动大,反映了平滩流量较来沙条件变化的滞后性;当采用 4 年滑动平均来沙系数时,两者的对应变化趋势大体相当,显示了水沙条件的累积作用。

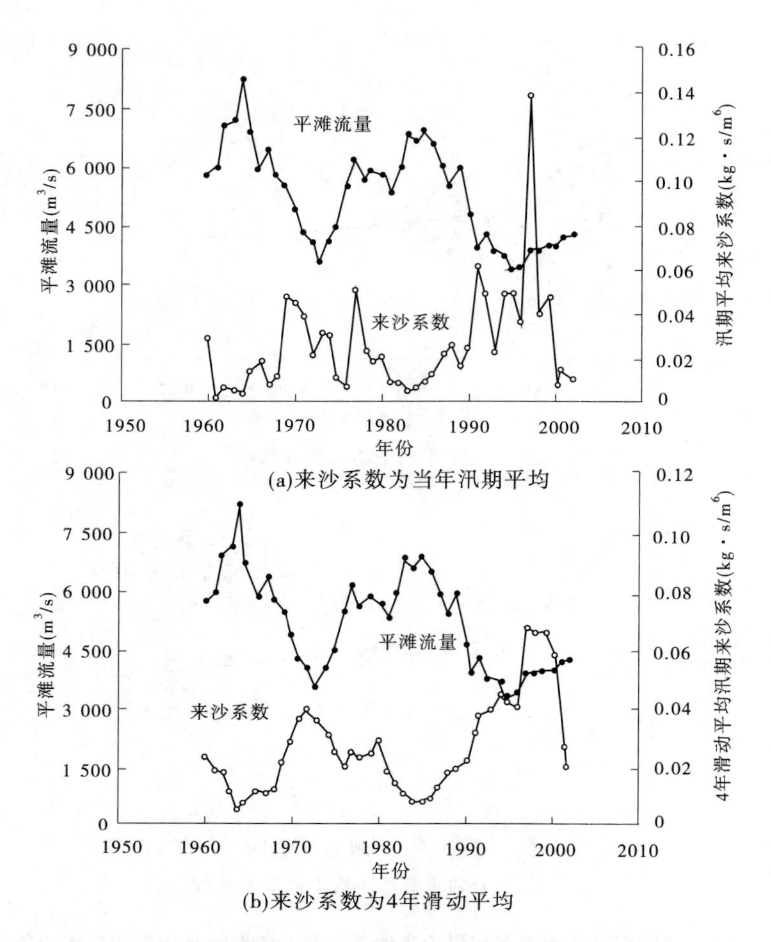

图 6-9　花园口站平滩流量与滑动平均来沙系数的响应关系

6.3.2　平滩流量对长系列径流泥沙过程的响应

第 6.3.1 部分采用滑动平均的方法分析了前期水沙条件对平滩流量的影响,结果表明,平滩流量不仅与当年的水沙条件有关,同时也受到前期一定时期内水沙条件的影响。而平滩流量的滞后响应模型正好反映了这一点,且模型能够自动给出前期水沙条件对平滩流量调整的影响权重。因此,以平滩流量滞后响应模型估算平滩流量,能够较好地反映出平滩流量对长系列径流泥沙的响应过程。另外,考虑到黄河下游河道的调整变化主要发生在流量较大的汛期,因此本节以长系列汛期径流泥沙过程为代表,应用平滩流量滞后响应模型,分析平滩流量的响应调整规律。

6.3.2.1　模型应用步骤

根据平滩流量滞后响应模型的结构特点,模型的应用分为以下三个步骤。

第一步:确定计算方法。

包括选定平滩流量滞后响应模型的公式结构形式、确定平滩流量平衡值 Q_e 的计算方法和参数 β 的计算方法。本章根据滞后响应的概念,先后建立了多个平滩流量的计算模型,本节选用经权重调整并同时考虑前期不同年份之间河道调整速度差异的模型方程式(6-17)计算平滩流量;选用能够同时考虑平均来水来沙条件和来水过程的方程式(6-19)计算平滩流量平衡值;选用方程式(6-20)计算参数β。

第二步:初步计算。

假设平滩流量仅受当年来水来沙条件影响,即取$n=0$、$\Delta t=1$年;根据实测水沙资料和平滩流量资料,拟合模型中所需的系数和指数;并对模型计算的平滩流量与平滩流量实测值进行比较,计算模型的计算精度指标R^2和MNE。R^2和MNE的定义及计算方法如下。

R^2为模型计算值与平滩流量实测值之间的相关系数,取值范围为[0,1],其值越接近1,说明平滩流量计算值与实测值越接近,计算精度越高。R^2的大小按如下方程计算

$$R^2 = \frac{\left(N\sum Q_{\mathrm{bm}}Q_{\mathrm{bc}} - \sum Q_{\mathrm{bm}}\sum Q_{\mathrm{bc}}\right)^2}{\left[N\sum Q_{\mathrm{bm}}^2 - \left(\sum Q_{\mathrm{bm}}\right)^2\right]\left[N\sum Q_{\mathrm{bc}}^2 - \left(\sum Q_{\mathrm{bc}}\right)^2\right]} \tag{6-26}$$

MNE为模型计算值与平滩流量实测值之间的平均相对误差,取值范围为[0,+∞],其值越接近0,说明平滩流量计算值与实测值越接近,计算精度越高。MNE的大小按如下方程计算

$$MNE = \frac{1}{N}\sum_{i=1}^{N}\left|\frac{Q_{\mathrm{bc}i} - Q_{\mathrm{bm}i}}{Q_{\mathrm{bm}i}}\right| \times 100\% \tag{6-27}$$

式(6-26)和式(6-27)中,N为计算的总年数;$Q_{\mathrm{bc}i}$为每年平滩流量计算值;Q_{bc}是由所有$Q_{\mathrm{bc}i}$组成的列向量;$Q_{\mathrm{bm}i}$为每年汛后平滩流量实测值;Q_{bm}是由所有$Q_{\mathrm{bm}i}$组成的列向量。

第三步:确定最终计算模型。

逐步增大n的取值,重复步骤2,直到模型的计算精度不再明显提高。此时,对应的n值即为平滩流量受到前期来水来沙条件影响的年数(实际为$n+1$年),对应的模型计算方程即为适用于该测站的平滩流量滞后响应模型,对应的平滩流量计算结果即为滞后响应模型的计算值,相应的模型计算精度即为平滩流量滞后响应模型应用于该测站时的计算精度。

需要说明的是,由于在模型的应用计算中,当年的平滩流量与前期若干年内的水沙条件有关,利用模型计算的时间序列的长短需要同时视前期水沙条件影响的年数n、水沙资料时间序列及平滩流量时间序列而定,因此平滩流量的计算时间序列可能比实测时间序列要短。为便于对比,本书接下来所有的模型应用计算中,统一以n在该测站取最大值时所能计算的平滩流量时间序列长度作为该测站的计算时间序列。

6.3.2.2 应用模型计算平滩流量

选择黄河下游花园口、高村、孙口、利津4个测站,收集整理了1950~2007年的水沙资料(其中孙口站为1964~2007年)及1960~2007年的平滩流量资料,用以检验模型的适用性。下面以花园口站为例,介绍利用平滩流量滞后响应模型计算平滩流量的过程。

首先,假设花园口站的平滩流量仅受到当年汛期水沙条件的影响,取$n=0$、$\Delta t=1$年。将式(6-19)和式(6-20)同时代入式(6-17),利用所搜集的实测水沙资料和实测平滩流量资料,拟合相应的系数和指数,得到计算方程如下

$$Q_b = 1\,714(1 - e^{-0.5Q_f^{0.01}})\xi_f^{-0.20} Q_f^{0.15} e^{0.000\,010\,2(Q_m - Q_f)} \tag{6-28}$$

式中：Q_f 为当年的汛期平均流量，m^3/s；Q_m 为当年的汛期日均最大流量，代表洪峰流量，m^3/s；ξ_f 为当年的汛期平均来沙系数，$kg \cdot s/m^6$。

对式(6-28)的计算值与平滩流量实测值进行比较，可得相应的模型计算精度指标，二者相关系数 $R^2 = 0.40$，平均相对误差 $MNE = 14\%$。图 6-10(a)给出了由式(6-28)计算的平滩流量与实测值历年变化情况，图 6-10(b)对计算值与实测值进行了对比。可以看出，当仅考虑当年水沙条件的影响时，滞后响应模型计算值与实测值符合较差，图 6-10(b)中点据分布十分散乱，二者相关性很低。

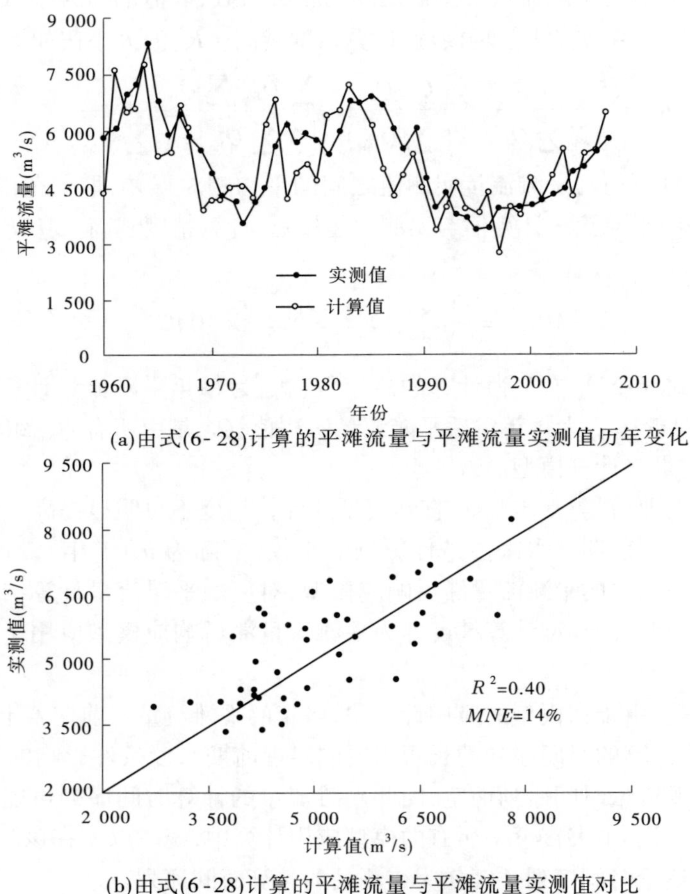

(a)由式(6-28)计算的平滩流量与平滩流量实测值历年变化

(b)由式(6-28)计算的平滩流量与平滩流量实测值对比

图 6-10　当 $n=0$ 时花园口站平滩流量计算值与实测值对比

依次增大 n 值，考虑花园口站平滩流量受到前期多年内的水沙条件的影响，分别取 $n=0 \sim 6$、$\Delta t = 1$ 年，根据相同的实测资料继续拟合模型中的参数，应用滞后响应模型计算平滩流量，并计算不同 n 值时的计算精度指标。图 6-11 给出了当 $n=0 \sim 6$ 时，利用滞后响应模型式(6-17)计算花园口站的平滩流量，并与实测值进行对比所得到的模型计算精度指标 R^2 和 MNE 的值。

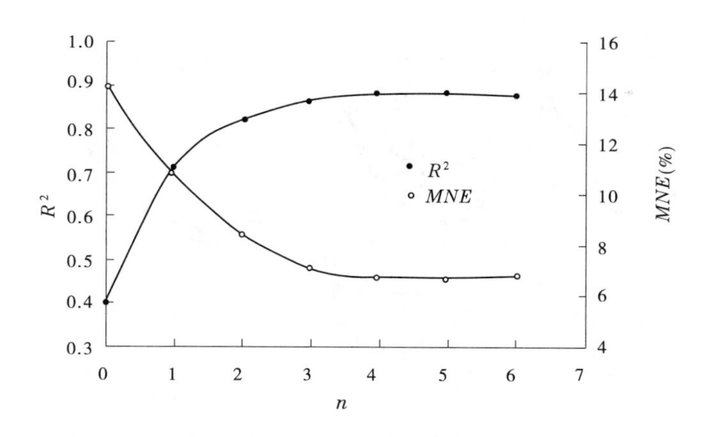

图 6-11　花园口站平滩流量计算精度随包含年数的变化

由图 6-11 可以看出，当 $n=0$ 时，滞后响应模型的计算精度很低，计算值与实测值之间的相关系数 R^2 仅为 0.40，计算值平均相对误差 MNE 为 14%；随着 n 值的增大，滞后响应模型中考虑前期水沙条件影响的年数增多，模型的计算精度不断提高，且提高幅度趋缓；当 $n\geqslant 4$ 时，模型的计算精度不再明显提高。对比来看，$n=4$ 时对应的 $R^2=0.88$、$MNE=7\%$，计算精度较 $n=0$ 时显著提高。

综合上述分析可知，花园口站平滩流量受到前期 5 年（$n+1$）内的水沙条件的影响。因此，当应用滞后响应模型计算时，可取 $n=4$、$\Delta t=1$ 年，根据拟合得到的模型系数和指数：$K=692.1$、$a=-0.255$、$b=0.150$、$c=0.000\,023\,8$、$d=0.01$、$\beta_0=0.30$，可得适用于花园口站的平滩流量计算方法如下

$$Q_{b4} = 692.1(1-e^{-\beta_4})\xi_{f4}^{-0.255}Q_{f4}^{0.15}e^{0.000\,023\,8(Q_{m4}-Q_{f4})} + 692.1\sum_{i=0}^{3}\left[(1-e^{-\beta_i})e^{-(\beta_{i+1}+\beta_{i+2}+\cdots+\beta_4)}\xi_{fi}^{-0.255}Q_{fi}^{0.15}e^{0.000\,023\,8(Q_{mi}-Q_{fi})}\right] \tag{6-29}$$

式中：Q_{fi} 为第 i 年的汛期平均流量，m^3/s；Q_{mi} 为第 i 年的汛期日均最大流量，m^3/s；ξ_{fi} 为第 i 年的汛期平均来沙系数，$kg\cdot s/m^6$；β_i 为第 i 年体现河道调整速率的参数，按如下方法计算

$$\beta_i = 0.3Q_{fi}^{0.01} \tag{6-30}$$

图 6-12（a）给出了由式（6-29）计算的平滩流量与实测值历年变化情况，图 6-12（b）对计算值与实测值进行了对比。可以看出，当考虑前期 5 年内的水沙条件的影响时，利用滞后响应模型计算的平滩流量与实测值符合很好，计算值与实测值的相关系数 R^2 达到 0.88，计算值的平均相对误差 MNE 仅为 7%。

采用同样的方法，可以得到基于平滩流量滞后响应模型方程式（6-17）的其余各站平滩流量的计算公式，表 6-1 给出了所有各站依据实测资料得到的系数和指数值，以及模型计算平滩流量时的计算精度指标。由表 6-1 可以看出，模型的计算精度均较高，计算值与实测值符合较好。

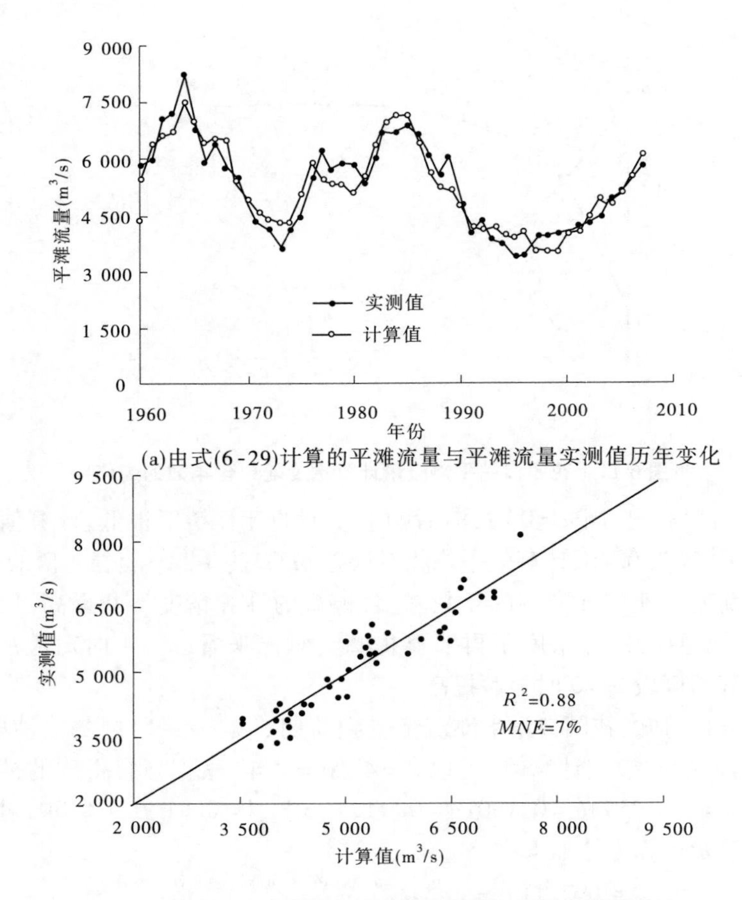

(a)由式(6-29)计算的平滩流量与平滩流量实测值历年变化

(b)由式(6-29)计算的平滩流量与平滩流量实测值对比

图6-12　当 $n=4$ 时花园口站平滩流量计算值与实测值对比

表6-1　基于式(6-17)的各站平滩流量关系式的参数及模型计算精度指标

测站	花园口	高村	孙口	利津
K	692.1	85.7	106.7	355.0
a	−0.255	−0.350	−0.250	−0.155
b	0.150	0.362	0.350	0.287
c	2.4×10^{-5}	5.0×10^{-5}	9.7×10^{-5}	4.8×10^{-5}
d	0.010	0.010	0.010	0.013
β_0	0.30	0.30	0.30	0.35
n	4	4	5	4
R^2	0.88	0.84	0.86	0.92
MNE(%)	7	12	9	7

6.3.2.3 简化模式

由应用滞后响应模型计算平滩流量的过程可以看出,对于黄河下游,n 的取值为 4~5 年,也就是说,黄河下游各站的平滩流量受到前期水沙条件影响的时间范围为 5~6 年。而第 6.3.1 部分通过滑动平均的方法分析表明,前期水沙条件影响的时间范围为 4 年左右,出现这一现象其实是可以理解的。以花园口站为例,在滞后响应模型中,前期不同年份的水沙条件对当年平滩流量调整的影响权重按照越靠近当年权重越大的规律分布,年份越往前其影响权重越小,以至于前期第 6 年的影响权重小到可以忽略不计的程度,但前期第 5 年的水沙条件仍有一定的影响,将其予以考虑更加符合实际情况。而在滑动平均方法中,前期水沙条件的影响按等权重分布,如前期第 4 年的水沙条件影响权重与当年的水沙条件影响权重相同,这显然在一定程度上失真,但只要前期第 4 年的影响权重仍然较大,这样的简化计算仍然能够在一定程度上反映出真实情况。而前期第 5 年的影响权重很小,若将其也按与当年水沙条件相等的权重予以考虑,反而过于夸大了前期第 5 年的影响效果,从而干扰了最终的计算结果。因此,二者的分析结果存在一定的差别,但差别不会很大,同时也证明了前期水沙条件对当前平滩流量的影响真实存在这一普遍现象。

从上述分析也可以看出,若对前期不同年份之间的水沙条件取等权重,即利用水沙条件的滑动平均值来计算平滩流量,只要滑动平均的年数比较合理,仍然能够从一定程度上反映平滩流量对长系列径流泥沙过程的响应规律,而且计算过程相对简单。根据之前的分析,对于黄河下游,可统一以包括当年在内的前期 4 年内的水沙条件的滑动平均值为代表,由此得到平滩流量的如下简化计算形式

$$Q_b = K(\bar{\xi}_{4f})^{\alpha}(\bar{Q}_{4f})^{\beta} \tag{6-31}$$

式中:$\bar{Q}_{4f}$为 4 年汛期滑动平均流量;$\bar{\xi}_{4f}$为 4 年汛期滑动平均来沙系数;K、α 和 β 分别为待定系数和指数。

表 6-2 给出了采用式(6-31)计算的各站平滩流量关系式的参数及模型计算值与实测值的相关系数 R^2。可以看出,简化模式的计算精度比滞后响应模型的计算精度略低,但计算所需的参数相对较少,计算过程也相对简单。因此,在对计算精度要求不是太高时,简化模式仍可以予以应用。

表 6-2 基于式(6-31)的各站平滩流量关系式的参数及模型计算精度指标

测站	花园口	高村	孙口	利津
K	510.1	68.2	134.4	359.2
α	-0.25	-0.32	-0.26	-0.15
β	0.18	0.41	0.34	0.29
R^2	0.80	0.78	0.84	0.89

6.4 平滩流量的响应模式分析

6.4.1 平滩流量的调整过程

通常冲积河流可以看做是与外界环境具有物质和能量交换的开放系统。一方面不断接受来自流域面上的水和泥沙;另一方面又昼夜不息地将这些水和泥沙输送至大海。根据开放系统的概念,来水来沙条件是施加于河流的外部控制变量,平滩流量、河道比降等表征河流几何形态的特征变量是河流的内部变量。在地貌学中,开放的系统在受到外界干扰后会进行相应的调整,以适应变化后的外界条件。由于系统的调整需要一定的时间,因此在受到干扰后的一个时段内,系统总是处于非平衡的调整变化状态。在这个时段内,系统不断地进行自动调整和恢复,当变化后的外界条件维持的时间长度超过这个时段后,系统调整达到新的平衡状态。

平滩流量的调整同样遵循上述规律,即平滩流量的调整不可能一蹴而就,而是需要一定的时间按照一定的路径逐渐地完成,最终达到一个相对稳定的状态。当上游水沙条件变化后,平滩流量开始调整,由于其调整需要一个时间过程,因此在水沙条件变化后的一段时间内,平滩流量将一直处于非平衡状态。实际河流系统的水沙条件总是不断变化的,在一个给定的有限时段内,平滩流量不一定能够调整至平衡状态。此时,如果水沙条件再次发生变化,平滩流量将进行新一轮的调整,而上一时段河床调整的结果,无论是否已经达到平衡状态,都将作为初始边界条件对新一轮的调整过程和最终的调整结果产生影响,并由此使得前期的水沙条件对后期的平滩流量产生累积作用。因此,通常情况下,冲积河流的平滩流量不仅与当年水沙条件有关,同时也对前期一定时期内的水沙条件作出响应。

6.4.2 平滩流量的响应模式

上述分析表明,当前平滩流量对前期一定时期内的水沙条件作出响应的根本原因是平滩流量调整达到平衡需要经历一定的时间和过程。对于冲积河流而言,在水沙条件变化后并维持不变的一定时段内,平滩流量能否利用这段时间进行调整并达到新的平衡,直接决定了下一时段的平滩流量调整是否受到当前时段内水沙条件的影响。

图 6-13 为前期平滩流量随水沙条件变化的调整响应示意图,其中图 6-13(a)为当前平滩流量调整不受前期水沙条件影响的情况,图 6-13(b)为当前平滩流量调整受前期水沙条件影响的情况。图中,$f(S,Q)$表示每个时段各自所对应的水沙条件;Δt 为各个时段的长度;Q_e 代表平滩流量平衡值,是平滩流量在水沙条件 $f(S,Q)$ 作用下,经过足够长的时间调整达到平衡时所对应的值,Q_e 的大小由 $f(S,Q)$ 唯一确定;Q_b 为实际平滩流量的大小。

如图 6-13(a)所示,如果平滩流量调整达到平衡所需的时间小于水沙条件维持不变的时段长度,则每个时段末,即每次水沙条件变化之前,平滩流量都能够调整达到平衡状态,每个时段末的 Q_b 的大小均等于相应的 Q_e 的值。这种情况下,每个时段末实际的平滩流量 Q_b 的大小均取决于该时段的水沙条件 $f(S,Q)$,而与上一时段的水沙条件无关。

在图 6-13(b)中,水沙条件$f(S_1,Q_1)$经过 Δt_1 时间后发生变化,变为$f(S_2,Q_2)$,此时实际的平滩流量 Q_b 调整至 Q_{b1},但尚未达到$f(S_1,Q_1)$所对应的平衡值 Q_{e1}。因此,当水沙条件变为$f(S_2,Q_2)$后,实际的平滩流量将以 Q_{b1} 为初始值向 Q_{e2} 调整,并经过 Δt_2 时间后达到 Q_{b2},同样未能达到$f(S_2,Q_2)$所对应的平衡值 Q_{e2}。同时,从图 6-13(b)中可以看出,如果水沙条件$f(S_1,Q_1)$维持的时间较长,经过 $\Delta t_1'$时间后,实际的平滩流量就可以从 Q_b 调整至平衡值 Q_{e1};而若以 Q_{e1} 为初始值,同样是在水沙条件$f(S_2,Q_2)$下维持 $\Delta t_2'$时间,则实际的平滩流量可以调整至平衡值 Q_{e2},而不是此前的 Q_{b2}。

图 6-13(a)与图 6-13(b)的对比分析表明,当平滩流量调整达到平衡所需的时间大于水沙条件维持不变的时段长度时,当前平滩流量的调整将受到前期水沙条件的影响,即对前期水沙条件作出响应;当平滩流量调整达到平衡所需的时间小于水沙条件维持不变的时段长度时,当前平滩流量的调整将与前期水沙条件无关。

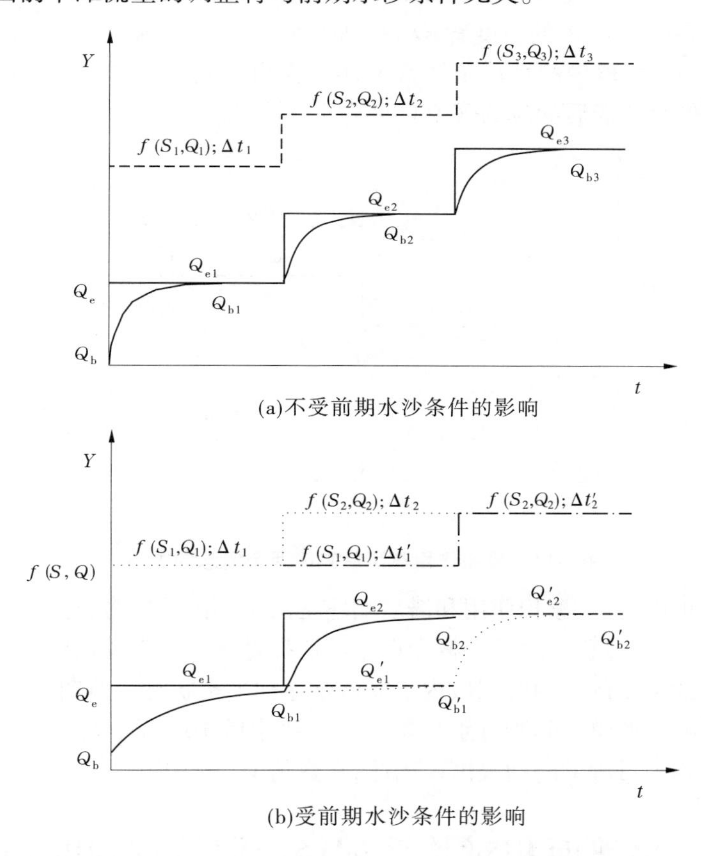

图 6-13 前期水沙条件对平滩流量调整响应示意图

6.4.3 累积作用与滞后响应的关系讨论

上述分析表明,当前平滩流量的调整受到前期水沙条件影响,根本原因是平滩流量调整达到平衡所需要的时间大于水沙条件维持不变持续作用于河道的时间。而实际河流中的水沙条件往往变化比较频繁,而平滩流量的调整所需的时间相对较长。因此,实际中的河流的平滩流量对水沙条件变化的响应调整表现出一定时期的滞后性，称为滞后响应；而站在当前的时间点，当前平滩流量是前期一定时期内水沙条件共同作用的结果，称为累积作用。

累积作用和滞后响应是两个相互联系又存在区别的概念，图6-14描述了这两个概念之间的关系。图中取A、B、C三个时刻点，假设河道平滩流量在时刻A时调整达到平衡状态；水沙条件由A时刻起变为$f(S_1,Q_1)$并持续作用至时刻B，平滩流量调整至Q_{b1}；水沙条件由B时刻起变为$f(S_2,Q_2)$并持续作用至时刻C，平滩流量调整至Q_{b2}。

由于经过Δt_1时间段后，平滩流量在B时刻的值为Q_{b1}，未能达到平衡状态Q_{e1}，导致在Δt_2时间段里，平滩流量调整的过程及C时刻的调整结果均受到Q_{b1}的影响，也就是说，间接地受到$f(S_1,Q_1)$的影响。因此，从时刻点C的角度看，此时的平滩流量Q_{b2}是当前时段的水沙条件$f(S_2,Q_2)$和至少包含$f(S_1,Q_1)$在内的前期一定时期内的水沙条件累积作用的结果。而站在时刻点A的角度看，Q_{b2}受到$f(S_1,Q_1)$的影响，也可以理解为时刻点C处的平滩流量对Δt_1时段内的水沙条件$f(S_1,Q_1)$作出了响应，因此C时刻的平滩流量对A时刻的水沙条件存在滞后响应的现象。

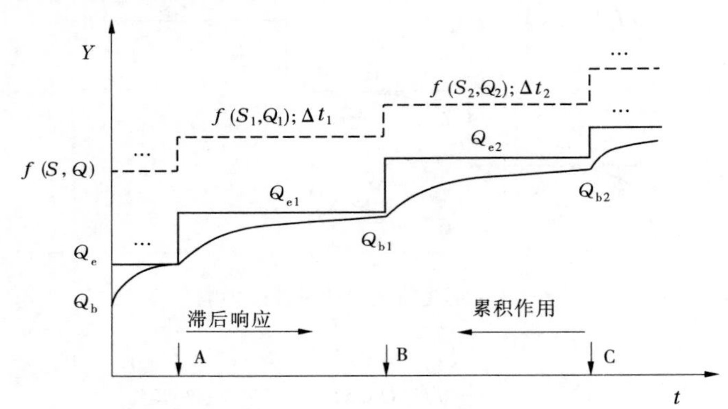

图6-14　累积作用与滞后响应两个概念的关系

从上述分析可以看出，累积作用和滞后响应是两个不同的概念，分别从不同的时间角度，描述了同一个物理过程。这两个概念产生的前提是平滩流量的调整需要一定的时间，且在水沙条件持续不变的作用时间段内未能调整达到平衡状态。前期水沙条件影响的时间和平滩流量的响应调整时间则分别与累积作用和滞后响应两个概念相对应，从不同的时间点描述同一物理过程的时间长度。因此，在数值上二者相等。

6.5　平滩面积对长系列径流泥沙过程的响应

6.5.1　平滩面积的滞后响应模型

参考第6.2.1部分中平滩流量的滞后响应模型基本方程的建立过程，对平滩面积给出类似的滞后响应计算模式。

6.5.1.1 单步解析模式

$$A_b = (1 - e^{-\beta\Delta t})A_e + e^{-\beta\Delta t}A_{b0} \tag{6-32}$$

6.5.1.2 多步递推模式

$$A_{bn} = (1 - e^{-\beta\Delta t})\sum_{i=1}^{n}[e^{-(n-i)\beta\Delta t}A_{ei}] + e^{-n\beta\Delta t}A_{b0} \tag{6-33}$$

以平滩面积平衡值 A_{e0} 代替初始平滩面积 A_{b0}，得

$$A_{bn} = (1 - e^{-\beta\Delta t})\sum_{i=1}^{n}[e^{-(n-i)\beta\Delta t}A_{ei}] + e^{-n\beta\Delta t}A_{e0} \tag{6-34}$$

式(6-32)和式(6-33)中，平滩面积平衡值 A_e 参考式(6-18)按如下形式计算

$$A_e = K\xi_f^a Q_f^b \tag{6-35}$$

式中：Q_f 为汛期平均流量；$\xi_f = S_f/Q_f$，称做来沙系数；S_f 为汛期平均悬移质含沙量；K、a、b 分别为待定系数和指数。

6.5.1.3 简化模式

$$A_b = K'(\overline{S}_{4f})^{a'}(\overline{Q}_{4f})^{b'} \tag{6-36}$$

式中：$\overline{Q}_{4f}$ 为4年汛期滑动平均流量；$\overline{S}_{4f}$ 为4年汛期滑动平均悬移质含沙量；K'、a' 和 b' 分别为待定系数和指数。

依据高村站1960～2002年的实测资料，确定式(6-32)、式(6-33)、式(6-34)和式(6-36)的系数和指数，并得出计算值与实测值的相关系数 R^2。随着 n 的取值变化，相关系数 R^2 随之变化，见图6-15。式(6-33)中的 A_{b0} 为已知，开始时 R^2 的值高达0.90，随着 n 取值的增大，R^2 随之减小，最后趋于常数0.86。式(6-34)中的 A_{e0} 为未知，开始时 R^2 的值最低，前4～5年内，随着 n 值的增加，R^2 值迅速增大；之后 n 值继续增加，R^2 值增速趋缓，当 $n=10$ 时 R^2 值达到0.86左右。图6-15的结果说明，当 A_0 未知时，如果 n 足够大，即时间足够长，便可以用式(6-34)替代式(6-33)，表明了用 A_{e0} 替代 A_{b0} 处理方法的合理性。此外，式(6-33)和式(6-34)及图6-15的结果还说明，当年平滩面积的调整是前期连

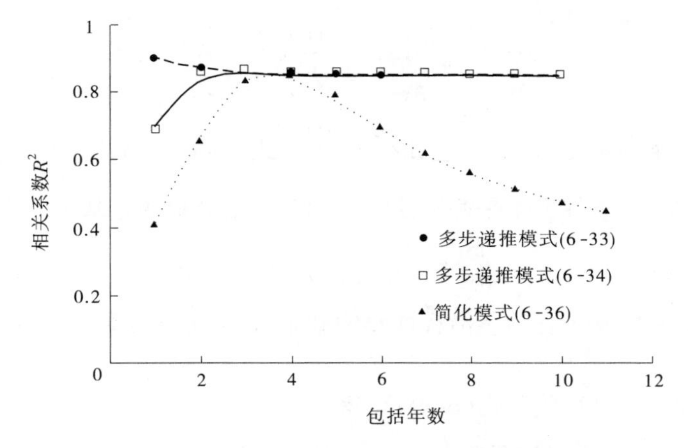

图6-15 由式(6-33)和式(6-34)表示的多步递推模式以及式(6-36)表示的简化模式所计算的高村站平滩面积与实测值之间的相关关系

续几年来水来沙条件累积作用的结果，而且包括当年在内的近期4～5年内的水沙条件的累积作用较为明显，越往前的水沙条件对当年平滩面积的累积作用越小，以至于约10年以前的水沙条件对当年平滩面积的累计作用基本消失。

同时，图6-15还给出了由式(6-36)计算的平滩面积与实测平滩面积之间的相关系数R^2值随n取值的变化。可以看出，R^2值首先随着n的增加而迅速增大，在$n=4$附近，R^2值最大，之后R^2值随着n增加而减小。式(6-36)表示的简化模式计算结果的精度($R^2=0.84$)低于简化式(6-34)表示的多步递推模式计算结果的精度($R^2=0.86$)。这是因为式(6-36)中前期水沙条件的影响权重考虑过大，也正因为如此，当$n=4$之后，R^2值反而随着n的增加而减小。可见，更加早期的水沙条件对现在河道形态的调整影响相对要小。

6.5.2 平滩面积滞后响应模型的理论探讨

6.5.2.1 基本方程

对于冲积河流，河床变形通过挟沙水流的冲淤来实现。当河流没有侧向汇入水沙时，一维河床冲淤变形的连续方程如下

$$\frac{\partial Q_s}{\partial x} + (1-p)\frac{\partial A_d}{\partial t} = 0 \tag{6-37}$$

式中：Q_s为输沙率；A_d($A_d>0$河道淤积，$A_d<0$河道冲刷)为冲淤面积；p为淤积物空隙率；x为沿程水平距离；t为时间。

通常河道平滩面积A_b的调整体现在河道冲淤面积A_d的变化，在不漫滩的情况下，二者有如下关系

$$\frac{\partial A_b}{\partial t} = -\frac{\partial A_d}{\partial t} \tag{6-38}$$

将式(6-38)代入式(6-37)可得

$$\frac{\partial A_b}{\partial t} = \frac{1}{1-p}\frac{\partial Q_s}{\partial x} \tag{6-39}$$

将式(6-39)右端项展开，得

$$\frac{\partial Q_s}{\partial x} = \frac{\partial (QS)}{\partial x} = Q\frac{\partial S}{\partial x} + S\frac{\partial Q}{\partial x} \tag{6-40}$$

假定来水来沙条件不变，则沿程流量不变，因此式(6-40)右端最后一项$\frac{\partial Q}{\partial x}$为零。

根据韩其为均匀沙条件下不平衡输沙时平均含沙量沿程变化基本方程

$$\frac{\mathrm{d}S}{\mathrm{d}x} = -\alpha\frac{\omega}{q}(S-S_*) \tag{6-41}$$

式中：S_*为水流挟沙力；α为含沙量沿程恢复饱和系数；ω为泥沙颗粒在水中的沉速；q为单宽流量。

将式(6-41)和式(6-40)代入式(6-39)可得

$$\frac{\partial A_b}{\partial t} = \frac{1}{1-p}Q\left(-\alpha\frac{\omega}{q}\right)(S-S_*) \tag{6-42}$$

式(6-42)仅涉及对时间的求导，可将偏导数直接改写为全导数的形式。假设水面宽

为 B,化简可得

$$\frac{\mathrm{d}A_b}{\mathrm{d}t}=\frac{\alpha\omega B}{1-p}(S_*-S) \tag{6-43}$$

式(6-43)描述了冲积河流的平滩面积在河床冲淤作用下调整的基本模式。即水流含沙量与挟沙力不相等,河道处于不平衡输沙状态,因此通过冲淤变形实现平滩面积的调整,以期达到河道形态与来水来沙条件相适应。

6.5.2.2 平滩面积的计算方法

式(6-43)给出了平滩面积调整的基本方程,由于方程同时基于一维河床冲淤变形方程和不平衡输沙方程,因此方程右边包含水流含沙量和挟沙力的概念,描述的是河道水流中的微观变化过程,而方程左边包含平滩面积的概念,描述了整个河道横断面形态的宏观特征。式(6-43)虽然将二者之间建立了联系,但直接应用尚存在一定的困难。下面将式(6-43)右边的微观概念类比到宏观的河床冲淤变形中,对方程进行变换。

河道在来水来沙条件下的调整过程,从微观上看,表现为水流含沙量通过冲淤向水流挟沙力靠近,最终达到输沙平衡状态;从宏观上看,体现在河道形态通过冲淤变形进行自我调整,最终使得来水来沙能够通过河道顺利下泄,达到冲淤平衡的状态,确定的来水来沙条件对应着唯一的平衡状态。这一过程可以由图6-16来表示,在确定的来水来沙条件下作用足够长一段时间后,河流将达到一种准平衡状态。此时,当来水来沙条件发生变化时,新的来水来沙条件与河道不适应,河道通过冲淤的形式进行自动调整,以期达到新的准平衡状态。

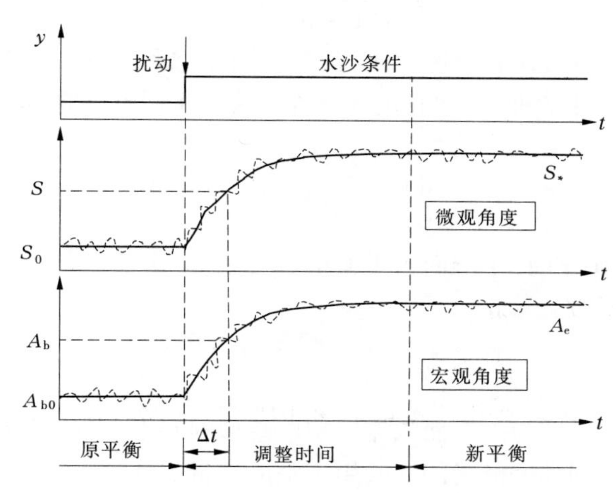

图6-16 河道对水沙条件变化的响应调整过程示意

图6-16表明,在原平衡的基础上,河道经过 Δt 时间调整后:从微观角度看,含沙量由 S_0 调整至 S,其最终的调整目标是输沙平衡状态,即调整至水流挟沙力 S_*,在这个过程中,变量(S_*-S)由(S_*-S_0)变为0,河道达到输沙平衡;从宏观角度看,以平滩面积为表征河道形态的参数,平滩面积由 A_{b0} 调整至 A_b,其最终的调整目标是河道达到准平衡状态,即调整至平滩面积的平衡值 A_e,这个过程中,变量(A_e-A_b)由(A_e-A_{b0})变为0,河道达到相对平衡状态。这一过程也可由图6-17简单地描述,任何时刻,河道在微观层面和

宏观层面的调整都是同时进行的。微观的调整是河道调整的内在原因,宏观的调整是河道调整的外在表现,同时宏观的调整又以边界条件的形式对内在的调整产生影响,因此二者相互联系,密不可分。

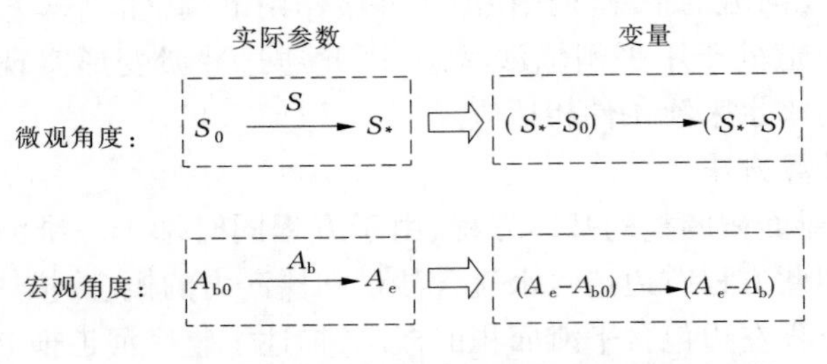

图 6-17 河道调整中微观和宏观过程示意

上述分析表明,河道微观和宏观两个方面的调整同时进行,二者调整的具体路径可能存在一些差别,但是其调整的方向、调整的最终目标以及调整的速度都是一致的。因此,可以对二者之间的关系作如下假设

$$(A_e - A_b) \propto (S_* - S) \tag{6-44}$$

为方便计算,本书暂且假设二者之间为简单的线性关系

$$(A_e - A_b) = k(S_* - S) \tag{6-45}$$

将式(6-45)代入式(6-43)可得

$$\frac{dA_b}{dt} = \frac{\alpha\omega B}{k(1-p)}(A_e - A_b) \tag{6-46}$$

记:$\beta = \alpha\omega B/(k-kp)$,其值与水面宽、含沙量恢复饱和系数以及空隙率等因素有关,为方便应用,实际计算中 β 值可以假定为一个常数,并根据实测资料率定。将 β 代入式(6-46)简化为

$$\frac{dA_b}{dt} = \beta(A_e - A_b) \tag{6-47}$$

当来水来沙条件确定时,平滩面积平衡值 A_e 即为一定值,因此式(6-47)有以下形式的通解(负指数衰减函数)

$$A_b = (1 - e^{-\beta t})A_e + e^{-\beta t}A_{b0} \tag{6-48}$$

式中:A_{b0}为 $t=0$ 时的平滩面积。

可以看出,式(6-48)即为平滩面积滞后响应模型的基本方程,考虑到平滩流量与平滩面积良好的相关关系,同样的模式同样适用于平滩流量的计算。式(6-47)表明,河道平滩面积对水沙条件的变化进行响应调整时,其调整的速度,与其当前状态同平衡状态之间的差值成正比,这一概念与第 6.1 节建立的冲积河流滞后响应模型的基本假设具有相同的形式。因此,基于河床冲淤变形方程和不平衡输沙方程推导得到的式(6-47)和式(6-48)为滞后响应模型提供了有力的理论支持。

6.6 小 结

本章在系统分析黄河下游近 50 年来水来沙条件的基础上,以黄河下游河道主槽调整为研究目标，得到如下主要结论：

（1）基于冲积河流自动调整的基本原理，根据河床在受到外界扰动后调整速率与其当前状态与平衡状态之间的差值成正比的基本规律，建立了冲积河流的滞后响应模型，清楚地阐明了前期水沙条件对河道主槽调整的滞后影响的物理本质。

（2）以平滩流量为代表，利用冲积河流滞后响应模型描述平滩流量对长系列径流泥沙过程的响应调整规律，得到了平滩流量的滞后响应模型的基本方程，模型中前期水沙条件的影响权重按照越靠近当年权重越大的规律分布，且能够考虑不同年份之间河道调整速度的差异，同时参数 Q_e 的计算能在一定程度上反映来水过程对平滩流量调整的影响。利用黄河下游近 50 年的实测资料检验，结果表明，平滩流量滞后响应模型能够很好地反映平滩流量对长系列径流泥沙过程的响应规律。

（3）对平滩流量的响应调整模式进行了分析。冲积河流平滩流量的响应调整不是一蹴而就的，而是需要一定的时间按照一定的路径逐渐地完成，最终达到一个相对稳定状态。实际河流系统水沙条件的频繁变化，使得平滩流量在一个有限时段内往往难以调整至平衡状态，便作为新一轮调整的初始边界条件并影响其最终的调整结果。探讨了累积作用与滞后响应两个概念的本质联系和区别，即累积作用和滞后响应分别从不同的时间角度，描述了同一个物理过程；前期水沙条件影响的时间和平滩流量的响应调整时间则分别与累积作用和滞后响应两个概念相对应，站在不同的时间点描述同一物理过程的时间长度，二者在数值上相等。

（4）以平滩面积为代表，建立了平滩面积的滞后响应模型，并以高村站为例，研究了平滩面积对长系列径流泥沙过程的响应规律。此外，对平滩面积滞后响应模型进行了理论探讨，即基于一维河床冲淤变形方程和不平衡输沙方程，推导了平滩面积滞后响应模型的基本方程，一定程度上为滞后响应模型提供了理论支持。

第 7 章　维持黄河下游河道主槽不萎缩的输沙需水量

输沙需水量即输送一定沙量所需的水量。由于黄河下游系冲积性河流，其输沙需水量往往和河道冲淤状况联系在一起，河道不同的冲淤状况，所需的输沙需水量明显不同。尽管已有的黄河下游输沙需水量的研究很多，如岳德军等（1996）提出的高效输沙需水量研究，石伟等（2003）提出的经济输沙水量概念，潘贤娣等（2006）研究提出的高效输沙洪水概念，以及严军等（2004）总结的各种输沙水量研究成果等。但这些研究成果多以黄河下游河道为对象，研究在一定来水来沙条件下、一定淤积水平下，输送一定数量的泥沙所需的水量，很少涉及河道主槽的冲淤状况，也没有明确提出维持主槽不萎缩的输沙需水量概念。黄河下游主槽的淤积萎缩、过洪能力减少对防洪威胁很大，不同的主槽冲淤状况，其输沙需水量同样差别很大。因此，在河道主槽不发生萎缩的前提下，研究维持一定主槽规模下相应的输沙需水量，对黄河下游的防洪及水资源配置均具有重要参考价值。维持黄河下游河道主槽不萎缩的输沙需水量，是一个新的研究课题，除涉及河道冲淤、水沙条件等因素外，还与主槽过流能力密切相关，较以往的输沙需水量研究更为复杂。本章拟根据黄河下游的水沙运行规律及主槽调整特点，从维持黄河下游主槽不萎缩的角度出发，采用多种途径、多种方法开展输沙需水量问题的研究。

7.1　研究思路

维持黄河下游河道主槽不萎缩的输沙需水量研究，需要考虑以下五个方面的影响因素：

（1）河道主槽的维持规模。扩大和维持一定的主槽规模是与输沙入海同等重要的研究目标，我们不仅要关心输沙入海的多少，而且要关心维持河道主槽的大小。此外，主槽规模是讨论输沙需水量的前提条件，由于不同规模主槽的水流运动和输沙规律不同，自然输送同样沙量的需水量也不相同。

（2）来沙量大小。显然，对于不同的来沙量，相应的维持主槽不萎缩的输沙需水量明显不同，一般来讲，输沙需水量随来沙量的增大而增大，两者成正比关系。因此，来沙量是决定需水量大小的关键因素。

（3）水沙过程。当主槽维持规模、来沙量等因素确定后，水沙过程或水沙搭配关系即为影响输沙需水量的主要因子。输送同样的沙量，如果水沙关系协调，洪水过程合理，需要的输沙水量就会偏小；反之，如果水沙关系不协调，洪水过程不合理，需要的输沙水量就会偏大。事实上，小浪底水库调水调沙的目的之一就是要塑造对黄河下游河道输沙和维持主槽过流能力有利的优化水沙组合，在维持河道主槽不萎缩的前提下，尽可能减少输沙需水量。

(4)淤积量大小和分布。一般来讲,河床淤积与河道断面的萎缩是密切相关的,特别是主槽淤积的结果往往会直接导致主槽断面的萎缩,因此避免主槽淤积是维持主槽断面的基础。此外,淤积在纵、横向的分布也会影响主槽过流能力的大小,如在横向上发生滩槽同步抬高时,由于滩地的淤积抬高弥补了主槽的淤积抬高,河床淤积不一定会引起主槽过流能力的减小;在纵向上如果各个河段淤积分布不均,将会导致不同河段的主槽过流能力不同。

(5)前期河床边界条件。对于不同的前期河床边界条件,相同水沙条件塑造的河道主槽大小可能是不一样的,这主要是由于河床边界对水沙条件的滞后响应,经过一个较短时段的调整后,河床不一定能够达到与当前水沙条件相适应的平衡状态。

根据已有研究成果,本研究选择平滩流量 4 000 m^3/s 作为黄河下游主槽的维持规模(姚文艺,2007)。鉴于未来黄河下游来沙预测的难度,这里将对黄河下游不同来沙量相应的输沙需水量开展研究,而不是研究某一特定沙量的需水量,通过给出不同来沙量与输沙需水量之间的关系,使得研究结果具有广泛的适用性和普遍意义。关于已建小浪底水库运用的影响,将考虑 3 种不同方案进行研究,包括小浪底水库不调节、小浪底水库仅调节流量和小浪底水库水沙均调节,见图 7-1。本章将在上述主槽规模下,以近期黄河下游河床边界为前期地形条件,重点研究不同来沙量条件下,黄河下游在小浪底水库不同运用条件下的汛期输沙需水量。

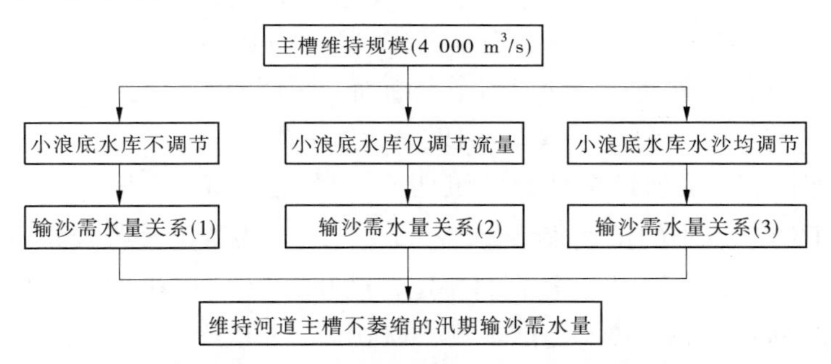

图 7-1　小浪底水库不同运用条件下的输沙需水量计算方案框图

采用的输沙需水量研究方法有 5 种:主槽冲淤平衡法、全断面冲淤平衡法、平滩流量法、能量平衡法及数学模型计算法。所谓主槽冲淤平衡法,是指根据黄河下游水、沙及主槽冲淤关系,计算一定时期内河道主槽冲淤基本平衡时的输沙需水量。所谓全断面冲淤平衡法,就是采用适合于黄河下游的汛期输沙能力公式或冲淤计算公式,将非汛期的冲刷量作为汛期的允许淤积量来计算输沙需水量。所谓平滩流量法,就是利用平滩流量计算方法,将平滩流量作为已知变量,反过来推求给定平滩流量的输沙需水量。能量平衡法是基于能量平衡原理,分析挟沙水流的能量分配模式,得到塑槽输沙需水量的计算方法。数学模型计算法是利用已建一维恒定流泥沙数学模型,选择不同的水沙系列,计算分析维持一定规模的主槽相应的输沙需水量。本章拟采用这几种方法对小浪底水库不同运用条件下的输沙需水量进行研究,并在综合不同方法计算成果的基础上给出最终结果。

7.2 小浪底水库不调节的输沙需水量计算

小浪底水库运用前，三门峡水库采用“蓄清排浑”控制运用方式，即非汛期蓄水拦沙，汛期降低水位排沙，以保证水库长期具有一定有效库容，减轻黄河下游河道的防洪压力。但是，由于三门峡水库水沙调节能力较小，在汛初降低水位排沙时，往往出现“小水带大沙”的情况，给下游河道造成严重淤积。另外，在洪水期间，也没有按照有利于塑造和维持黄河下游主槽不萎缩的水沙关系控制出库水沙过程。小浪底水库运用后，一方面，小浪底水库库容较大，可以在更大程度上进行洪水控制及泥沙调节；另一方面，随着黄河调水调沙实践的不断进行，以及与三门峡水库的配合运用，小浪底水库的水沙调控技术将不断提高。三门峡、小浪底水库联合调控水沙的能力将远大于三门峡水库单独运用时期。因此，本项研究所提出的小浪底水库不调节方案，相对而言，应该是今后黄河下游水沙搭配相对较差的情况，相应的维持主槽不萎缩所需输沙水量较大，可认为是今后黄河下游维持主槽不萎缩所需输沙需水量的上限。鉴于问题的复杂性，拟采用以下多种计算方法进行分析论证。

7.2.1 主槽冲淤平衡法

主槽冲淤平衡法系指根据黄河下游水、沙及主槽冲淤关系，计算一定时期内河道主槽冲淤基本平衡时的输沙需水量。通过分析研究黄河下游实测水沙及河道冲淤变化，利用实测资料可以建立如下铁谢—利津段河道全断面的汛期冲淤量关系式

$$C_s = AW_s + BW + C \tag{7-1}$$

式中：C_s 为铁谢—利津段河道全断面的汛期冲淤量，亿 t；W_s 为下游小黑小的汛期来沙量，亿 t；W 为下游小黑小的汛期来水量，亿 m^3；A、B、C 为待定系数及常数，根据 1960 ~ 1999 年黄河下游汛期冲淤量及水沙资料率定，分别取 0.523、-0.025 和 2.352。

若考虑泥沙级配对输沙需水量的影响，可利用式(4-25)或图 4-11 进行计算。

式(4-25)基本能够反映黄河下游的泥沙输移特性，从表达式可以看出淤积量与来沙量成正比，与来水量及粒径小于 0.025 mm 的细泥沙含量成反比。在其他因子不变的情况下，来沙多淤积就多，来水多淤积少，泥沙细淤积少。对于长时期而言，黄河下游来沙级配变化相对较小，本次输沙需水量的研究，暂不考虑泥沙级配的影响。

三门峡水库控制运用以来，黄河下游河道基本为非汛期冲刷、汛期淤积，因此研究汛期黄河下游维持主槽基本不淤的输沙需水量，还应考虑非汛期的冲刷情况。计算汛期维持黄河下游主槽不萎缩的输沙需水量时，将非汛期的冲刷量作为汛期计算的允许淤积量，即式(7-1)中的河道冲淤量。黄河下游河道非汛期冲刷量与非汛期水量关系密切。1986 ~ 1999年是黄河下游水沙较枯的时段，对小浪底水库拦沙后期及以后的水沙条件具有较强的参考作用。该时段黄河下游非汛期年均水量为 149 亿 m^3，相应河道冲刷量约为 0.64 亿 t，可视为汛期主槽的允许淤积量。另外，还需将主槽允许淤积量转化为全断面淤积量，可按下式进行计算

$$\frac{C_{sn}}{C_{sn}+C_{sp}} = 0.066W_s - 0.259 \tag{7-2}$$

式中：C_{sn}、C_{sp}分别为滩、槽冲淤量，亿 t。

据此，可以计算在一定来沙量条件下，不同主槽冲淤量相应的滩地冲淤量及全断面冲淤量。

综合式(7-1)和式(7-2)即可求得不同来沙量条件下，维持黄河下游主槽不萎缩的小黑小汛期输沙需水量，计算结果如图 7-2 所示。

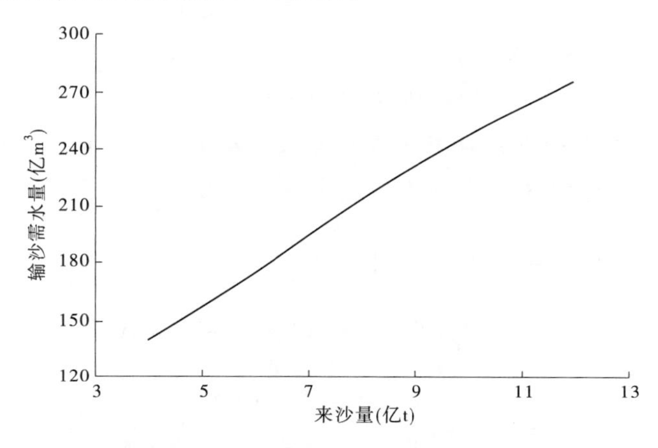

图 7-2　小浪底水库不调节条件下不同来沙量相应的汛期输沙需水量

7.2.2　全断面冲淤平衡法

排沙比(或泥沙输移比)是河道输沙能力的另一种表达形式，一般情况下，河道的输沙能力越强，排沙比越大。吴保生和张原锋(2007b)以黄河下游 1950～2002 年的实测输沙资料为基础，建立了黄河下游花园口—利津的汛期排沙比公式

$$SDR_{h-l} = \frac{W_{s,lj}}{W_{s,hyk}} = 0.204\left(\frac{\overline{S}_{hyk}}{\overline{Q}_{hyk}}\right)^{-0.35}\left(\frac{W_{lj}}{W_{hyk}}\right)^{0.70} \tag{7-3}$$

式中：W_{hyk}、W_{lj}分别为花园口和利津站的汛期来水量，亿 m^3；$W_{s,hyk}$、$W_{s,lj}$分别为花园口和利津站的汛期输沙量，为包括冲泻质在内的全部实测悬移质输沙量，亿 t；$\overline{Q}_{hyk}$为花园口站的汛期平均流量，m^3/s；$\overline{S}_{hyk}$为花园口站的汛期平均含沙量，kg/m^3。

图 7-3 为排沙比与来水来沙因子之间的关系。由图 7-3 和式(7-3)可以看出，排沙比与来沙系数成反比，或相对于给定的来水量而言，排沙比与来沙量成反比。此外，水量比实质上反映了引水对排沙比的影响。需要指出的是，在式(7-3)的指数和系数确定中，没有包括 1961 年、1962 年的数据，其原因是这两年由于三门峡水库初期蓄水，下泄水流的含沙量极低，情况比较特殊，不具代表性。

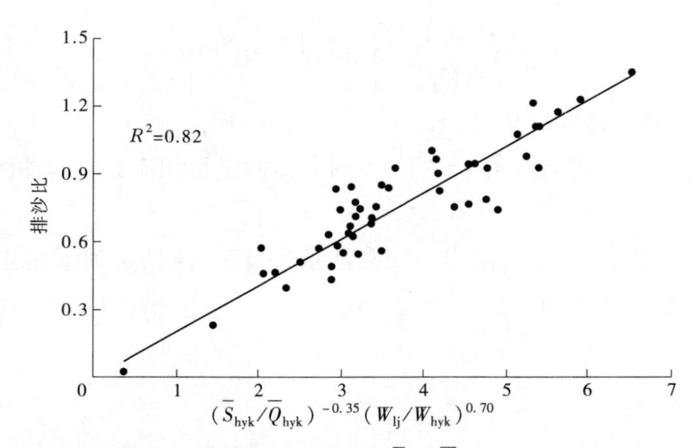

图 7-3　花园口—利津汛期排沙比与参数$(\bar{S}_{hyk}/\bar{Q}_{hyk})^{-0.35}(W_{lj}/W_{hyk})^{0.70}$的关系

为了分析计算的方便,首先将式(7-3)进一步展开为

$$SDR_{h-l}=0.204\left(\frac{\bar{S}_{hyk}}{\bar{Q}_{hyk}}\right)^{-0.35}\left(\frac{W_{lj}}{W_{hyk}}\right)^{0.70}$$

$$=0.204\left(\frac{W_{s,hyk}\times 123\times 86\,400\times 10^{-5}}{W_{hyk}^{2}}\right)^{-0.35}\left(\frac{W_{lj}}{W_{hyk}}\right)^{0.70}$$

$$=0.204\frac{W_{hyk}^{0.70}}{(W_{s,hyk}\times 123\times 86\,400\times 10^{-5})^{0.35}}\left(\frac{W_{lj}}{W_{hyk}}\right)^{0.70} \tag{7-4}$$

定义汛期引水含沙量 $S_{引}$ 和汛期淤积量 ΔW_s 分别为

$$\left.\begin{aligned} S_{引} &= \eta_s\frac{S_{hyk}+S_{lj}}{2} \\ \Delta W_s &= \eta_d W_{s,hyk} \end{aligned}\right\} \tag{7-5}$$

式中:S_{hyk}、S_{lj}分别为花园口站和利津站的汛期平均含沙量;$W_{s,hyk}$为花园口站的汛期来沙量;η_s 为汛期引水含沙量比;η_d 为汛期淤积比。

根据排沙比的定义及式(7-5)得到

$$SDR_{h-l}=\frac{W_{s,hyk}-W_{s,引}-\Delta W_s}{W_{s,hyk}}=\frac{W_{s,hyk}-W_{引}\,\eta_s(S_{s,hyk}+S_{s,lj})/2\times 10^{-3}-\eta_d W_{s,hyk}}{W_{s,hyk}}$$

$$=\frac{(1-\eta_d)W_{hyk}-\eta_s W_{引}}{W_{hyk}} \tag{7-6}$$

式中:$W_{引}$为汛期引水量;$W_{s,引}$为汛期引沙量。

根据式(7-5)和式(7-6)得

$$\frac{(1-\eta_d)W_{hyk}-\eta_s W_{引}}{W_{hyk}}=0.204\frac{W_{hyk}^{0.70}}{(W_{s,hyk}\times 123\times 86\,400\times 10^{-5})^{0.35}}\left(\frac{W_{lj}}{W_{hyk}}\right)^{0.70} \tag{7-7}$$

整理得

$$W_{s,hyk}=0.204^{1/0.35}\frac{W_{hyk}^{0.70/0.35}}{123\times 86\,400\times 10^{-5}}\frac{\left(\dfrac{W_{hyk}-W_{引}}{W_{hyk}}\right)^{0.70/0.35}}{\left[\dfrac{(1-\eta_d)W_{hyk}-\eta_s W_{引}}{W_{hyk}}\right]^{1/0.35}} \tag{7-8}$$

最后得到花园口站的汛期来沙量与需水量的关系如下

$$W_{s,hyk} = \frac{0.204^{1/0.35}}{123 \times 86\,400 \times 10^{-5}} \left[\frac{W_{hyk}(W_{hyk} - W_{引})^{0.70}}{(1 - \eta_d) W_{hyk} - \eta_s W_{引}} \right]^{1/0.35} \tag{7-9}$$

或

$$W_{s,hyk} = \frac{(W_{hyk} - W_{引})^2}{(1 - \eta_d - \eta_s W_{引} / W_{hyk})^{1/0.35}} \times 10^{-4} \tag{7-10}$$

根据式(7-10)便可以求得相应不同花园口来沙量的汛期输沙需水量。接下来的问题是如何确定汛期的引水含沙量比 η_s、淤积比 η_d 及引水量 $W_{引}$。首先根据“十五”攻关进行小浪底水库不同运用方案对下游影响计算时采用的黄河下游设计引水过程(姚文艺,2007),可以得到花园口—利津年均汛期引水量 $W_{引}=31.1$ 亿 m^3。至于引水含沙量与河道水流含沙量比,由于缺乏资料,本研究暂取 $\eta_s=0.95$。综合考虑表 7-4 关于非漫滩洪水期允许淤积量结果等因素,取 η_d 为 0.10。将 $W_{引}=31.1$ 亿 m^3,$\eta_s=0.95$ 及 $\eta_d=0.10$ 代入式(7-10),便可以得到花园口不同来沙量的汛期输沙需水量,结果见图 7-4。

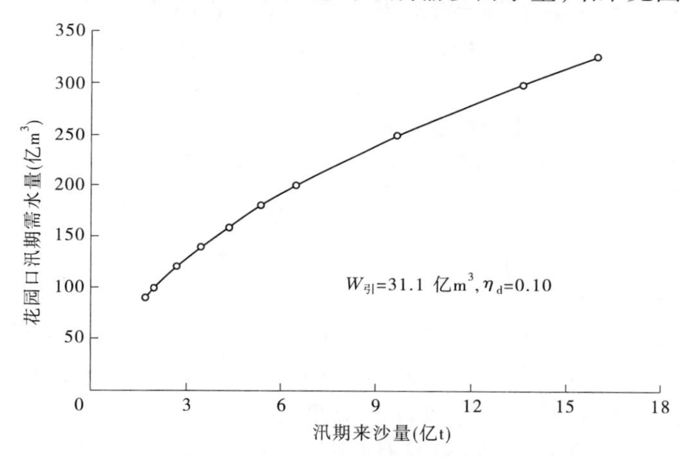

图 7-4 基于排沙比公式计算的花园口汛期输沙需水量

7.2.3 平滩流量法

第 6 章研究了黄河下游平滩流量对径流泥沙的响应关系,提出了能够反映长系列水沙综合作用的主槽断面和平滩流量估算方法,包括基于滑动平均值的计算方法和基于滞后响应模型的计算方法。据此,可将平滩流量作为已知变量,反过来推求给定平滩流量的输沙需水量。从理论上讲,基于滞后响应模型的平滩流量计算方法较基于滑动平均值的平滩流量计算方法更为合理,但后者的应用更为方便。本节讲述基于平滩流量的滑动平均方法建立了输沙需水量的计算方法。

需要说明的是,本节所建立的输沙需水量计算方法指冲积河流同时考虑河道塑槽需求和输沙需求时所需的水量,强调的是在塑造一定主槽规模大小的前提下输送一定量的泥沙至河段出口处,因此可以简称为塑槽输沙需水量。由于传统的输沙需水量计算方法较多是基于输沙平衡的概念得出的,而在黄河下游来沙量大幅度下降的情况下,输沙达到平衡时所需的水量较小,同时水量所能塑造的主槽规模也迅速下降,下游平滩流量持续减小。因此,如何在维持一定主槽规模的前提下顺利输送泥沙,保障黄河主槽的排洪输沙能力，是黄河下游河道治理的一个难题。塑槽输沙需水量正是基于这一背景提出的。

7.2.3.1 基于平滩流量滑动平均的塑槽输沙需水量

黄河下游河道主槽冲淤及平滩流量的沿程调整不均衡，特别是位于下游过渡河段的高村—孙口河段，2002 年汛前的平滩流量只有 2 000 m^3/s 左右，而相应上游花园口站的平滩流量为 3 400 m^3/s，下游利津站的平滩流量为 2 800 m^3/s，高村—孙口河段成为下游河道的“卡脖子”河段。在花园口、高村、孙口、利津 4 个测站中，选择孙口站作为研究对象来计算给定平滩流量的输沙需水量。孙口站平滩流量 Q_b 的计算公式

$$Q_b = K(\bar{\xi}_{4f})^{\alpha}(\bar{Q}_{4f})^{\beta} \tag{7-11}$$

式中：$\bar{Q}_{4f}$ 为 4 年滑动平均汛期流量，m^3/s；$\bar{\xi}_{4f}$ 为 4 年滑动平均汛期来沙系数，$kg \cdot s/m^6$。

式(7-11)在还原为含沙量或来沙量时，从数学上有放大含沙量的作用，存在一定程度的失真。需要说明的是，这并不影响在给定水沙条件下，采用式(7-11)估算平滩流量的有效性。事实上，正是滑动平均来沙系数与滑动平均含沙量的微妙区别，使基于滑动平均来沙系数的式(7-11)的精度高于基于滑动平均含沙量的式(7-12)，原因是来沙系数在水流输沙和河床演变中所具有的特定物理意义(吴保生、申冠卿，2008e)，较含沙量更能反映水沙搭配的塑槽作用。

为避免计算输沙需水量时含沙量有所放大的缺点，采用与式(7-11)相似的方法，建立以 4 年滑动平均汛期流量和 4 年滑动平均汛期含沙量为基础的计算公式

$$Q_b = K(\bar{S}_{4f})^{\alpha}(\bar{Q}_{4f})^{\beta} \tag{7-12}$$

式中：$\bar{Q}_{4f}$ 为 4 年滑动平均汛期流量，m^3/s；$\bar{S}_{4f}$ 为 4 年滑动平均汛期含沙量，kg/m^3；$K = 38.96$，$\alpha = -0.286$，$\beta = 0.773$。

图 7-5 给出了式(7-12)计算值与实测值的相关关系，可以看出，图中点据分布存在一定的分散性。从统计的角度讲，式(7-12)给出的计算值属于理论值，也就是说，实际河流的平滩流量可能大于计算值，也可能小于计算值，但从平均意义上说，二者是相等的。为此，根据图中点据分布，给出式(7-13)具有 90% 保证率的上包线计算公式

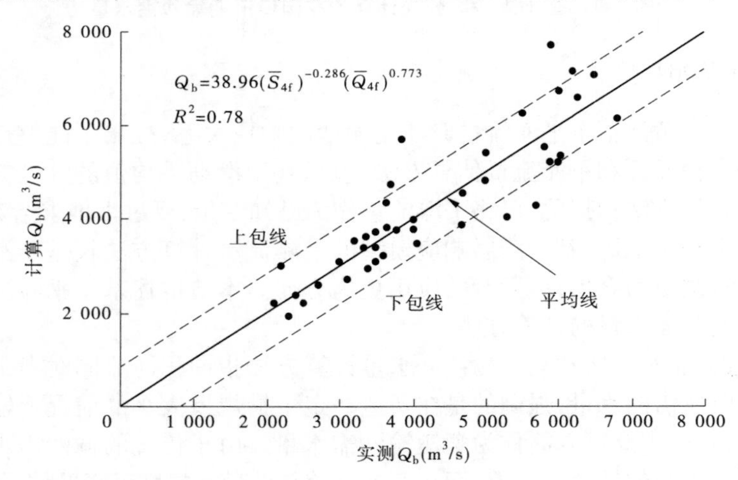

图 7-5 孙口站平滩流量与基于含沙量的水沙参数的关系

$$Q_b = K(\overline{S}_{4f})^{\alpha}(\overline{Q}_{4f})^{\beta} - 826 \tag{7-13}$$

图7-5也给出了采用式(7-13)计算的上包线。由图7-5可以看出,90%的点据均分布在上包线以下,表示若以式(7-13)的计算值为理论值,则水沙条件实际能够塑造出的平滩流量大于理论值的保证率为90%。

根据概念,输沙量与来水量由如下方法计算

$$W_{s,sk} = \overline{S}_f \times \overline{Q}_f \times 123 \times 86\,400 \times 10^{-11} \tag{7-14}$$

$$W_{sk} = \overline{Q}_f \times 123 \times 86\,400 \times 10^{-8} \tag{7-15}$$

式中:W_{sk}为孙口站4年滑动平均汛期来水量,亿m^3;$W_{s,sk}$为孙口站4年滑动平均汛期输沙量,亿t。

将式(7-14)和式(7-15)分别代入式(7-12)和式(7-13)可得

$$W_{sk} = 0.039\,6Q_b^{0.944}W_{s,sk}^{0.27} \quad (平均线) \tag{7-16}$$

$$W_{sk} = 0.039\,6(Q_b + 826)^{0.944}W_{s,sk}^{0.27} \quad (上包线) \tag{7-17}$$

注意到式(7-16)、式(7-17)中的水、沙量均为4年滑动平均值,可以理解为个别年份的汛期来水量可以小于计算的输沙需水量,但连续4年的平均值不能小于计算的输沙需水量。

通常黄河下游以三黑小来水来沙之和作为下游进口的水沙条件。下面通过分析黄河下游研究测站的来水来沙量与三黑小来水来沙量之间的关系,将式(7-16)转换为三黑小输沙量与塑槽输沙需水量之间的关系。式(7-16)表明,塑槽输沙需水量是平滩流量和输沙量的函数,为便于计算,可以直接借用式(7-16)的公式形式,表达三黑小水沙条件与孙口站平滩流量之间的关系,由此式(7-16)可以改写成如下形式

$$W_{shx} = K'Q_b^{a'}W_{s,shx}^{b'} \tag{7-18}$$

式中:$W_{s,shx}$为三黑小4年滑动平均汛期输沙量;W_{shx}为三黑小4年滑动平均汛期来水量;Q_b为孙口站平滩流量;K'、a'和b'分别为系数和指数,根据实测资料确定。

利用孙口站1967~2007年的实测平滩流量资料和三黑小1964~2007年实测水沙资料,拟合得到式(7-18)中的参数:$K' = 0.023\,9$、$a' = 1.012$和$b' = 0.235$,由此可得三黑小塑槽输沙需水量与三黑小输沙量及孙口站平滩流量之间的关系为

$$W_{shx} = 0.023\,9Q_b^{1.012}W_{s,shx}^{0.235} \quad (平均线) \tag{7-19}$$

式(7-19)的计算值与实测值相关系数$R^2 = 0.83$。相应地,具有90%保证率的塑槽输沙需水量上包线计算公式如下

$$W_{shx} = 0.023\,9Q_b^{1.012}W_{s,shx}^{0.235} + 42 \quad (上包线) \tag{7-20}$$

图7-6以孙口站平滩流量$Q_b = 4\,000\ m^3/s$为例,给出了由式(7-19)计算的三黑小输沙量与塑槽输沙需水量关系平均线,由式(7-20)计算的上包线。当三黑小汛期输沙量为8亿t时,若要求孙口站平滩流量平均值不小于4 000 m^3/s,三黑小输沙需水量为172亿m^3;而如果要求孙口站平滩流量大于4 000 m^3/s的概率不小于90%,则三黑小输沙需水量不得小于214亿m^3,输沙需水量比前者多42亿m^3。

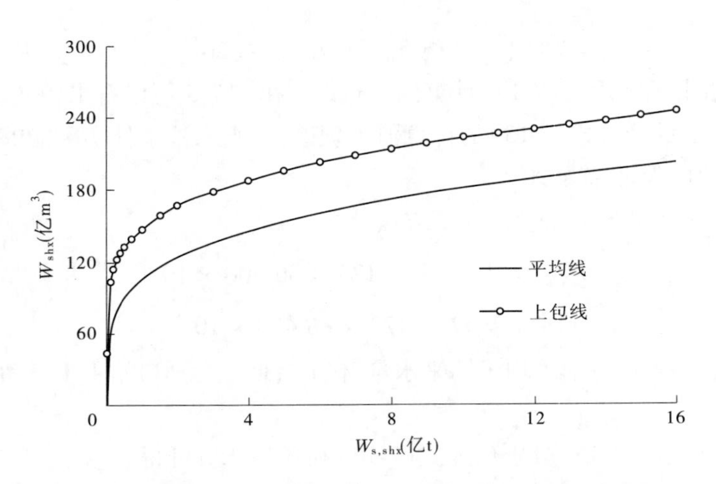

图 7-6　孙口站当 Q_b = 4 000 m³/s 时三黑小输沙量与塑槽输沙需水量关系

7.2.3.2　平滩流量法的不足

基于平滩流量法所建立的塑槽输沙需水量计算公式同时兼顾了河道在塑槽和输沙两方面的需求,但仍然存在一些不足。图 7-7 给出了当 Q_b = 3 500 m³/s 时,由式(7-19)计算得到的三黑小塑槽输沙需水量随输沙量增加的变化曲线,同时点绘了孙口站平滩流量为[3 300,3 700] m³/s 时三黑小对应的水沙实测点。

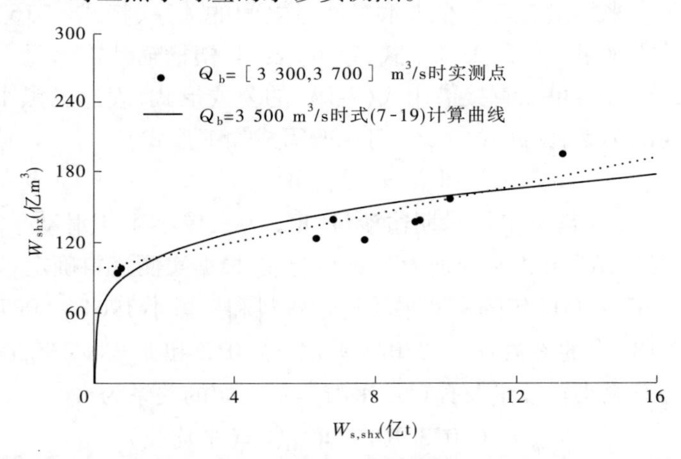

图 7-7　式(7-19)计算曲线与孙口站平滩流量为[3 300,3 700] m³/s 时三黑小对应的水沙实测点比较

由图 7-7 可以看出,以式(7-19)为代表的平滩流量法给出的计算曲线在三黑小汛期输沙量较小时,尤其是当输沙量小于 1 亿 t 时,汛期塑槽输沙需水量迅速减小;当汛期输沙量变为 0 时,汛期塑槽输沙需水量也同时变为 0,这显然是不合理的。首先从图 7-7 中的实测点可以看出,当三黑小汛期输沙量较小时,汛期塑槽输沙需水量并没有迅速减少的趋势,即使当汛期塑槽输沙量为 0 时,河道仍然会维持一定大小的水量,塑槽输沙需水量与输沙量之间大体上呈线性关系,如图 7-7 中虚线所示。此外,从河床演变的机制来看,冲积河流的河道形态与来水来沙量密切相关。河流利用上游来水将一定量的泥沙输送至

下游出口,同时塑造和维持一定的河流形态。因此,即使河流上游来沙量为0,河流为了克服河流阻力和维持一定的河道比降,仍需要一定的水量。在输沙量较小时出现的不合理现象,是由于式(7-19)本身结构形式上的缺陷所致。塑槽输沙需水量与平滩流量及输沙量均呈幂函数的关系,且由平滩流量与输沙量二者直接相乘所得。因此,只要平滩流量或者输沙量二者其中之一为0,输沙需水量即为0。因此,当输沙量较小甚至等于0时,包括式(7-19)在内的基于平滩流量法的塑槽输沙需水量计算方法不能真实地反映河道输沙量与需水量之间的关系。

7.2.4 能量平衡法

针对基于平滩流量滑动平均的输沙需水量计算方法中存在的不足,下面分析河道水流能量耗散的过程,推导并建立基于能量平衡原理的塑槽输沙需水量计算方法。平滩流量法与能量平衡法均可计算维持一定主槽平滩流量大小的输沙需水量,但后者克服了前者公式结构上的缺陷,更加合理实用。

7.2.4.1 河道水流的能量消耗

河流的主要功能是不断地汇集流域面内的水流和泥沙,通过河道将上游的来水来沙输送到下游出口处。这一过程之所以能够顺利实现,离不开水流自身持续的能量消耗。河流进入冲积河段后,由于河道比降相对较小,水流比较平稳,沿程流速变化不大。若不考虑侧流的汇入和引水引沙,水流所具有的动能大小相对比较稳定,此时河道沿程需要消耗的能量主要通过水体重力势能的减少来提供,即以水流落差的方式实现能量的转化。

水流在向下游流动的过程中,水体中的能量主要来自主流区,而能量的损失和消耗则集中在边界附近。水体中内部各点的势能绝大部分通过剪切力作用,传递到水流边界。水流就地克服河道边界阻力,水体中的一部分能量因此遭到损失,而剩下的能量则转化为紊动的动能(钱宁等,2003)。

从能量平衡的角度看,水流能量消耗一方面是克服河道边界阻力,用来塑造和维持一定的河道水力几何形态,如河道坡降、水面宽和水深等;另一方面是用来输送水流中挟带的泥沙,维持河道的输沙平衡。通常水流中的泥沙可以分为推移质和悬移质。推移质泥沙在沿水流方向速度增加的过程中直接消耗水流的能量变为颗粒的动能,悬移质泥沙则消耗由水流势能转化而来的紊动的动能(钱宁等,2003)。因此,水流通过重力势能的耗散完成两件事情:一是塑槽,即克服河道阻力,用来塑造和维持一定规模的河道水力几何形态;二是输沙,即输送水流挟带的泥沙至出口处。任何一条河流,要维持准平衡状态,就必须同时满足上述的塑槽和输沙两方面的需求。

当然,塑槽和输沙并不是完全独立的,而是彼此之间存在一定的联系。当水流所能提供的能量大于实际的需求时,河道一方面会通过塑造更大的河槽来消耗更多的能量;另一方面,河槽的扩大,必然由河道的冲刷引起,因此水流中泥沙的量就会增加,输沙所需的能量消耗也相应增加。当水库所能提供的能量小于实际的需求时,水流挟带泥沙的能力小于实际的含沙量,此时河道就会淤积以减少水流中的泥沙,降低输沙的能量消耗;与此同时,河道的淤积也会减小河槽的规模,塑槽的能量消耗也相应减少。总之,二者相互联系,共同维持河道水流所能提供的能量与塑槽和输沙所需的能量之间的平衡。

7.2.4.2 基本公式结构

基于以上能量平衡分析,可以得到河道挟沙水流能量平衡的基本表达式,即水流提供的能量等于水流克服边界阻力所消耗的能量与水流输送泥沙所消耗能量之和。假设河道中水流所能提供的能量为 E,水流用于克服边界阻力,塑槽和维持一定规模的水力几何形态所消耗的能量为 E_1,而用来输送水流中的泥沙所消耗的能量为 E_2,则对于达到相对平衡的河流,根据能量平衡的要求有如下表达式

$$E = E_1 + E_2 \tag{7-21}$$

当水流沿程的流速变化不大时,水流所提供的能量主要体现在重力势能的减少上。因此,总的能量可以表达为如下形式

$$E = \gamma W \Delta H \tag{7-22}$$

式中:γ 为水体的容重;W 为水体体积;ΔH 为研究河段进出口断面间的高差。

在河床演变学中,平滩流量常用来作为表征河道形态的综合参数,因此可以用平滩流量 Q_b 代表河道水力几何形态,则 E_1 可表达为与 Q_b 相关的函数形式 $E_1(Q_b)$;同理,E_2 可表达为与河道输沙量 W_s 相关的函数形式 $E_2(W_s)$。因此,式(7-21)可改写为如下形式

$$W = \frac{1}{\gamma \Delta H}[E_1(Q_b) + E_2(W_s)] \tag{7-23}$$

式(7-23)即为河道中能量平衡原理表达式的基本结构形式。对于不同的河流,函数 $E_1(Q_b)$ 和 $E_2(W_s)$ 的计算方法可能不同,需要根据实际情况确定。

7.2.4.3 公式形式确定

从式(7-23)可以看出,河道中的水流所提供的能量能否满足河道塑槽和输沙的能量需求,主要取决于河道来水量的大小。因此,式(7-23)也可以这样理解:河道总是需要保有一定的水量,这些水量所提供的势能一部分用来克服河道边界阻力,塑槽和维持一定规模的水力几何形态;另一部分用来输送水流中的泥沙,两种需水量的总和为塑槽输沙需水量。当河道来水量不小于塑槽输沙需水量时,河道能够塑造和维持不小于目标主槽大小的主槽并将相应的泥沙顺利输送出该河段。因此,式(7-23)计算结果实际上为河道的塑槽输沙需水量。

下面探求函数 $E_1(Q_b)$ 和 $E_2(W_s)$ 的具体形式。需要说明的是,基于平滩流量滑动平均方法的塑槽输沙需水量虽然存在一些不足,但仍有两点值得借鉴:一是考虑到黄河下游水沙主要集中在汛期输送,以汛期水沙条件代表研究测站的水沙条件;二是考虑到冲积河流河道形态的调整受到包括当年在内的前期一定时期内的水沙条件共同影响,对于黄河下游而言,平滩流量的调整与前期 4 年左右的水沙条件有关,因此以 4 年滑动平均水沙条件建立塑槽输沙需水量的计算模型。本书基于能量平衡原理推导塑槽输沙需水量的计算方法时,继续沿用这些做法,即以 4 年滑动平均汛期来水量和 4 年滑动平均汛期需沙量代表水沙条件。以孙口站为例,图 7-8 点绘了 4 年滑动平均汛期需水量与平滩流量的关系,可以看出,二者呈现正相关关系,其关系曲线可近似以幂函数的形式表达,如图中虚线所示;图 7-9 点绘了 4 年滑动平均汛期需水量与 4 年滑动平均汛期输沙量的关系,可以看出,二者呈现正相关关系,其关系曲线可近似以线性函数的形式表达,如图中虚线所示。同样的关系图在黄河下游其他几个主要测站也均成立,这里不再一一赘述。因此,对于黄

河下游河段，函数 $E_1(Q_b)$ 和 $E_2(W_s)$ 可分别写成如下形式

$$E_1(Q_b) = k_1 Q_b^a \tag{7-24}$$

$$E_2(W_s) = k_2 W_{s4} \tag{7-25}$$

式中：Q_b 为当年汛后平滩流量；W_{s4} 为 4 年滑动平均汛期输沙量；k_1、k_2 和 a 为待定的系数和指数，根据实测资料确定。

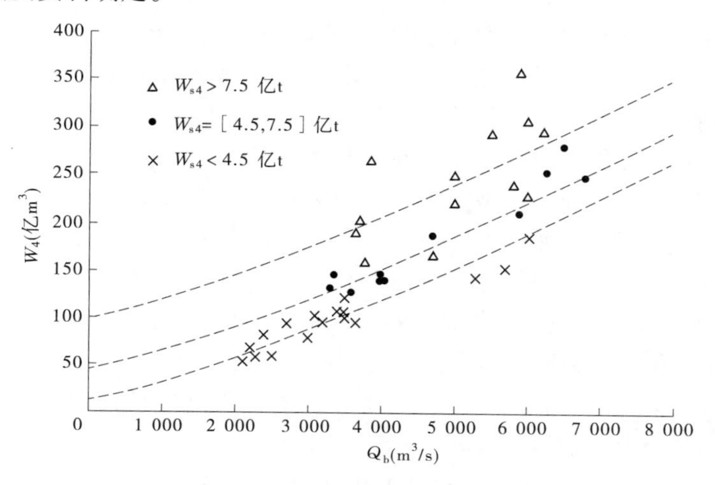

图 7-8　孙口站汛期输沙需水量与平滩流量的关系

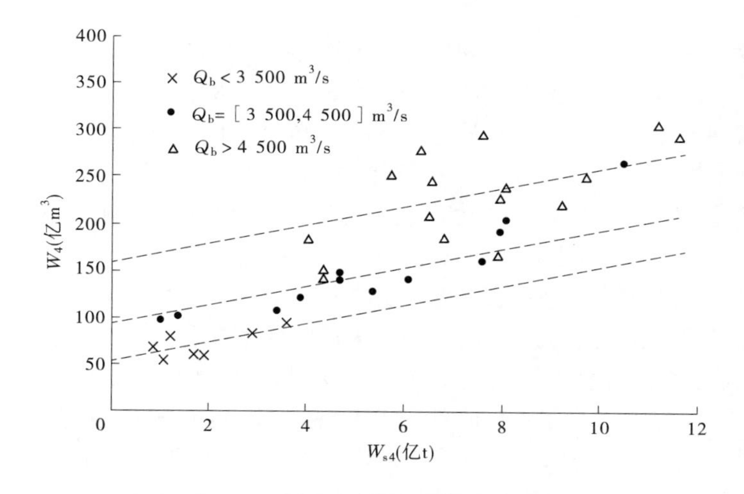

图 7-9　孙口站汛期输沙需水量与汛期输沙量的关系

将式(7-24)和式(7-25)代入式(7-23)可得

$$W_4 = \frac{1}{\gamma \Delta H}(k_1 Q_b^a + k_2 W_{s4}) \tag{7-26}$$

式中：W_4 为 4 年滑动平均汛期需水量。

在较短的时间尺度内，两断面间的高差 ΔH 可视为常量，由此式(7-26)可简化为如下形式

$$W_4 = k_1 Q_{\mathrm{b}}^{a} + k_2 W_{s4} \tag{7-27}$$

式(7-27)即为适用于黄河下游的塑槽输沙需水量计算公式,根据实测资料即可得到具体的塑槽输沙需水量的计算方法。由式(7-27)可知,当 W_s 很小甚至等于零时,公式简化为一般河流不考虑泥沙影响的水力几何形态关系。对于一般河流,含沙量较小时,河道处于输沙平衡或微冲微淤状态,W_s 与 W 之间具有较好的相关关系,因此来沙量的影响可以忽略不计,或是隐含在水力几何形态关系 $W = k_1 Q_{\mathrm{b}}^{a}$ 中。但对于黄河这样的高含沙河流,水沙关系极不协调,含沙量变幅很大,因此 W_s 的影响既不能忽略不计,也不能隐含在 $W = k_1 Q_{\mathrm{b}}^{a}$ 的关系式中。

从能量的角度看,沙量的增加加大了水流输沙所消耗的能量,也就是加大了总水量中用于输沙的水量部分。因此,当 W_s 趋于零,即水体的含沙量趋于零时,水流的全部能量将用于克服河床边界阻力,塑造和维持一定的河道主槽,这时的需水量可以视为维持相应河道主槽的最小需水量或称基础需水量;当 W_s 不为零并逐渐增加时,塑槽输沙需水量必须在最小需水量的基础上进一步增加,以提供输沙所需的能量。

7.2.4.4 基于能量平衡原理的塑槽输沙需水量

根据孙口站1964~2007年的实测水沙资料和平滩流量资料,拟合相应的系数和指数,得到孙口站上游来沙量与输沙需水量之间的关系如下

$$W_{sk} = 0.003\,3 Q_{\mathrm{b,sk}}^{1.25} + 9.98 W_{\mathrm{s,sk}} \tag{7-28}$$

式中:$Q_{\mathrm{b,sk}}$为孙口站汛后平滩流量;$W_{\mathrm{s,sk}}$为孙口站4年滑动平均汛期输沙量;W_{sk}为孙口站4年滑动平均汛期来水量。

由式(7-28)即可计算孙口站不同目标平滩流量时,上游来沙量与输沙需水量之间的关系,且计算精度很高,计算值与实测值相关系数 $R^2 = 0.87$。

黄河下游一般以三黑小来水来沙之和作为下游进口的水沙条件,下面以三黑小水沙条件代表黄河下游的水沙条件,以“卡脖子”河段孙口站平滩流量的大小作为黄河下游目标主槽流量大小,参考平滩流量法中的转换方法,将式(7-27)改写成如下形式

$$W_{shx} = k_1 Q_{\mathrm{b,sk}}^{a} + k_2 W_{\mathrm{s,shx}} \tag{7-29}$$

式中:$Q_{\mathrm{b,sk}}$为当年孙口站汛后平滩流量;$W_{\mathrm{s,shx}}$为三黑小4年滑动平均汛期输沙量;W_{shx}为三黑小4年滑动平均汛期来水量;k_1、k_2 和 a 为待定的系数和指数,根据实测资料确定。

图7-10点绘了三黑小4年滑动平均汛期来水量与孙口站平滩流量关系,可以看出,二者呈现正相关关系,其关系曲线可以用幂函数的形式表达,如图中虚线所示;图7-11点绘了三黑小4年滑动平均汛期来水量与输沙量的关系,可以看出,二者呈现正相关关系,其关系曲线可以直接用线性函数的形式表达,如图中虚线所示。可见,将式(7-27)直接类比得到的式(7-29),用来描述三黑小水沙条件与孙口站平滩流量之间的关系同样可行。

根据三黑小1964~2007年实测汛期输沙量和实测汛期输沙需水量资料,以及孙口站1967~2007年实测汛后平滩流量资料,拟合式(7-29)中所需的系数和指数,可得维持孙口站一定平滩流量时,三黑小的汛期输沙需水量与汛期输沙量之间的关系如下

$$W_{shx} = 0.000\,461 Q_{\mathrm{b,sk}}^{1.5} + 6 W_{\mathrm{s,shx}} \quad (\text{平均线}) \tag{7-30}$$

参考式(7-13),式(7-30)具有90%保证率的输沙需水量上包线计算公式如下

$$W_{shx} = 0.000\,461 Q_{b,sk}^{1.5} + 6W_{s,shx} + 41 \quad (\text{上包线}) \tag{7-31}$$

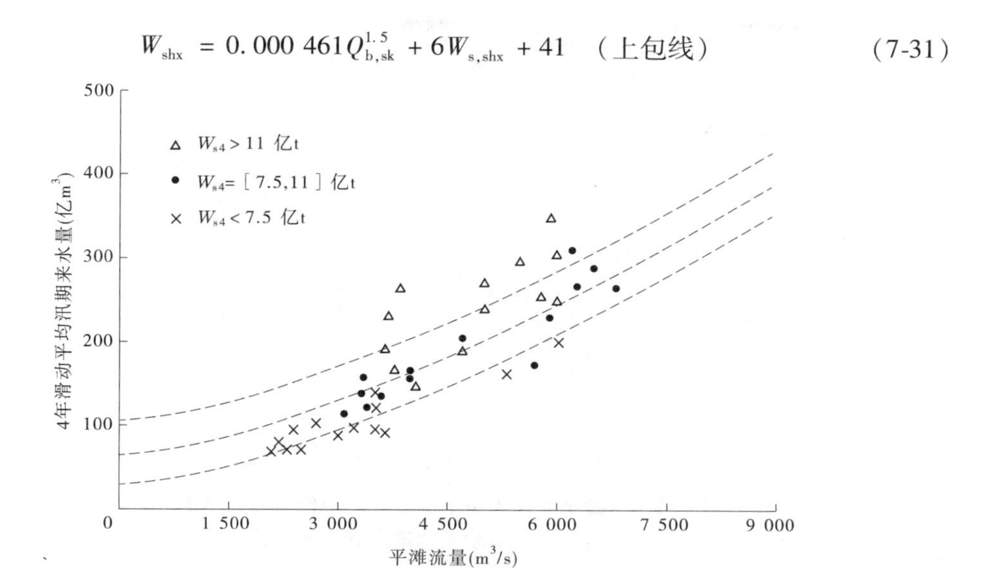

图 7-10 三黑小汛期来水量与孙口站平滩流量的关系

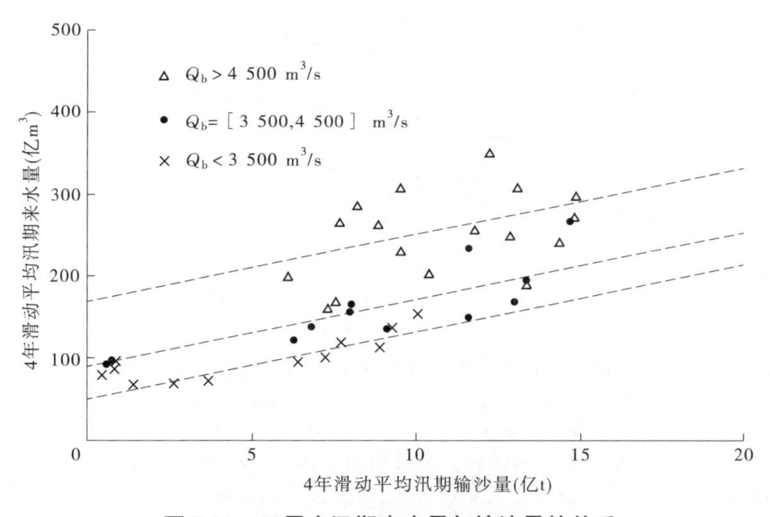

图 7-11 三黑小汛期来水量与输沙量的关系

图 7-12 将由式(7-30)计算的三黑小汛期输沙需水量与实测值进行对比,可以看出,式(7-30)同样具有较高的计算精度,计算值与实测值相关系数 $R^2=0.85$。图 7-13 按照孙口站平滩流量大小分级,给出了三黑小 4 年滑动平均汛期来水量随 4 年滑动平均汛期输沙量变化的实测点分布。由图 7-13 可以看出,图中点据按平滩流量的大小不同,呈现明显的带状分布。同时,图 7-13 还给出了基于平滩流量法和基于能量平衡法推导的两种塑槽输沙需水量计算方法的计算结果。由图 7-13 可以看出,两种计算方法得到的变化曲线均从实测点的分布带中间穿过,说明本书推导计算的塑槽输沙需水量符合实际情况,计算结果可信度较高。

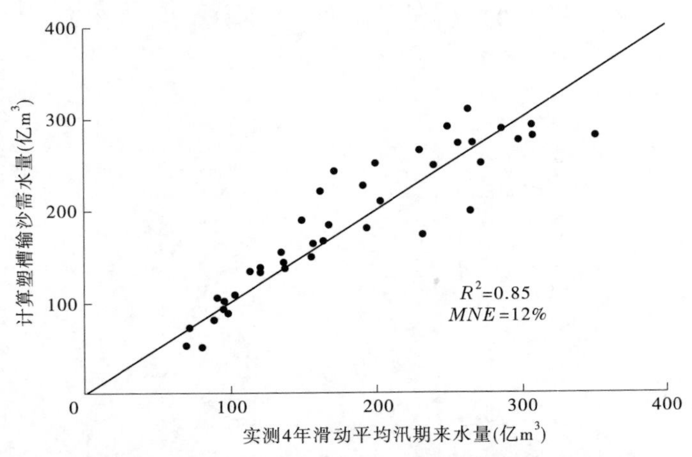

图 7-12　黄河下游基于三黑小水沙条件的塑槽输沙需水量计算值与实测 4 年滑动平均汛期来水量对比

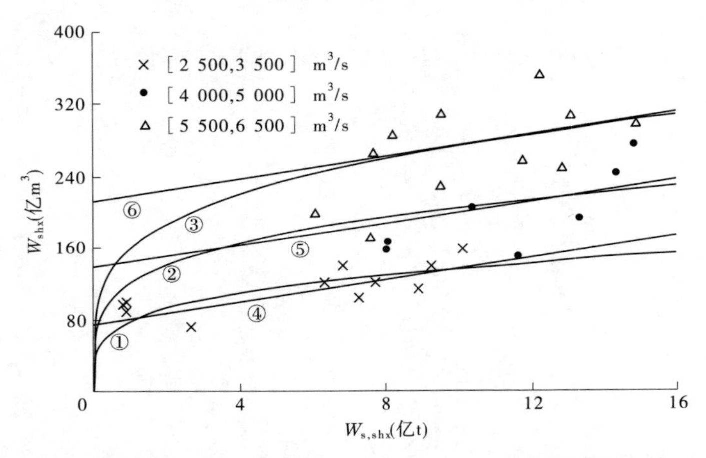

注:曲线①、曲线②和曲线③分别为维持孙口站平滩流量 3 000 m³/s、4 500 m³/s 和 6 000 m³/s 时基于平滩流量法的式(7-19)的计算结果;直线④、直线⑤和直线⑥分别为维持孙口站平滩流量 3 000 m³/s、4 500 m³/s 和 6 000 m³/s 时基于能量平衡法的式(7-30)的计算结果。

图 7-13　按孙口站不同平滩流量大小分级时三黑小 4 年滑动平均汛期来水量随 4 年滑动平均汛期输沙量变化实测点分布,以及按平滩流量法和能量平衡法计算的三黑小塑槽输沙需水量随输沙量变化曲线

从图 7-13 可以看出,基于能量平衡原理的塑槽输沙需水量计算式(7-30)在汛期输沙量较大时,计算结果与基于平滩流量法的塑槽输沙需水量计算式(7-18)计算结果基本一致;当汛期输沙量较小时,式(7-30)计算结果不会呈现迅速减小的趋势,即使汛期输沙量为 0,计算结果显示河道仍需要一定的水量。因此,能量平衡法克服了平滩流量法的不足,计算结果更加合理。

根据之前的分析,可将维持孙口站平滩流量在 4 000 m³/s 以上作为实现黄河全下游平滩流量在 4 000 m³/s 以上的充分条件。因此,取 $Q_{b,sk}=4\ 000$ m³/s,代入式(7-30)和式(7-31)可得

$$W_{shx} = 6W_{s,shx} + 117 \quad (平均线) \tag{7-32}$$

$$W_{shx} = 6W_{s,shx} + 158 \quad (上包线) \tag{7-33}$$

图 7-14 给出了平均线式(7-32)和上包线式(7-33)的计算结果。可以看出,塑槽输沙需水量随着输沙量的增加呈线性增加的趋势。当三黑小汛期输沙量为 8 亿 t 时,若要求黄河下游平滩流量不小于 4 000 m^3/s,三黑小需水量为 165 亿 m^3;而如果要求孙口站平滩流量大于 4 000 m^3/s 的概率不小于 90%,则三黑小需水量不得小于 206 亿 m^3,需水量比前者多 41 亿 m^3。

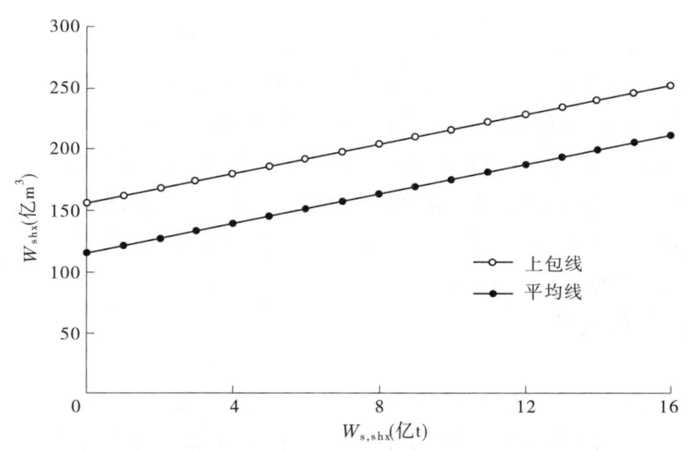

图 7-14 维持黄河下游平滩流量 4 000 m^3/s 以上时三黑小塑槽输沙需水量随来沙量的变化曲线

7.2.5 数学模型计算法

利用一维泥沙数学模型,通过计算不同水沙系列黄河下游主槽的冲淤变化,可计算黄河下游不同来沙条件下,维持平滩流量为 4 000 m^3/s 的主槽相应的输沙需水量变化。本项研究在已建立的一维恒定流泥沙数学模型的基础上,针对黄河下游的断面形态特征与河床冲淤特点,对主槽、滩地的子断面划分、不平衡输沙模式、床沙级配调整以及复式断面的输沙能力等问题进行了改进研究,并以 2006 年汛前河道地形条件为初始地形边界条件,选取 4 个水沙系列进行不同方案计算,以分析在维持主槽基本不萎缩条件下,不同来沙量相应的输沙需水量。

7.2.5.1 数学模型简介

一维恒定流泥沙数学模型的基本方程如下。

水流连续方程

$$\frac{dQ}{dx} = q_L \tag{7-34}$$

水流运动方程

$$\frac{d}{dx}\left(\alpha_f \frac{Q^2}{A}\right) + gA\frac{dZ}{dx} + gA(J_f + J_l) = 0 \tag{7-35}$$

悬移质不平衡输移方程

$$\frac{\mathrm{d}(QS_k)}{\mathrm{d}x} + \alpha_k\omega_{sk}B(f_{sk}S_k - S_{*k}) = q_{sL(k)} \tag{7-36}$$

河床变形方程

$$\rho'\frac{\partial Z_b}{\partial t} = \sum_{k=1}^{N}\alpha_k\omega_{sk}(f_{sk}S_k - S_{*k}) \tag{7-37}$$

式中：Q 为断面流量，m^3/s；q_L 为单位流程的侧向出入流量，以入流为正，m^3/s；Z 为断面平均水位，m；A 为断面过水面积，m^2；B 为水面宽度，m；J_l 为由于断面扩张与收缩引起的局部阻力，其值等于$\frac{\xi}{2g\Delta x}|(u_{下}^2 - u_{上}^2)|$，$\xi$ 为一系数，$u_{上}$、$u_{下}$ 分别为上断面与下断面的平均流速，m/s，下游断面收缩时取 0.1～0.3，扩张时取 0.5～1.0；J_f 为断面能坡；α_f 为动量修正系数；$q_{sL(k)}$ 为单位流程的第 k 粒径组悬移质泥沙的侧向输沙率，以输入为正，kg/(m·s)；S_k、S_{*k}分别为第 i 大断面第 k 粒径组悬移质泥沙的含沙量和水流挟沙力，kg/m^3；ω_{sk}为第 i 大断面第 k 粒径组泥沙的浑水沉速，m/s；α_k、f_{sk}分别为第 i 大断面第 k 粒径组泥沙的恢复饱和系数与泥沙非饱和系数；ρ'为床沙干密度，kg/m^3；g 为重力加速度，取 9.81 m/s^2；x、t 分别为距离和时间。

模型中关键问题的处理如下。

1）断面处理

在黄河下游，尤其在游荡型河段，滩地较宽，滩槽阻力和泥沙冲淤横向分布很复杂，不同的处理方式对计算的整体结果影响都很大。为了较好地计算各个断面的平滩流量，本次计算中未对断面地形进行概化处理。

2）含沙量沿横向的分布状况

本模型参考韦直林等（1990）的研究成果，认为子断面含沙量 $S_{i,j}$和断面平均含沙量 S_i 之间可用以下经验关系式表示

$$\frac{S_{i,j,k}}{S_{i,k}} = C_{i,k}\left(\frac{S_{*i,j,k}}{S_{*i,k}}\right)^{\beta} \tag{7-38}$$

其中，$C_{i,k} = QS_{*i,k}^{\beta} / \sum_{j=1}^{j_{max}} q_{i,j}S_{*i,j,k}^{\beta}$，参数 β 由实测资料求出。

当$\frac{S_{*i,j,k}}{S_{*i,k}} < 0.2$ 时，$\beta = 0.05$；当$\frac{S_{*i,j,k}}{S_{*i,k}} \geqslant 0.2$ 时，$\beta = 0.30$。

3）糙率

在目前的条件下，唯一可靠的途径是通过实测资料来率定糙率的值。对于黄河、渭河下游这样复杂的河道形态，糙率值只能从大尺度、长时间平均值上去确定。对于长时间的水沙过程与河床变形计算而言，要给出它的精确变化过程，既不可能，也没有必要。因此，较为实用的方法是：根据经验给出各大河段不同流量级下糙率的基本值，再通过水面线验证计算进行适当的调整。一般情况下，床面冲刷，床沙粗化，糙率增大；床面淤积，床沙细化，糙率减小。因此，在计算中，还可根据河床的冲淤状况，适当调整糙率的大小。

4）悬移质水流挟沙力

模型采用吴保生等（1993）提出的挟沙力计算公式。该公式参照武汉大学水利水电

学院公式，引入 $\gamma_m/(\gamma_s-\gamma_m)$，$\omega_m$ 由 $\omega_m=\sum(\Delta P_{*k}\omega_{sk})^m$ 计算，水流挟沙力计算公式为

$$S_*=k\left(\frac{\gamma_m}{\gamma_s-\gamma_m}\cdot\frac{u^3}{gh\omega_m}\right)^m \tag{7-39}$$

式中：$k=0.451\ 5$；$m=0.741\ 4$；$\omega_m=\sum_{k=1}^{N}\omega_{sk}\Delta P_{*k}$，$\omega_{sk}=\omega_{0k}(1-C_v)^k$，$C_v$ 为体积浓度，定义为 C_t/γ_s，在黄河上 k 一般取 7，ω_{0k} 为第 k 粒径组泥沙在清水中的沉速，采用张瑞瑾(1989)提出的公式计算，即

$$\omega_{0k}=\sqrt{\left(13.95\frac{\upsilon}{d_k}\right)^2+1.09\frac{\gamma_s-\gamma}{\gamma}gd_k}-13.95\frac{\upsilon}{d_k} \tag{7-40}$$

式中：d_k 为某一粒径组泥沙的代表粒径，m；υ 为水体的运动黏滞系数，m^2/s；γ_s、γ 分别为泥沙与水的容重，N/m^3。

在实际计算中，先不考虑混合沙代表沉速、含沙量的横向变化，计算出各子断面的挟沙力大小 S_{*ij}。然后根据各子断面的挟沙力大小 S_{*ij} 和过水流量 Q_{ij}，确定出大断面的挟沙力 $S_{*i}=(\sum_j Q_{ij}\times S_{*ij})/Q_i$。

5）分组悬移质挟沙力级配

本模型采用水流条件和床沙级配推求分组挟沙力（李义天，1987）。这种做法是根据输沙平衡时，第 k 粒径组泥沙在单位时间内沉降在床面上的总沙量等于冲起的总沙量，然后根据垂线平均含沙量和河底含沙量之间的关系，确定悬移质挟沙力级配（ΔP_{*k}）和床沙级配（ΔP_{bk}）的关系

$$\Delta P_{*k}=\Delta P_{bk}\frac{\frac{1-A_k}{\omega_{sk}}\left(1-e^{-\frac{6\omega_{sk}}{\kappa u_*}}\right)}{\sum_{k=1}^{N}\Delta P_{bk}\frac{1-A_k}{\omega_{sk}}\left(1-e^{-\frac{6\omega_{sk}}{\kappa u_*}}\right)} \tag{7-41}$$

式中：$A_k=\omega_{sk}/[(\delta_v/\sqrt{2\pi})\exp(-0.5\omega_{sk}^2/\delta_v^2)+\omega_{sk}\Phi(\omega_{sk}/\delta_v)]$，其中 δ_v 为垂向紊动强度，通常取 $\delta_v=u_*$；$\Phi(\omega_{sk}/\delta_v)$ 为正态分布函数。

本模型将式(7-41)进一步改写为

$$\Delta P'_{*k}=\varepsilon\Delta P_{sk}+(1-\varepsilon)\Delta P_{*k} \tag{7-42}$$

式中：$\Delta P'_{*k}$ 为考虑来沙级配后的挟沙力级配；ΔP_{sk} 为上游断面的悬移质泥沙级配；ε 为参数，取 0～1，在实际计算中取 $\varepsilon=0.5$。

6）床沙级配的调整计算

已知某断面或某子断面的各粒径组的冲淤厚度 ΔH_{sk}，及总的冲淤厚度 ΔH_s，则床沙级配的调整计算，通常可分为以下两种情况。

(1)第 1 种情况：各粒径组均发生淤积，$\Delta H_{sk}>0$，或部分粒径组发生冲刷，但总的冲淤厚度 $\Delta H_s>0$。则床沙活动层的级配可用下式计算

$$\Delta P_{bk}^{t+\Delta t}=\frac{\Delta H_{sk}+\Delta P_{bk}^t\times H_m^t}{H_m^{t+\Delta t}+\Delta H_s} \tag{7-43}$$

式中：ΔP_{bk}^t、$\Delta P_{bk}^{t+\Delta t}$ 分别为第 t 时刻、$t+\Delta t$ 时刻的床沙活动层的级配；H_m^t、$H_m^{t+\Delta t}$ 分别为第 t

时刻、$t+\Delta t$ 时刻的床沙活动层的厚度。

(2)第 2 种情况:各粒径组均发生冲刷,$\Delta H_{sk}<0$,或有部分粒径组发生淤积,但总的冲淤厚度 $\Delta H_s<0$。则床沙活动层的级配可用下式计算

$$\Delta P_{bk}^{t+\Delta t}=\frac{\Delta H_{sk}+\Delta P_{bk}^{t}H_m^t+|\Delta H_s|\Delta P_{remk}}{H_m^{t+\Delta t}+|\Delta H_s|} \tag{7-44}$$

式中:ΔP_{remk} 为若干个记忆层内的床沙平均级配;其他符号含义同前。

模型将床沙分为两大层,即最上层的床沙活动层(或称床面交换层)及该层以下的分层记忆层。本模型采用前人常用的处理方法,认为沙质河床的活动层厚度相当于沙波波高,为2.0~3.0 m。分层记忆层可根据实际情况共分为 n 层,各层的厚度及相应的级配分别为 ΔH_n、ΔP_{nk}。在计算过程中,当河床发生淤积时,且淤积厚度大于事先设定的记忆层厚度时,则记忆层数相应增加,即为 $n+1$ 层,且该层的级配为 t 时刻的床沙活动层级配 ΔP_{bk}^t;若淤积厚度小于设定值,则记忆层数不变,将最上部的记忆层厚度与级配作相应调整。当河床发生冲刷时,根据冲刷量的大小,记忆层数相应减少,且将最上面若干记忆层的级配作相应的调整。

7)悬移质不平衡输移参数的改进

一般悬移质不平衡输沙模式可表示为(韩其为,1979)

$$\frac{dS}{dx}=-\frac{\omega}{q}(\alpha_N S-\alpha_* S_*) \tag{7-45}$$

式中:α_* 为近底平衡含沙量(S_{b*})与平均水流挟沙力(S_*)之比,即 $\alpha_*=S_{b*}/S_*$;α_N 为不平衡输沙条件下近底含沙量(S_b)与平均含沙量(S)之比,$\alpha_N=S_b/S$。

可近似取 $\alpha=\alpha_*=\alpha_N$,称 α 为泥沙恢复饱和系数。α_* 可由已知的悬沙浓度沿垂线分布公式积分求得,对于细泥沙河流,α_* 值一般略大于 1。由于冲刷时不平衡含沙量沿垂线的分布总比平衡状态下的挟沙力分布均匀,而淤积时刚好相反,因此冲刷时,$\alpha_N>\alpha_*$;淤积时,$\alpha_N<\alpha_*$;输沙平衡时,$\alpha_N=\alpha_*$。因此,悬沙输移方程可修改为

$$\frac{d(QS_k)}{dx}+\alpha_k\omega_{sk}B(f_{sk}S_k-S_{*k})=q_{sL(k)} \tag{7-46}$$

式中:$f_{sk}=\alpha_{Nk}/\alpha_{*k}$,当第 k 粒径组泥沙冲刷时 $f_{sk}>1$;当第 k 粒径组泥沙淤积时 $f_{sk}<1$;当第 k 粒径组泥沙冲淤平衡时 $f_{sk}=1$。

因此,在实际计算中对 f_{sk} 作如下假定:当淤积($S_k\geq S_{*k}$)时,取 $f_{sk}=\exp[(S_{*k}/S_k)^{m_1}-1]$;当冲刷($S_k<S_{*k}$)时,取 $f_{sk}=\exp[1-(S_k/S_{*k})^{m_2}]$。$m_1$ 与 m_2 为小于 1 的正数。对 α_k,仍按一个综合系数来看待,采用类似韦直林(1997)的方法取值。

8)冲淤面积的横向分配模式

一维模型仅能计算出各大断面的冲淤面积,不能给出冲淤面积沿河宽的分布。因此,必须采用合理的冲淤分配模式。在本模型中,为简化计算,按等厚冲淤模式分配,即当发生淤积时,淤积物等厚沿湿周分布;当发生冲刷时,分两种情况修正。当水面河宽小于稳定河宽时,断面按沿湿周等深冲刷进行修正;当水面宽度大于稳定河宽时,只对稳定河宽以下的河床进行等深冲刷修正,稳定河宽以上河床按不冲处理。

9）平滩流量计算

（1）断面平滩流量。当某一断面主槽的水位与滩面齐平时，该断面所能通过的流量，即为该断面的平滩流量。对某一时刻的断面平滩流量的计算，可根据这个断面在这一时刻的平滩高程，利用相应的水位流量关系曲线，得出该时刻的平滩流量。而不同断面的水位流量关系曲线，可由数学模型计算得出，即在保持河床地形变化的情况下，利用一维水沙数学模型中的水流计算模块，计算出整个河段各断面在不同流量下的水位。

（2）河段平滩流量。假设某一河段由 I_{max} 个实测大断面组成，河段总长度为 L。第 i 断面距进口断面的距离为 x_i，且该断面的平滩流量为 Q_i。则该河段的平滩流量 Q_L 可由下式计算

$$Q_L = \frac{\sum_{i=1}^{I_{max}-1} 0.5(Q_i + Q_{i+1})(x_{i+1} - x_i)}{L} \tag{7-47}$$

式(7-47)即为河段平滩流量的计算公式。

7.2.5.2 数学模型率定

采用黄河下游1987～2002年的实测水沙系列，对模型进行了率定。图7-15给出了黄河下游各河段在1986年11月至2002年10月的累积冲淤过程。由图7-15可知，计算结果与实测结果较为符合。

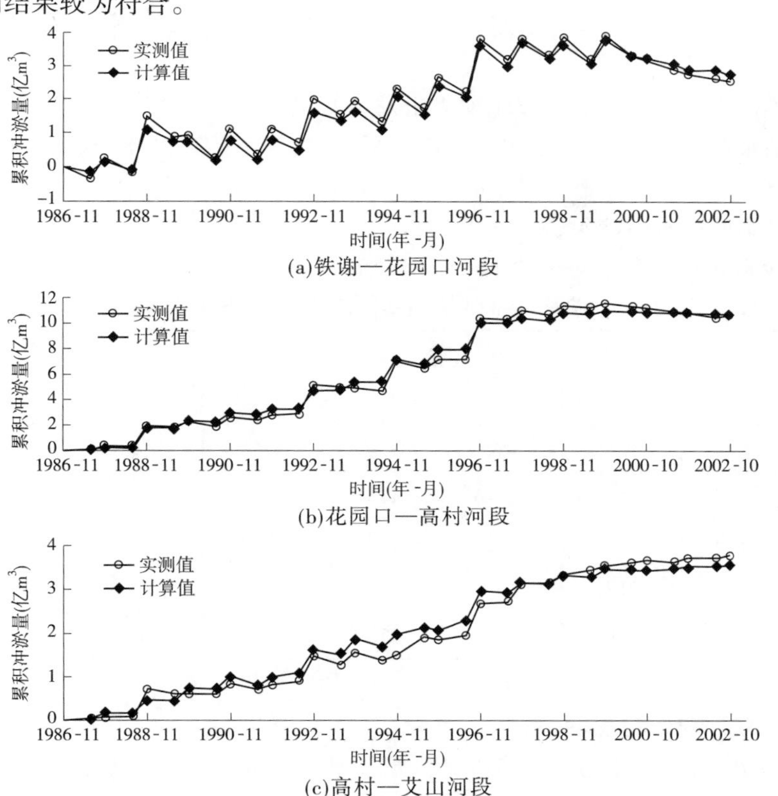

图7-15 黄河下游各河段累积冲淤量计算与实测对比（1986-11～2002-10）

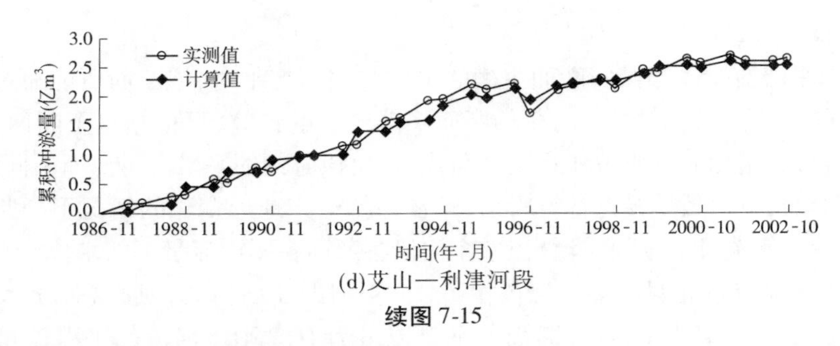

(d)艾山—利津河段

续图 7-15

7.2.5.3 采用数学模型计算水沙条件说明

泥沙数学模型可进行不同水沙系列河道冲淤及主槽平滩流量的模型计算，为研究不同来沙条件下，黄河下游平滩流量变化及相应的汛期输沙需水量，应注意以下几点：首先，分别以汛期沙量6亿t、8亿t、10亿t、12亿t为基准，从黄河下游1960～1999年实测水沙系列中选取4个5年水沙系列，每个系列中考虑有1年出现漫滩洪水，并且每个系列中考虑了丰、平、枯的来沙水平年情况；其次，以选取的每个实测系列为基准，保持汛期沙量不变，按水量同比例放大或减小流量过程，设计出另外两个水沙方案，使得三个方案的汛期水量变化范围尽可能覆盖实际输沙需水量；最后，可根据这三个方案，得到相同汛期沙量情况下，不同汛期水量相应的平滩流量变化过程，进而分析求解当平滩流量为4 000 m³/s时相应的汛期水量，此即为维持主槽4 000 m³/s时相应的汛期输沙需水量。各方案具有如下特点：

(1)非汛期水量、沙量不变，仅汛期水量发生变化；

(2)汛期水量的选择，基本上根据资料分析结果，尽可能选择3个能涵盖该系列沙量相应的汛期输沙需水量(主槽不淤时的水量)；

(3)各方案间引水引沙不变。

4个水沙系列各方案水文年的水沙量统计值，见表7-1。

表7-1　各水沙系列、各方案进口断面年水沙要素统计

水文年统计	水量(亿m³)						沙量(亿t)	
	方案1		方案2		方案3			
	全年	汛期	全年	汛期	全年	汛期	全年	汛期
系列Ⅰ	331.9	157	347.6	173	363.3	188	6.1	6
系列Ⅱ	362.8	194	382.3	213	401.6	232	8.5	8
系列Ⅲ	409.8	217	431.4	238	453.3	260	11.2	10
系列Ⅳ	429.0	245	453.5	270	478.0	294	12.2	12

7.2.5.4 平滩流量计算结果分析

各水沙系列、各方案下各河段主槽冲淤量及平滩流量计算结果表明，游荡型河段特别是花园口以上河段，由于初始平滩流量较大，主槽有一定的淤积，平滩流量有所减小，但仍可维持在4 000 m³/s以上。过渡型河段平滩流量在水量小时会减小到3 200 m³/s，在其他时段也能接近4 000 m³/s。弯曲型河段平滩流量变幅不大。

黄河下游河道沿程冲淤演变很不均衡,在无小浪底水库时期,基本上为非汛期上段河道冲刷,下段河道淤积;汛期则相反。上下河段冲、淤过渡河段往往发生在高村与孙口之间。小浪底水库运用后,下游河道主槽普遍发生冲刷,但是冲刷主要发生在夹河滩以上河段,相应的主槽平滩流量基本上呈自上而下的递减趋势,但从局部河段来看,孙口附近河段平滩流量最小。2006年汛前,黄河下游各河段平滩流量的差异十分明显,铁谢—花园口河段的平滩流量较艾山—利津河段大1倍左右。花园口以上河段,随水沙变化河床调整剧烈,其平滩流量对小浪底出库水沙反应十分敏感。花园口以下河段为黄河下游重点防洪区,主槽平滩流量的大小为黄河下游防洪的重要因素之一。综合各种因素,以花园口—利津河段的平均平滩流量,来分析黄河下游维持4 000 m³/s主槽的汛期输沙需水量。根据各方案的模型计算结果,将来沙量、汛期水量与相应的花园口—利津河段的平滩流量点绘在图7-16中,从图7-16可以内插求得不同来水来沙条件下,维持平滩流量为4 000 m³/s的相应输沙需水量,见表7-2。

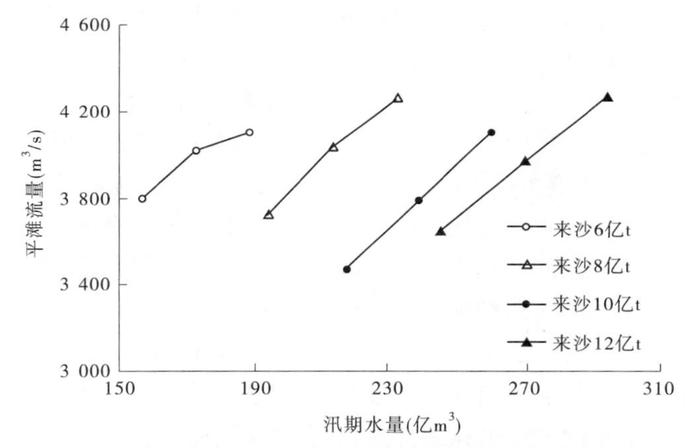

图7-16 数学模型计算黄河下游平滩流量、汛期水量及来沙量关系

表7-2 不同来沙量、平滩流量为4 000 m³/s时相应的输沙需水量

汛期来沙量(亿t)	6	8	10	12
汛期输沙需水量(亿m³)	172	211	253	271

7.2.6 计算结果综合分析

本节采用5种方法对汛期输沙需水量进行了计算,包括:①主槽冲淤平衡法;②全断面冲淤平衡法;③平滩流量法;④能量平衡法;⑤数学模型法。其中,方法②针对全断面输沙平衡且以花园口—利津河段为研究对象;方法①、③、④、⑤针对主槽冲淤基本平衡或主槽不萎缩,方法①以整个黄河下游主槽为研究对象,方法⑤以花园口—利津河段主槽为研究对象,方法③、④以黄河下游典型断面(孙口断面)为研究对象。

方法①以黄河下游年内主槽冲淤平衡为前提,根据水沙及冲淤关系来计算输沙需水量。其计算关系式是根据黄河实测资料建立起来的,计算结果基本能反映黄河下游全河段的平均情况,特别是较长时期的平均情况。但是,由于黄河下游各河段主槽冲淤的不均衡性,这种方法难以保证各河段特别是局部河段处于冲淤平衡状态。另外,该方法没有直接的平滩流量概念,主槽冲淤平衡时,各河段的平滩流量也不一定均衡,难以保证各河段特别是局部河段的平滩流量不减少或达到某一规模。

方法②基于全断面输沙平衡,其计算的输沙需水量理论上应比其他方法大,但是在计算过程中,没有考虑铁谢—花园口河段的冲淤量,从这一角度来看,其输沙需水量应小于方法①。因此,该法的计算结果还存在一些不确定因素。在分析黄河下游主槽不萎缩输沙需水量时,该方法仅作为旁证资料。

方法③和方法④均引入平滩流量因子,且选择目前黄河下游平滩流量较小的孙口河段为研究对象,计算的输沙需水量能够满足黄河下游各河段维持某一主槽规模的要求。这两种方法均能同时考虑河道塑槽和输沙对水量的需求。尤其是方法④基于能量平衡的原理,方法具有一定的理论基础,认为河道需要保有一定的水量用来塑造和维持一定的河道水力几何形态以及输送上游来沙,分别根据塑槽和输沙两方面的需求计算塑槽输沙需水量,同时该方法考虑水沙条件对平滩流量的累积影响作用,并最终建立了平滩流量和4年滑动平均输沙量与4年滑动平均塑槽输沙需水量之间的关系。

需要说明的是,采用方法③和方法④计算的均为同时考虑河道塑槽和输沙需求时的需水量,方法重点关注的是河道主槽规模的大小,而不是河道的冲淤平衡状态,实现的是塑造和维持给定平滩流量的目标。而方法①和方法②基于输沙平衡原理,关注的是维持全断面或主槽年内汛期和非汛期的冲淤基本平衡,实现的是主槽不萎缩或基本不淤的目标。由于这两类方法建立时所采用的思路和关注的目标不同,使得当输沙量较小时,基于输沙平衡的需水量计算结果偏小;而输沙量较大时的计算结果偏大。因此,确定最终计算结果时,不能将这两类方法简单地取平均。本研究中,方法③和方法④暂时仅作为旁证资料。

采用方法⑤计算水沙条件、边界条件时,根据黄河下游实际情况选取,水沙过程特别是洪水过程、漫滩洪水过程等反映得最为充分,计算程序严格,既能反映主槽冲淤变化,又能计算平滩流量的大小;既可计算整个河段的平滩流量,又能反映某个断面平滩流量的变化,且模型经过一些实测资料的验证,因此理论上该方法应最为可靠。但是,由于数学模型的基础理论及其一些关键技术问题目前并没有完全解决,经实测资料率定的参数的延展性还有一定存疑,模型计算结果也只能与其他方法相互印证。

从上述分析可以看出,方法①和方法⑤计算的维持黄河下游主槽不萎缩的输沙需水量,从方法上讲均有一定优缺点,且各种方法在某种程度上有一定的互补性,在目前阶段尚难以判定哪一种方法更为精确。本章暂以二者计算结果回归得到水库不调节条件下输沙需水量,见图7-17。

从图7-17可以看出,上述各种方法计算的输沙需水量结果基本一致,采用值基本在各方法计算结果中间。1986~1999年黄河下游汛期水量127亿m^3、沙量7.21亿t,下游河道主槽年淤积1.49亿t。据申冠卿等(2007)的研究,黄河下游在较大流量条件下冲刷1亿t泥沙约需清水45亿m^3。根据黄河调水调沙试验结果,2002年黄河调水调沙水量26亿m^3,下游河道主槽冲刷0.56亿t,冲刷1亿t泥沙约需清水46亿m^3。若取冲刷1亿t泥沙约需清水水量45亿m^3,则将1.49亿t泥沙冲走约需水量67亿m^3。1986~1999年汛期水量为127亿m^3,则黄河下游维持主槽不萎缩的汛期输沙需水量约194亿m^3,若按比例折合,黄河下游汛期来沙7亿t时,维持主槽不萎缩的汛期输沙需水量为188亿m^3。若去掉1988年、1994年,汛期平均水量119.7亿m^3、沙量6.1亿t,下游河道主槽年淤积1.2亿t。该系列非汛期水量、沙量与1986~1999年系列基本一致。主槽淤积泥沙仍按冲刷1亿t约需清水45亿m^3考虑,将1.2亿t泥沙冲走约需水量54.2亿m^3,则黄河下游维持主槽不萎缩的汛期水量约173亿m^3。若按比例折合,黄河下游汛期来沙6亿t时,汛期输沙需水量为170亿m^3。这一计算结果较图7-17中的采用值偏小6亿m^3左右。

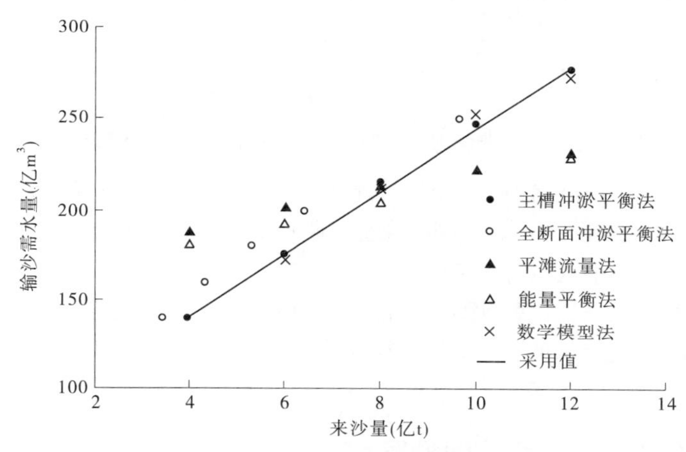

图7-17 小浪底水库不调节条件下汛期输沙需水量计算结果

综上分析,图7-17中的输沙需水量采用值基本能反映今后较长时期内维持黄河下游主槽不萎缩的汛期输沙需水量的上限水平。

7.3 小浪底水库不同水沙调节能力的输沙需水量计算

7.3.1 研究思路

小浪底水库投入运用后,黄河下游水沙过程发生了明显变化,蓄水运用期,下游主要泄放清水,拦沙后期及正常运用期,随着水库水沙调控技术的提高,进入下游的水沙过程将逐步向有利于黄河下游维持主槽不萎缩的较为和谐的水沙关系发展。不同的水沙过程,输沙需水量有时会产生较大的差异,本章拟结合三门峡水库运用经验及小浪底水库的实际情况,设计小浪底水库不同的调水调沙能力,并利用黄河下游水、沙、河道冲淤关系,研究不同来沙量条件下相应的汛期输沙需水量。汛期水沙过程按汛期洪水期(简称洪水期)、汛期非洪水期(简称非洪水期)考虑,洪水又分漫滩洪水和非漫滩洪水。非汛期、漫滩洪水期黄河下游主槽发生冲刷,非洪水期发生淤积,三者冲淤量之和视为非漫滩洪水输沙的允许淤积量,以此允许淤积量及非漫滩洪水的冲淤量与水沙的关系,计算相应的输沙需水量。非漫滩洪水期、漫滩洪水期、非洪水期水量之和即为汛期输沙需水量,计算过程见图7-18。

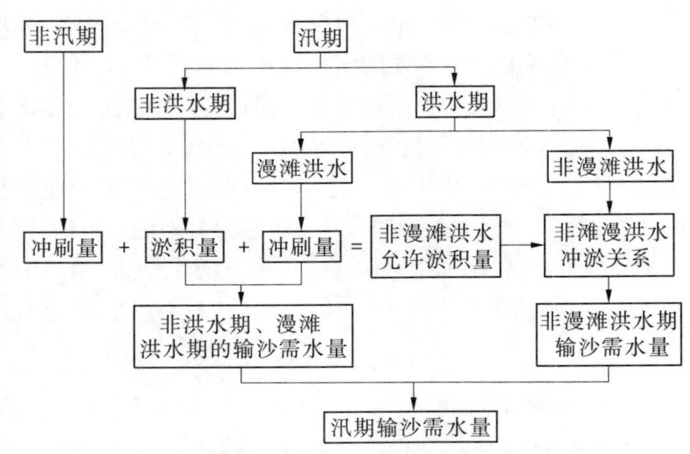

图 7-18 基于非漫滩洪水输沙公式的输沙需水量计算框图

洪水期出库水沙过程的控制是小浪底水库水沙调控技术的关键所在,应按照第 3 章、第 4 章的漫滩洪水、非漫滩洪水控制指标进行调控。但是,限于小浪底水库库容,特别是目前泥沙调控水平,小浪底水库尚难以完全满足按照水沙调控指标调控出库流量、含沙量的要求。因此,本章根据三门峡水库运用经验及小浪底水库的运用条件,设计基于流量过程不调节、流量过程完全调节两类方案,并计算各类方案下,小浪底水库不同调沙能力下的输沙需水量。

7.3.2 基于流量过程不调节的方案

7.3.2.1 水沙过程

根据 1986 ~ 1999 年黄河下游水沙过程,将水流过程概化为流量小于 1 000 m^3/s、1 000 ~ 1 500 m^3/s、1 500 ~ 2 000 m^3/s、2 000 ~ 2 500 m^3/s、2 500 ~ 3 000 m^3/s、大于 3 000 m^3/s 共 6 个流量级,且认为一般含沙情况下,流量大于 3 000 m^3/s 洪水输沙过程黄河下游主槽淤积很少,为简化计算,该级流量取 3 500 m^3/s。调节小于 3 500 m^3/s 各流量级输沙量,以反映小浪底水库的不同调沙能力。

7.3.2.2 非漫滩洪水期允许淤积量

1) 非汛期河道冲淤与水沙的响应关系

1974 年以后,三门峡水库采用"蓄清排浑"控制运用,年来沙量的 95% 以上都集中于汛期排入下游河道,非汛期基本为清水或低含沙水流,期间下游河道以冲刷为主。1986 年后,伴随着上游龙羊峡水库的运用,进入下游河道的水量年内重新分配,汛期比例减少,非汛期比例增加,非汛期来水约占年水量的 51%,非汛期来沙相对很少,几乎不存在输沙用水的问题,而入海和入渠的泥沙主要来自河道的冲刷。黄河水少沙多,长时期看河道以淤积抬升为主,非汛期河道冲刷对年内的冲淤量影响较大,计算汛期的输沙需水量时应予以考虑。

以下主要根据非汛期月来水、来沙量及相应的河道冲淤量资料,点绘非汛期各月下游河道冲淤与水沙间的响应关系,如图 7-19 所示,并建立相应的月冲淤量计算表达式(7-48)。

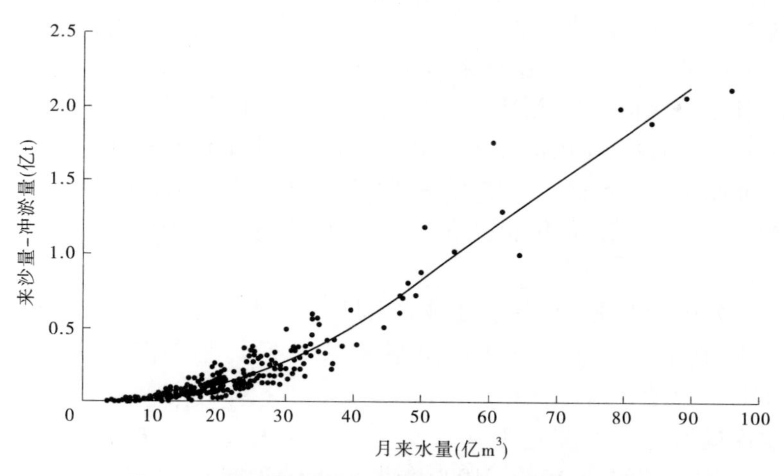

图 7-19　非汛期下游河道冲淤与水沙间的响应关系

$$W_{si} - C_{si} = \begin{cases} 0.000\,2W_i^{2.13} & W_i \leqslant 50 \\ 0.03W_i - 0.67 & W_i > 50 \end{cases} \tag{7-48}$$

式中：W_{si}为小黑小月来沙量，亿 t；C_{si}为小黑小月冲淤量，亿 t；W_i 为小黑小月来水量，亿 m³。

若已知汛期逐月的来水来沙量，利用式(7-48)可以分别求出各月的冲淤量 C_{si}，然后累加 $\sum C_{si}$ 则可以求得非汛期冲淤量。如果缺少各月水沙量资料，根据每年非汛期实测水沙量及相应的河道冲淤量，建立黄河下游非汛期河道冲淤量与来水来沙间的关系，如式(7-49)所示

$$W_s - C_s = 0.309e^{0.008\,4W} \tag{7-49}$$

式中：W_s 为非汛期来沙量，亿 t；C_s 为非汛期冲淤量，亿 t；W 为非汛期来水量，亿 m³。

根据上述研究及黄河下游 1986～1999 年非汛期实际水沙情况，在进行分析计算时，选取河道冲刷 0.64 亿 t 作为汛期允许淤积量的一部分。

2）漫滩洪水主槽冲刷量

漫滩洪水滩地淤积量大小与滩槽流量分配、含沙量分配、漫滩历时、水沙交换的频繁程度等因素有关。假定已知漫滩洪水的水沙指标，根据式(3-16)可以求得漫滩洪水滩地冲淤量，然后根据式(3-15)可以求得主槽的冲淤量，见表 7-3。

表 7-3　不同方案漫滩洪水滩槽冲淤量计算

项目	方案 1	方案 2
水量(亿 m³)	40	60
沙量(亿 t)	2.5	3.6
最大流量(m³/s)	6 000	6 000
平滩流量(m³/s)	4 000	4 000
漫滩水量(亿 m³)	8	12
滩地淤积量(亿 t)	2.09	2.57
主槽冲刷量(亿 t)	-1.41	-1.69

对于漫滩洪水流量、含沙量、洪水历时指标，根据第3章的研究，洪峰流量大于1.5倍的平滩流量，即6 000 m^3/s（主槽维持规模为4 000 m^3/s），含沙量小于250 kg/m^3，洪水水量50亿m^3（运行时间约10 d），洪水沙量3亿t，与上述计算方案基本一致。根据一般含沙洪水水沙关系，花园口—艾山河段相应主槽冲刷量接近1亿t，根据有关计算结果，黄河下游河道主槽冲刷量为1.5亿t左右，考虑到今后高含沙洪水仍难以避免，而高含沙洪水黄河下游主槽往往发生严重淤积，因此在计算非漫滩洪水主槽允许淤积量时，主槽冲刷量按1亿t考虑。

综合历史上发生的漫滩洪水情况及滩地现状，漫滩洪水几率初步按5年一遇考虑。5年一次漫滩洪水，则年均水、沙量分别为10亿m^3、0.6亿t，主槽年均冲刷量取0.2亿t。

3）*非洪水期淤积量*

小浪底水库运用后，应尽量避免800～2 600 m^3/s级洪水，汛期非洪水期主要为流量小于800 m^3/s情况。据统计，1986～1999年黄河下游汛期流量小于800 m^3/s的年均来沙量为0.3亿t，相应年均沙量为7.6亿t。已有研究表明，该级流量下黄河下游多年平均的河道淤积比为56%，相应的非洪水期淤积量为0.18亿t。根据年沙量同比例折算后，相应于年沙量为4亿t、6亿t、8亿t、10亿t、12亿t的非洪水期输沙量分别为0.16亿t、0.24亿t、0.32亿t、0.39亿t、0.47亿t，下游河道淤积量分别为0.09亿t、0.13亿t、0.18亿t、0.22亿t、0.26亿t。

4）*非漫滩洪水允许淤积量*

将上述冲淤量合计可求出相应4亿t、6亿t、8亿t、10亿t、12亿t年沙量的黄河下游非漫滩洪水期的允许淤积量，计算结果见表7-4。

表7-4　非漫滩洪水期允许淤积量计算结果　（单位：亿t）

年沙量	非汛期冲淤量	非洪水期冲淤量	漫滩洪水期冲淤量	非漫滩洪水期允许淤积量
4	-0.64	0.09	-0.2	0.75
6	-0.64	0.13	-0.2	0.71
8	-0.64	0.18	-0.2	0.66
10	-0.64	0.22	-0.2	0.62
12	-0.64	0.26	-0.2	0.58

7.3.2.3　输沙需水量计算

黄河下游1989～1999年实测水沙过程，流量大于3 000 m^3/s洪水输送沙量所占比例为40%左右，将该比例增加至60%、80%、100%，相应调整流量小于3 000 m^3/s各级洪水的沙量所占比例，并计算各级洪水输送的沙量；根据求得的允许淤积量及来沙量，计算淤积比η，然后利用下式计算各级流量相应的输沙需水量。各方案计算结果见图7-20。

$$S/Q^{0.8} = 0.18\eta^3 + 0.3\eta^2 + 0.17\eta + 0.066$$

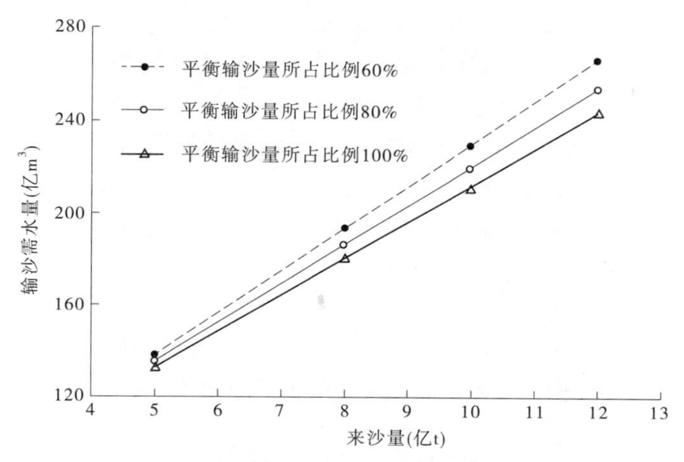

图 7-20 黄河下游维持主槽不萎缩不同来沙量相应的汛期输沙需水量

7.3.3 基于流量过程完全调节的方案

7.3.3.1 水沙过程

非漫滩洪水流量尽可能按接近平滩流量来控制,考虑到小浪底水库的实际情况,采取按3 500 ~4 000 m^3/s 控制,为计算方便取平均值3 800 m^3/s,洪水运行时间控制大于7 d,洪水水量控制大于40 亿 m^3。根据黄河下游冲淤临界洪水流量、含沙量关系,3 800 m^3/s 相应的冲淤临界含沙量为 48 kg/m^3。计算时认为汛期洪水流量过程可按 3 800 m^3/s 控制、非洪水期按 480 m^3/s(1986 ~1999 年流量小于 800 m^3/s 流量的平均值)控制,含沙量按大于、等于及小于 48 kg/m^3 三种情况计算,其相应的洪水输沙过程分别为淤积输沙、平衡输沙、冲刷输沙。

图 7-21 为 1986 ~1997 年当花园口站流量为 2 600 ~4 000 m^3/s 时,各级含沙量相应的水流输沙量占该级流量总输沙量的百分数。当流量分别为 4 000 m^3/s、2 600 m^3/s 时,黄河下游相应的冲淤临界含沙量分别为 50 kg/m^3、30 kg/m^3。

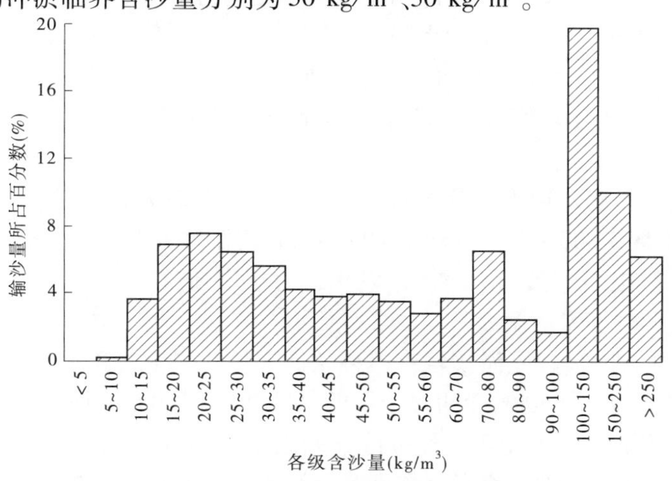

图 7-21 花园口 2 600 ~4 000 m^3/s 流量下各级含沙量相应的水流输沙量分布

从图 7-21 可以看出,含沙量在30 ~ 50 kg/m³内的水流输沙量占总输沙量的百分数仅18%左右;含沙量小于 30 kg/m³、大于 50 kg/m³ 的水流输沙量分别占总输沙量的25%和57%。若小浪底水库将汛期洪水调控为 3 800 m³/s 后,其泥沙调节能力仍与三门峡水库相同,则认为其为平衡输沙过程,流量为 3 800 m³/s,含沙量为 48 kg/m³,其输沙量所占百分数为 18%;冲刷输沙过程,流量为 3 800 m³/s,含沙量小于 48 kg/m³,平均为 20 kg/m³,输沙量所占百分数为27%;淤积输沙过程,流量为 3 800 m³/s,含沙量大于 48 kg/m³,平均为 105 kg/m³,其输沙量所占百分数为 57%。

增加平衡输沙量所占比例,并平均调整冲刷、淤积输沙比例,可反映出不同调沙能力相应的输沙过程。如平衡输沙占总量的百分数分别增加为 40%、60%、100% 三种情况下,则洪水平衡输沙、冲刷输沙、淤积输沙过程所占百分数分别为 40%、14%、46%,60%、4%、36%,100%、0、0。

7.3.3.2 输沙需水量计算

这类方案非漫滩洪水允许淤积量计算同 7.3.2 部分。黄河下游非漫滩洪水输沙量应为年沙量扣去漫滩洪水沙量及非洪水期沙量后的值。计算得到的相应于年沙量为 4 亿 t、6 亿 t、8 亿 t、10 亿 t、12 亿 t 的非漫滩洪水输沙量分别为 3.24 亿 t、5.16 亿 t、7.08 亿 t、9.01 亿 t、10.93 亿 t。

下面以黄河下游来沙量为 6 亿 t(相应的非漫滩洪水输沙量为 5.16 亿 t)、平衡输沙占洪水输沙总量 18% 的方案(相应的冲刷、淤积过程输沙分别占 25%、57%)为例,来说明输沙需水量的计算方法。

1)平衡输沙需水量

根据洪水输沙总量 5.16 亿 t 及平衡输沙所占比例为 18%,计算平衡输沙沙量为 0.93 亿 t。根据水沙临界关系式(4-29),洪水流量 3 800 m³/s、含沙量 48 kg/m³,计算输沙需水量为 19.3 亿 m³。

2)冲刷输沙需水量

根据洪水输沙总量 5.16 亿 t 及冲刷输沙所占比例为 25%,计算冲刷输沙沙量为 1.29 亿 t。据洪水流量 3 800 m³/s、含沙量 20 kg/m³ 搭配,计算输沙需水量为 64.5 亿 m³。当流量为 3 800 m³/s 时,黄河下游河道单位清水水量冲刷泥沙 0.022 t/m³,若非清水则冲刷量按来沙量的 50%(多年均值)减少,计算河道冲刷量为 0.77 亿 t。

3)淤积输沙需水量

根据洪水输沙总量 5.16 亿 t 及淤积输沙所占比例为 57%,计算淤积输沙沙量为 2.94 亿 t。根据洪水流量 3 800 m³/s、含沙量 105 kg/m³ 搭配关系,水沙临界关系式(4-29),计算输沙需水量为 28 亿 m³,黄河下游河道淤积量为 0.88 亿 t。

4)非漫滩洪水输沙需水量

计算平衡输沙、冲刷输沙、淤积输沙三种条件下的冲淤量之和,若其大于允许淤积量,则需增加水量,通过减小冲刷输沙的含沙量反复试算;否则,需减少输沙水量,通过增加淤积输沙的含沙量反复试算。直到三种条件下的淤积量与允许淤积量相同,此时,平衡输沙、冲刷输沙、淤积输沙三部分水量之和即为非漫滩洪水输沙需水量。

上述三种条件的冲淤量为 0.11 亿 t,较允许淤积量 0.71 亿 t 小,经试算后,三种条件下输沙需水量合计为102亿m^3。

5）汛期输沙需水量

汛期输沙需水量还应包括漫滩洪水水量及非洪水期水量。前面已分析，漫滩洪水水量为50亿m^3，5年一次，则年均为10亿m^3。

非洪水期流量取1986～1999年多年平均值480 m^3/s，非洪水期水量可据此及洪水历时来计算。若非洪水期流量不同，汛期输沙需水量也将不同。

综合上述计算结果，在黄河下游4亿t、6亿t、8亿t、10亿t、12亿t来沙条件下，小浪底水库不同调沙能力下，汛期输沙需水量计算结果见图7-22，图例中的百分数为平衡输沙沙量占非漫滩洪水输沙总量的百分数。

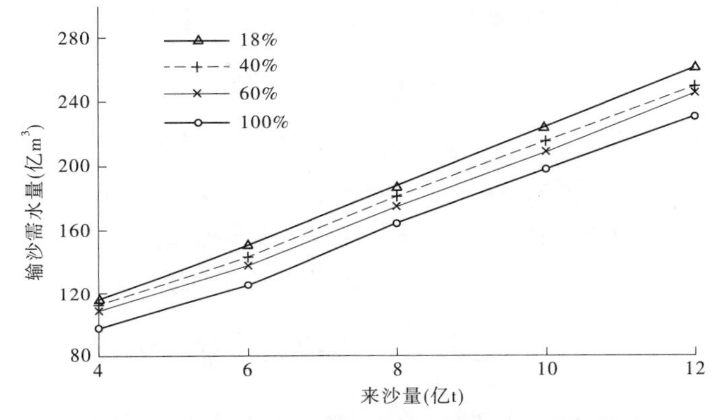

图7-22　黄河下游维持主槽不萎缩不同来沙量相应的汛期输沙需水量

7.3.4　基于优化调节的输沙需水量

所谓优化调节的输沙需水量，就是采用系统工程的优化模型，以汛期输沙需水量最小为目标，以汛期允许淤积量为约束条件，对于给定的汛期来沙量，通过改变水沙搭配关系，寻求最小的输沙需水量。

采用类似于式(7-3)的方法，建立黄河下游河道场次洪水过程的排沙比关系(其关系曲线见图7-23)

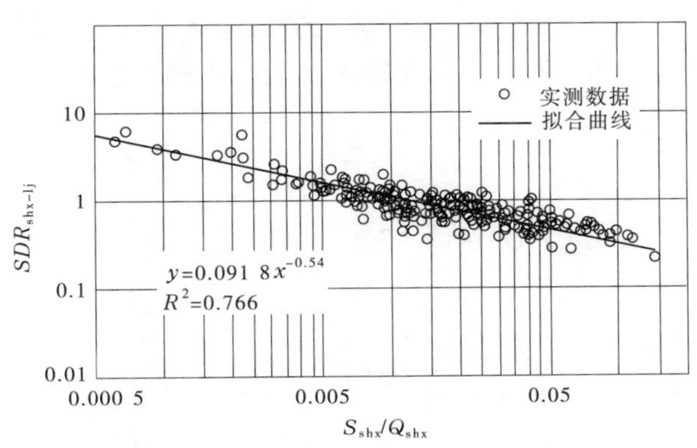

图7-23　黄河下游全河段的排沙比与三黑小平均来沙系数的关系

$$SDR_{shx-lj} = 0.0918\left(\frac{S_{shx}}{Q_{shx}}\right)^{-0.54} \quad (R^2 = 0.766) \tag{7-50}$$

式中：SDR_{shx-lj}为三黑小—利津河段的洪水排沙比；S_{shx}、Q_{shx}分别为三黑小的洪水平均含沙量和来水量。

式(7-50)便是以洪水资料率定获得的黄河下游全河段的排沙比公式，反映了下游河段在场次洪水时间尺度上的输沙特性，式中的系数和指数根据1950～1986年黄河下游各站270场洪峰水量、沙量及冲淤量资料确定。

7.3.4.1 汛期输沙需水量优化模型

考虑汛期时间长度 $T = 123$ d，划分为非洪水时段 T_d、若干场次非漫滩洪水时段 T_{F1}、T_{F2}、…、T_{Fm}（m 为汛期的洪水场次数）和漫滩洪水时段 T_{OF}，则有

$$T_d + \sum_{i=1}^{m} T_{Fi} + T_{OF} = 123 \tag{7-51}$$

设各时段内的流量依次为 Q_d、Q_{F1}、Q_{F2}、…、Q_{Fm} 和 Q_{OF}（单位 m^3/s）；含沙量分别为 S_d、S_{F1}、S_{F2}、…、S_{Fm} 和 S_{OF}（单位 kg/m^3）；排沙比分别为 SDR_d、SDR_{F1}、SDR_{F2}、…、SDR_{Fm} 和 SDR_{OF}；下标“d”表示非洪水时段、“Fi”（$i=1,\cdots,m$）表示非漫滩洪水时段、“OF”表示漫滩洪水时段。则输沙需水量 W、输沙量 W_s 和淤积量 ΔW_s 分别为

$$W = (T_d Q_d + \sum_{i=1}^{m} T_{Fi} Q_{Fi} + T_{OF} Q_{OF}) \times 86\,400 \times 10^{-8} \tag{7-52}$$

$$W_s = (T_d S_d Q_d + \sum_{i=1}^{m} T_{Fi} S_{Fi} Q_{Fi} + T_{OF} S_{OF} Q_{OF}) \times 86\,400 \times 10^{-11} \tag{7-53}$$

$$\begin{aligned} \Delta W_s &= [(1 - SDR_d) T_d S_d Q_d + \sum_{i=1}^{m} T_{Fi} S_{Fi} Q_{Fi} (1 - SDR_{Fi}) + T_{OF} S_{OF} Q_{OF} (1 - SDR_{OF})] \times 86\,400 \times 10^{-11} \\ &= W_s - (SDR_d T_d S_d Q_d + \sum_{i=1}^{m} SDR_{Fi} T_{Fi} S_{Fi} Q_{Fi} + SDR_{OF} T_{OF} S_{OF} Q_{OF}) \times 86\,400 \times 10^{-11} \end{aligned} \tag{7-54}$$

由于排沙比是水沙搭配（即流量和含沙量）的函数，如果已知各时段的流量和含沙量，由式(7-54)即可获得相应的淤积量。在小浪底水库具有充分的水沙调节能力时，对于给定的汛期来沙量 W_s，就可以调节出某个优化的出库水沙序列，使得下游河道淤积量小于允许淤积量，并且输沙需水量最小。亦即求汛期最小需水量的问题可用如下优化模型描述。

目标函数

$$\min W = \min[(T_d Q_d + \sum_{i=1}^{m} T_{Fi} Q_{Fi} + T_{OF} Q_{OF}) \times 86\,400 \times 10^{-8}] \tag{7-55}$$

约束条件

$$\frac{\Delta W_s \times 10^{11}}{86\,400} = \frac{W_s \times 10^{11}}{86\,400} - (SDR_d T_d S_d Q_d + \sum_{i=1}^{m} SDR_{Fi} T_{Fi} S_{Fi} Q_{Fi} + SDR_{OF} T_{OF} S_{OF} Q_{OF}) \leqslant \frac{\Delta W_{s允许} \times 10^{11}}{86\,400} \tag{7-56a}$$

$$T_d S_d Q_d + \sum_{i=1}^{m} T_{Fi} S_{Fi} Q_{Fi} + T_{OF} S_{OF} Q_{OF} = \frac{W_s \times 10^{11}}{86\ 400} \tag{7-56b}$$

$$T_d + \sum_{i=1}^{m} T_{Fi} + T_{OF} = 123$$

$$SDR_{Fi} = SDR_{Fi}(S_{Fi}; Q_{Fi}) = 0.091\ 8\left(\frac{S_{Fi}}{Q_{Fi}}\right)^{-0.54} (i = 1, \cdots, m) \tag{7-56c}$$

$$SDR_d = SDR_d(S_d; Q_d) \tag{7-56d}$$

$$SDR_{OF} = SDR_{OF}(S_{OF}; Q_{OF}) \tag{7-56e}$$

上述约束条件中,式(7-56c)、式(7-56d)和式(7-56e)分别为汛期非漫滩洪水、非洪水期和漫滩洪水期的排沙比关系式。

7.3.4.2 优化的汛期输沙需水量

原则上,根据上述优化模型即可推求出最优的汛期输沙需水量和相应的水沙搭配关系。下面根据前文流量过程完全调节的思想,假定通过小浪底水库调节出两级流量:非洪水期 Q_d =480 m^3/s,非漫滩洪水期 Q_F =3 800 m^3/s,漫滩洪水按照5年一遇考虑,来推求各流量级优化的泥沙搭配、持续时间以及最优输沙需水量。

1)年来沙量为8亿t的情形

以年来沙量8亿t为例,根据前文分析,可取汛期非洪水期来沙量为0.32亿t、淤积量为0.18亿t;漫滩洪水按5年一遇考虑,漫滩洪水来水量为50亿m^3,来沙量为3.0亿t,冲刷量为1.0亿t,历时10 d。实际计算中,将漫滩洪水特征值按年均值考虑。汛期允许淤积量为0.64亿t,亦即

- 汛期非洪水期计算条件

$$Q_d = 480\ \text{m}^3/\text{s}, T_d S_d Q_d \times 86\ 400 \times 10^{-11} = 0.32\ 亿\ \text{t}$$

$$SDR_d T_d S_d Q_d \times 86\ 400 \times 10^{-11} = 0.14\ 亿\ \text{t}$$

- 非漫滩洪水计算条件

$$Q_F = 3\ 800\ \text{m}^3/\text{s}$$

- 漫滩洪水计算条件

$$T_{OF} = 2\ \text{d}$$

$$T_{OF} Q_{OF} \times 86\ 400 \times 10^{-8} = 10\ 亿\ \text{m}^3$$

$$T_{OF} S_{OF} Q_{OF} \times 86\ 400 \times 10^{-11} = 0.6\ 亿\ \text{t}$$

$$SDR_{OF} T_{OF} S_{OF} Q_{OF} \times 86\ 400 \times 10^{-11} = 0.8\ 亿\ \text{t}$$

- 来沙及允许淤积条件

$$W_s = 8.0\ 亿\ \text{t}, \Delta W_{s允许} = 0.64\ 亿\ \text{t}$$

这样,上述优化模型可转化如下。

目标函数

$$\min W = \min[(480 T_d + 3\ 800 T_F) \times 86\ 400 \times 10^{-8} + 10] \tag{7-57}$$

约束条件

$$\Delta W_s = 7.06 - SDR_F T_F S_F Q_F \times 86\ 400 \times 10^{-11} \leqslant \Delta W_{s允许} = 0.64 \tag{7-58a}$$

$$T_F S_F = \frac{7.08 \times 10^{11}}{3\ 800 \times 86\ 400} = 2\ 156.4 \tag{7-58b}$$

$$T_d + T_F = 121 \tag{7-58c}$$

$$SDR_F = 0.091\ 8 S_F^{-0.54} Q_F^{0.54} \tag{7-58d}$$

将式(7-58c)代入式(7-57)、式(7-58d)代入式(7-58a),进一步有:

目标函数

$$\min W = \min[50.2 + 3\ 320 T_F \times 86\ 400 \times 10^{-8} + 10] \tag{7-59}$$

约束条件

$$S_F^{0.46} T_F \geqslant 248.5 \tag{7-60a}$$

$$T_F S_F = 2\ 156.4 \tag{7-60b}$$

显然,由式(7-60a)和式(7-60b)即可确定:$T_F \geqslant 39.4$ d,取整数有 $T_F = 40$ d,由式(7-59)可确定汛期输沙需水量 W 的最小值为 174.9 亿 m^3,进而有优化的非漫滩洪水含沙量 $S_F = 53.9\ kg/m^3$。

2)其他年来沙量的情形

与前文相同,分别考虑 W_s = 4 亿 t、6 亿 t、10 亿 t、12 亿 t 等其他年来沙量的情形。相应的已知条件如表 7-5 所示。

表 7-5　不同来沙量情形的计算条件

W_s(亿 t)	4	6	10	12
$\Delta W_{s允许}$(亿 t)	0.64	0.64	0.64	0.64
Q_d(m^3/s)	480	480	480	480
$T_d S_d Q_d \times 86\ 400 \times 10^{-11}$(亿 t)	0.16	0.24	0.39	0.47
$SDR_d T_d S_d Q_d \times 86\ 400 \times 10^{-11}$(亿 t)	0.07	0.11	0.17	0.21
Q_F(m^3/s)	3 800	3 800	3 800	3 800
T_{OF}(d)	2	2	2	2
$T_{OF} Q_{OF} \times 86\ 400 \times 10^{-8}$(亿 m^3)	10	10	10	10
$T_{OF} S_{OF} Q_{OF} \times 86\ 400 \times 10^{-11}$(亿 t)	0.6	0.6	0.6	0.6
$SDR_{OF} T_{OF} S_{OF} Q_{OF} \times 86\ 400 \times 10^{-11}$(亿 t)	0.8	0.8	0.8	0.8

按照上述优化计算方法,类似可以得到相应的非漫滩洪水最短持续时间 T_F,取整数后的相应计算结果见表 7-6。可以看到,在来沙量线性递增的情形下,按照两级流量实施水沙优化调节的汛期输沙需水量也近似线性增加。但是由于不同来沙量情形下的非漫滩洪水允许淤积量不同,所要求的非漫滩洪水的含沙量也不同。基本上随着来沙量的增加,要求非漫滩洪水的含沙量也越低。图 7-24 给出了优化计算结果与前文水沙调节方案结果的比较。本章的优化计算结果与前文水沙完全调节方案的结果是基本一致的,二者差

值在 15 亿 m^3 以内，优化计算结果印证了水沙完全调节方案计算结果的正确性。

表 7-6 不同来沙量情形的优化计算结果

W_s(亿 t)	4	6	8	10	12
$\Delta W_{s允许}$(亿 t)	0.64	0.64	0.64	0.64	0.64
T_F—模型(d)	13.28	26.19	39.4	52.72	65.97
T_F—取整数(d)	14	27	40	53	66
W(亿 m^3)	100.4	137.6	174.9	212.2	249.5
S_F(kg/m^3)	70.4	58.2	53.9	51.8	50.4

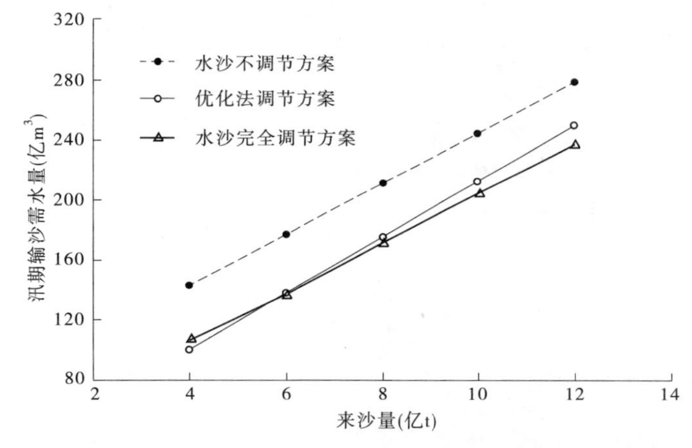

图 7-24 汛期输沙需水量的优化计算结果及与水沙调节方案结果对比

7.4 维持黄河下游主槽不萎缩的输沙需水量及其变化范围

7.4.1 黄河下游花园口站汛期输沙需水量变化范围

当主槽维持规模、来沙量等因素确定后，不利的水沙过程对应维持主槽不萎缩的输沙需水量的上限，如图 7-1 所示，小浪底水库不调节方案，相对而言，应该是今后黄河下游水沙搭配相对较差的情况，相应的维持主槽不萎缩所需输沙水量较大，可认为是今后黄河下游维持主槽不萎缩的所需输沙需水量的上限，见图 7-17。

有利的水沙过程则对应输沙需水量的下限，第 7.3 节的小浪底水库水沙完全调节方案即为有利的水沙过程，黄河下游洪水流量、含沙量完全按照理想水沙搭配控制，相应的维持主槽不萎缩所需水量最少，可认为是维持主槽不萎缩的所需输沙需水量的下限。图 7-20、图 7-24 计算的完全调节方案的输沙需水量及优化输沙需水量，从理论上应该完全一致。但是，由于在计算过程中对流量、含沙量过程的概化等方面的差异，使二者的计算结果略有不同,本章暂以二者计算结果回归得到水沙完全调节方案下的输沙需水量计算结果。

其他不完全水沙调节方案应介于上述上、下限之间,见图 7-20 及图 7-22。其中完全流量调节方案结果(图 7-22 的上限曲线)可以作为此类方案的代表。

综上所述,汛期输沙需水量结果见图 7-25。可以看出,在黄河下游相同来沙条件下,维持主槽不萎缩的输沙需水量在不同条件下差异较大。如当来沙量为 6 亿 t 时,水沙不调节方案,需输沙水量约 184 亿 m^3;流量完全调节方案,需输沙水量 150 亿 m^3,可减少水量 34 亿 m^3;对水沙完全调节方案,需输沙水量 137 亿 m^3,可进一步减少 13 亿 m^3。应该说明的是,限于小浪底水库库容及防洪运用方式,一般情况下很难将汛期洪水完全控制在上述两个量级,即使可将其他量级的洪水调控为 3 800 m^3/s 量级洪水,其他量级的泥沙能否被调节到 3 800 m^3/s 量级洪水排放,仍有一定的疑问,而将含沙量完全按黄河下游临界水沙搭配调控的难度更大。因此,维持黄河下游主槽不萎缩的输沙需水量一般应大于流量完全调节方案,小于小浪底水库不调节方案。

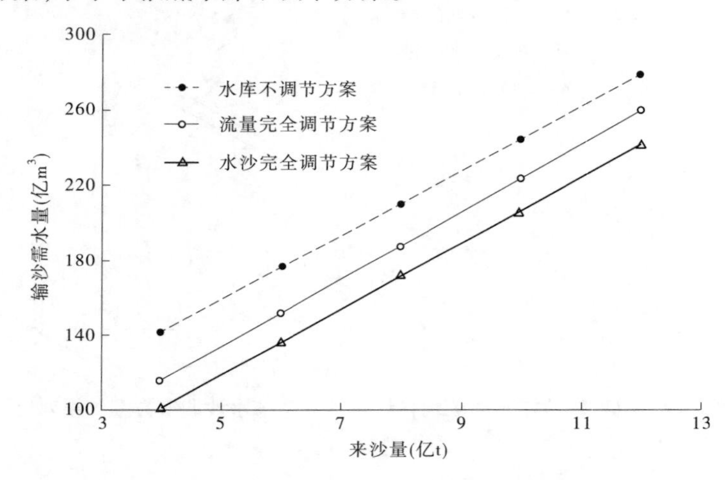

图 7-25　黄河下游花园口站汛期输沙需水量变化范围

7.4.2　黄河下游利津站输沙需水量变化范围

在黄河下游水沙演进过程中,除引水引沙外,还存在沿程蒸发、渗漏等水量损失,因此常用利津水文站的输沙需水量来反映黄河下游实际输沙需水量。根据引黄灌区的发展,黄河下游的引水可分以下阶段:1958 ~ 1961 年为大水漫灌期,1962 ~ 1965 年处于停灌期;1966 ~ 1973 年为逐步恢复灌溉期,年均引水 44. 32 亿 m^3;1974 年之后至 2006 年属于正常灌溉期,年均引水 90. 16 亿 m^3,其中非汛期引水 61. 55 亿 m^3,汛期引水 28. 61 亿 m^3。从 20 世纪 70 年代初到 90 年代末,黄河下游历年引沙量基本稳定在 1 亿 ~ 2 亿 t,小浪底水库投入运用之后到 2006 年,由于水库处于拦沙运用初期,年均进入下游的泥沙在 0. 7 亿 t 以下,多年平均引沙量为 0. 4 亿 t。

黄河下游利津站汛期输沙需水量可通过花园口站与利津站汛期水量关系求得,

图 7-26为 1986～1999 年花园口与利津站实测汛期水量关系，据此计算出利津站典型方案不同来沙量相应的输沙需水量，如图 7-27 所示。

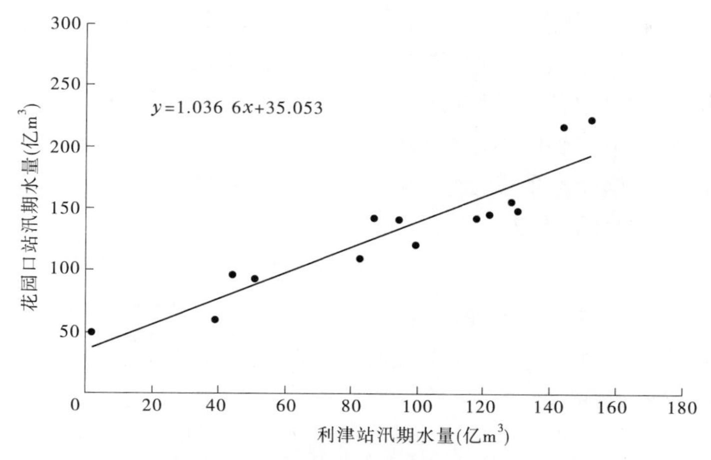

图 7-26　1986～1999 年花园口与利津站实测汛期水量关系

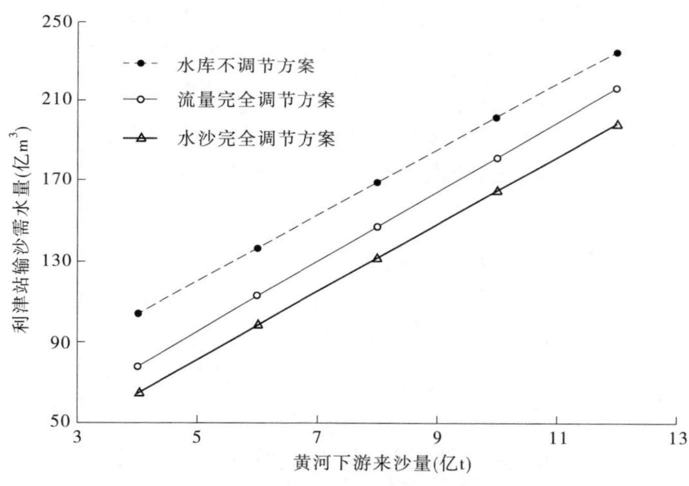

图 7-27　黄河下游利津站汛期输沙需水量变化范围

7.5　小　结

本章全面研究了维持黄河下游主槽不萎缩输沙需水量问题，分析了输沙需水量的影响因素，利用多种计算方法计算了小浪底水库不同运用条件下的输沙需水量，得出的主要成果及认识如下：

（1）维持黄河下游主槽不萎缩的输沙需水量的主要影响因素为前期河床边界条件、河道主槽的维持规模、来沙量及水沙过程，不同的条件下，相应的输沙需水量不同。

（2）提出了主槽冲淤平衡法、能量平衡法、数学模型法和优化法等维持主槽不萎缩的输沙需水量的计算方法。

主槽冲淤平衡法：根据黄河下游河道水、沙及冲淤关系，计算一定时期内主槽冲淤基本平衡时的输沙需水量。水沙过程按汛期、非汛期划分，汛期水沙过程又分为汛期洪水期、汛期非洪水期，洪水又分漫滩洪水和非漫滩洪水。非汛期、漫滩洪水期黄河下游主槽发生冲刷，非洪水期发生淤积，三者冲淤量之和视为非漫滩洪水输沙的允许淤积量，以此允许淤积量及非漫滩洪水的冲淤量与水沙的关系，计算相应的输沙需水量。非漫滩洪水、漫滩洪水、非洪水期水量之和即为汛期输沙需水量。

能量平衡方法：根据能量平衡概念，并结合水沙条件对平滩流量的累积影响作用，建立了塑槽输沙需水量的计算方法

$$\overline{W} = k_1 Q_{bf}^{a} + k_2 \overline{W}_s$$

数学模型法：利用一维恒定流泥沙数学模型，在一定的河床边界条件下，设计包括丰、平、枯水平的不同水沙系列，计算黄河下游河道冲淤及主槽平滩流量的变化，进而得到维持一定主槽规模的输沙需水量。

优化法：以汛期输沙需水量为目标函数，以来沙量、汛期允许淤积量和场次洪水排沙比关系等作为约束条件，建立优化模型，推求最小汛期输沙需水量。

(3)计算了小浪底水库不调节运用、不同水沙调节能力下的输沙需水量。

小浪底水库不调节运用：是今后黄河下游水沙搭配相对较差的情况，相应的维持主槽不萎缩所需输沙水量较大，为今后黄河下游维持主槽不萎缩的输沙需水量的上限。

小浪底水库水沙完全调节运用：黄河下游洪水流量、含沙量完全按照理想水沙搭配控制，相应的维持主槽不萎缩所需输沙需水量最少，为维持主槽不萎缩的所需输沙需水量的下限。

其他不完全水沙调节方案应介于上述上、下限之间。

(4)黄河下游相同来沙条件下，水库不同调节方案输沙需水量差异较大。如当来沙量为6亿t时，水沙不调节方案，需输沙水量184亿m^3；流量完全调节方案，需输沙水量150亿m^3，可减少水量34亿m^3；对水沙完全调节方案，需输沙水量137亿m^3，可进一步减少13亿m^3。

应该说明的是，限于小浪底水库库容及防洪运用方式，一般情况下很难将汛期洪水完全调控为3 800 m^3/s量级洪水，其他量级的泥沙能否被调节到3 800 m^3/s量级洪水排放，仍有一定的疑问，而将含沙量完全按黄河下游临界水沙搭配调控的难度更大。因此，维持黄河下游主槽不萎缩的输沙需水量一般应大于流量完全调节方案，小于小浪底水库不调节方案。

第8章　维持黄河内蒙古河道主槽不萎缩的水沙条件

8.1　概　述

黄河内蒙古河段长843.5 km,为典型的冲积型河段之一。除乌达公路桥以上、万家寨水利枢纽库区和下游段为峡谷型河段外,其余为平原河段,河长686.7 km。乌达公路桥至三盛公,上段为游荡性河道,下段54.6 km为三盛公库区回水范围。三盛公以下至头道拐河长521 km,为游荡性、弯曲性河道。内蒙古河道的冲淤变化既受上游来水来沙的影响,又与入黄支流的来水来沙有关。在自然情况下,内蒙古河段河道有缓慢抬升的趋势,年均淤积厚度为0.01～0.02 m。随着上游水利枢纽工程的建设和运用及气候条件发生变化,1986年后内蒙古河段淤积加重,主槽萎缩,行洪能力降低,小流量时出险机会增多,防洪防凌形势严峻。如2003年9月5日乌拉特前旗大河湾堤防溃口,三湖河口流量仅为1 460 m^3/s,相应水位达1 019.99 m,高于1981年洪水水位1 019.97 m(相应流量为5 500 m^3/s);2008年开河期杭锦旗奎素堤段发生溃口,三湖河口最高水位达1 021.22 m,远高于实测最高洪水位,相应流量仅为1 640 m^3/s。

由于暴露出来的问题日渐增多,内蒙古河段河道演变及发展趋势已经引起人们的关注。大断面资料分析认为,1962～1982年和1982～1991年内蒙古河段年均冲淤量分别为-0.030亿t和0.391亿t,淤积集中在三湖河口至头道拐之间(王彦成等,1996);沙量平衡分析认为,1954～1968年河道在自然状态下年均淤积量为0.252亿t,1969～1986年年均冲刷0.066亿t,1987～1996年年均淤积0.58亿t(王彦成等,1999)。采用不同方法综合分析认为,内蒙古河段1987～2004年的淤积量在0.616亿t左右,主槽淤积量约占淤积总量的82%(侯素珍等,2007)。1987年以后河道淤积加重,流量1 000 m^3/s水位年均抬高约0.1 m,主槽过流能力降低30%～50%。

河道淤积量增多,主槽萎缩严重,主槽过流能力、排洪排凌能力降低,洪灾凌灾频发,对黄河防洪和防凌十分不利。随着经济社会的发展,人类对河流的期望更高,人们从更多方面、不同角度来关注河流,希望河流提供更多的服务。随着三条黄河建设的开展,作为黄河游荡型河段之一的宁蒙河道,多大的主槽过流能力能够维持河流自身发展,满足合理主槽过流能力的低限洪水条件是什么？本章针对这些问题重点对内蒙古巴彦高勒—头道拐河段开展研究。

8.2　水沙条件

黄河上游来水来沙受自然因素和人为因素的共同影响。近年来,黄河上游降雨量偏少、水库调蓄作用增强、工农业用水量增加以及水土保持的减水减沙作用等,使得进入内蒙古河段的水沙条件产生了较大变化。根据刘家峡和龙羊峡水库投入运用时间,可分3个时期:1968年以前基本为天然情况,1969~1986年为刘家峡水库单库运用时期,1987~2006年为龙羊峡和刘家峡水库联合运用时期。巴彦高勒为进入内蒙古冲积型河段的控制站,以巴彦高勒站为代表分析进入内蒙古河段的水沙变化。

8.2.1 径流泥沙变化

8.2.1.1 年际变化大,呈减少趋势

黄河上游的水沙量存在丰枯相间的年际变化。图8-1和图8-2为巴彦高勒站非汛期、汛期及全年径流量和输沙量的历年变化过程。1920~2006年多年平均径流量为243.5亿m^3,年际间丰枯不均,1967年年径流量最大,达436.2亿m^3,1997年最小仅有97.8亿m^3,二者相差4.46倍;多年平均输沙量为1.329亿t,各年之间差别很大,其中1945年输沙量为历年最大值,达4.054亿t,1969年输沙量最小仅0.152亿t,二者相差26.7倍。年沙量的变化幅度远远大于年水量的变化幅度。多年平均含沙量为5.46 kg/m^3,1945年最高为12.38 kg/m^3,1969年最低为1.175 kg/m^3,最高和最低含沙量相差10.5倍。年际水沙量特征值见表8-1。

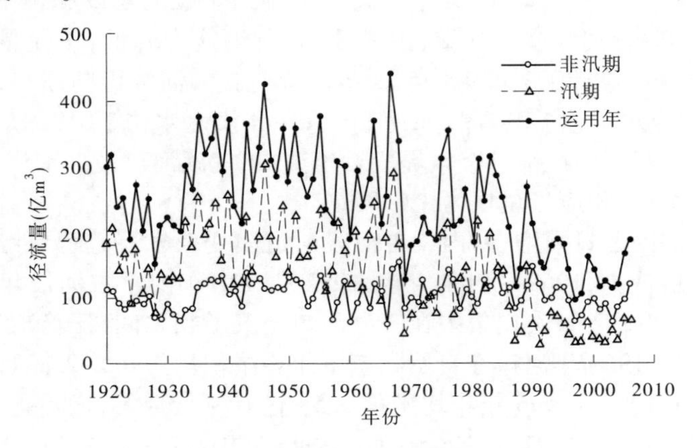

图8-1 巴彦高勒站历年径流量变化

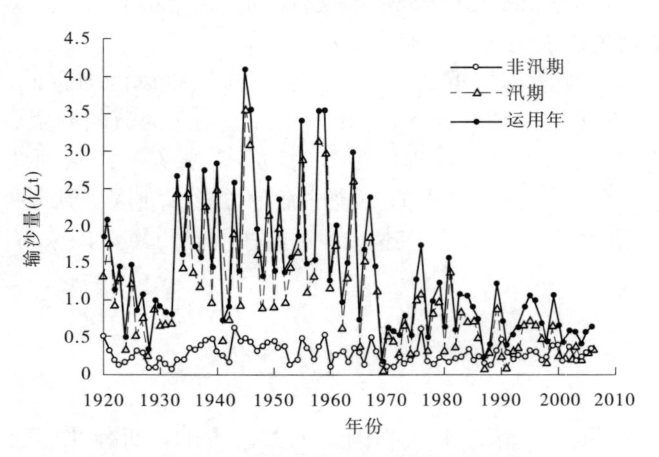

图8-2 巴彦高勒站历年输沙量变化

表 8-1　年际水沙量特征值统计

时段	项目	平均值	最大值(出现年份)	最小值(出现年份)	最大/最小
运用年	年水量(亿 m^3)	243.5	436.2(1967)	97.8(1997)	4.46
	年沙量(亿 t)	1.329	4.054(1945)	0.152(1969)	26.7
	含沙量(kg/m^3)	5.46	12.38(1945)	1.175(1969)	10.5
非汛期	水量(亿 m^3)	104.7	154.2(1968)	60.1(1966)	2.6
	沙量(亿 t)	0.281	0.648(1943)	0.080(1928)	8.1
	含沙量(kg/m^3)	2.68	4.71(1943)	0.97(1970)	4.9
汛期	水量(亿 m^3)	138.8	306.3(1946)	30.2(1991)	10.1
	沙量(亿 t)	1.048	3.567(1945)	0.061(1969)	58.5
	含沙量(kg/m^3)	7.61	18.19(1945)	1.37(1969)	13.3

汛期水沙量变幅大，多年平均径流量为 138.8 亿 m^3，变化范围为 30.2 亿 ~ 306.3 亿 m^3，最大和最小相差 10.1 倍；多年平均输沙量为 1.048 亿 t，变化范围为 0.061 亿 ~ 3.567 亿 t，最大和最小相差 58.5 倍；多年平均含沙量为 7.61 kg/m^3，变化范围为 1.37 ~ 18.19 kg/m^3，最大和最小相差高达 13.3 倍。非汛期水沙量变幅小，多年平均径流量 104.7 亿 m^3，变化范围为 60.1 亿 ~ 154.2 亿 m^3，最大和最小值相差 2.6 倍；多年平均输沙量为 0.281 亿 t，变化范围为 0.080 亿 ~ 0.648 亿 t，最大和最小值相差 8.1 倍；平均含沙量为 2.68 kg/m^3，变化范围为 0.97 ~ 4.71 kg/m^3，最大和最小值相差 4.9 倍。

从图 8-1 和图 8-2 还可以看出，水、沙量变化均呈明显的减少趋势。1950 ~ 1968 年年均水量为 288.5 亿 m^3，年均沙量为 1.931 亿 t；1969 ~ 1986 年年均水量为 234.8 亿 m^3，年均沙量为 0.851 亿 t，较前时段分别减少 18.6% 和 55.9%；1987 ~ 2006 年年均水量为 152.6 亿 m^3，年均沙量为 0.646 亿 t，又较前相邻时段分别减少 35.0% 和 24.1%，为典型的枯水少沙系列。水沙量的减少主要发生在汛期，1950 ~ 1968 年汛期平均水量为 180.3 亿 m^3，沙量为 1.620 亿 t；1969 ~ 1986 年汛期水、沙量较前时段分别减少 30.9%、61.1%；1987 ~ 2006 年汛期平均水量仅 55.2 亿 m^3，平均沙量 0.375 亿 t，较 1969 ~ 1986 年分别减少 55.7%、40.5%。非汛期水沙量没有明显的变化趋势。

总的来看，汛期水、沙量的减少幅度大于全年，沙量的减少幅度大于水量。

8.2.1.2　年内分配不均

由于黄河上游降雨分布和泥沙来源地区不同，其水、沙量在年内分布极不均匀，每年的水、沙量主要集中在汛期 7 ~ 10 月。从表 8-2 看，1950 ~ 1968 年巴彦高勒站平均年径流量为 288.5 亿 m^3，汛期为 180.3 亿 m^3，占全年的 62.5%，汛期和非汛期的水量比为 62.5∶37.5；1969 ~ 1986 年平均年径流量为 234.7 亿 m^3，汛期为 124.5 亿 m^3，均小于 1950 ~ 1968年平均值，汛期水量占全年的比例由建库前的 62.5% 减少为 53.0%；1987 ~ 2006 年，年均径流量仅 152.6 亿 m^3，汛期为 55.2 亿 m^3，远小于前两个时段，汛期水量占全年的比例只有 36.2%。

表 8-2　巴彦高勒站水沙特征统计

区间	水量(亿 m^3)				沙量(亿 t)			
	非汛期	汛期	全年	汛期占全年的百分比(%)	非汛期	汛期	全年	汛期占全年的百分比(%)
1950～1968*	108.2	180.3	288.5	62.5	0.311	1.620	1.931	83.9
1969～1986	110.2	124.5	234.7	53.0	0.220	0.630	0.850	74.1
1987～2006	97.4	55.2	152.6	36.2	0.271	0.375	0.646	58.0
1950～2006	105.0	118.8	223.8	53.1	0.268	0.870	1.138	76.4

注：＊1961 年以前引水口位置分散，部分在巴彦高勒(1972 年前为渡口堂)以下，平均水量会偏大。

1950～1968 年，巴彦高勒站年均输沙量为 1.931 亿 t，汛期为 1.620 亿 t，占全年的 83.9%，汛期和非汛期的沙量比约为 84∶16；1969～1986 年年均输沙量为 0.850 亿 t，汛期为 0.630 亿 t，均小于 1968 年以前的相应值，汛期和非汛期的沙量比约为 74∶26；1987～2006 年平均输沙量为 0.646 亿 t，汛期只有 0.375 亿 t，仅占全年的 58.0%，汛期和非汛期的沙量比为 58∶42。沙量的减少主要在汛期。

龙羊峡、刘家峡水库运用后，年内水、沙量分配趋于均匀，汛期水、沙量占全年水、沙量的百分数减少。

8.2.2　洪水特征

8.2.2.1　洪峰流量减小，洪水场次减少

图 8-3 为巴彦高勒站历年汛期最大日均流量变化过程。从不同时段看，1954～1968 年汛期最大日均流量平均值为 3 265 m^3/s，最大值为 5 050 m^3/s(1964 年)，最小值为 1 940m^3/s(1957 年)；15 年中最大日均流量大于 4 000 m^3/s 的有 2 年，大于 3 000 m^3/s 的有 9 年，占 60%；大于 2 000 m^3/s 的有 14 年，占 93.3%；小于 2 000 m^3/s 的只有 1 年。1969～1986 年最大日均流量平均值为 2 873 m^3/s，较前一时段减小 12%；最大值为 5 210 m^3/s(1981 年)，最小值为 1 230 m^3/s(1969 年)；18 年中年最大日均流量大于 4 000 m^3/s 只有 1 年；大于 3 000 m^3/s 的有 8 年，占 44.4%；大于 2 000 m^3/s 的有 15 年，占 83.3%；小于2 000 m^3/s的有 3 年，占 16.7%，其中有 1 年小于 1 500 m^3/s，较小流量所占的比例已有所增加。1987～2006 年最大日均流量平均值为 1 458 m^3/s，较前一时段减小 49%，只有 1989 年最大日均流量大于 2 000 m^3/s，1998 年只有 817 m^3/s，是 1954 年有记载以来洪峰流量最小的一年；小于 1 500 m^3/s 的年份占 55%，有 3 年最大日均流量小于 1 000 m^3/s。

同时，洪水场次减少(见表 8-3)。如洪峰流量大于 3 000 m^3/s 的洪水 1968 年以前每年出现 1.27 次，1969～1986 年平均 2 年出现 1 次，1987 年后没有出现；洪峰流量大于 2 000 m^3/s 的洪水 1968 年以前每年出现 2.18 次，1969～1986 年平均每年出现 1.39 次，1987～2006 年 20 年仅出现 1 次，即使洪峰流量大于 1 500 m^3/s 的洪水 20 年仅出现 9 次。洪水出现的几率也在减小。

总之，随着天然洪峰流量的减小和上游水库的调蓄运用，大洪水出现的几率大大减小，较大洪峰流量基本消失，洪水多以小洪峰的形式出现。

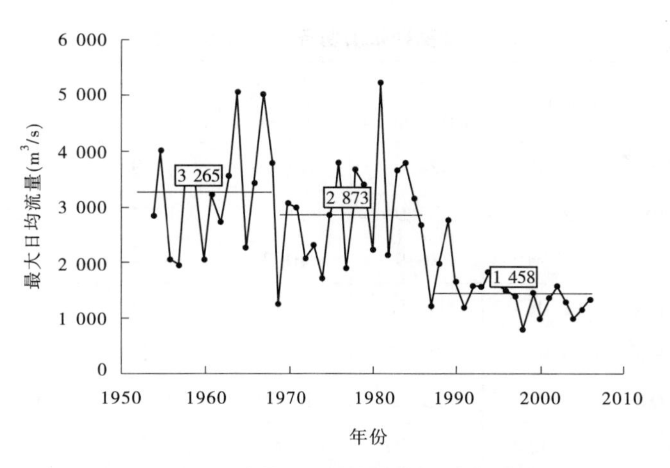

图 8-3　巴彦高勒站历年汛期最大日均流量变化

表 8-3　巴彦高勒站不同量级洪水场次

时段	洪水场次(次/年)		
	洪峰流量(m^3/s) >3 000	洪峰流量(m^3/s) >2 000	洪峰流量(m^3/s) >1 500
1958～1968	1.27	2.18	2.18
1969～1986	0.5	1.39	2
1987～2006	0	0.05	0.45

8.2.2.2　汛期大流量历时缩短,小流量历时增长

洪峰流量和洪水场次的减少,相应造成汛期大流量的历时缩短,小流量历时增长。表 8-4统计了龙羊峡、刘家峡水库运用前后各时期巴彦高勒站汛期不同流量级天数。在刘家峡水库运用以前的 1954～1968 年,巴彦高勒流量在 3 000 m^3/s 以上的年均有 7.5 d;流量在 2 000 m^3/s 以上的有 38.5 d,占汛期天数的 31.2%;流量在 1 000 m^3/s 以上的有 95.2 d,占汛期天数的 77.4%;1 000 m^3/s 以下流量出现天数仅有 27.8 d,占汛期天数的 22.6%。刘家峡水库运用后的 1969～1986 年,巴彦高勒站流量在 3 000 m^3/s 以上的天数年均为 5.8 d;2 000 m^3/s 以上流量的天数减少到 20.7 d,占汛期天数的 16.8%;流量在 1 000 m^3/s以上的有 55.2 d,占汛期天数的 44.9%;1 000 m^3/s 流量以下出现天数增加到 67.8 d,占汛期天数的 55.1%。1986 年以后,巴彦高勒站流量均小于 3 000 m^3/s,1 000 m^3/s 以上各级流量的天数均有不同程度的减少。1987～2006 年,2 000 m^3/s 流量级以上的天数年均仅有 2.0 d;流量在 1 000 m^3/s 以上的天数年均仅 13.6 d,占汛期天数的 11.1%;流量在 1 000 m^3/s 以下的天数显著增加,年均达 109.4 d,占汛期天数的 88.9%,特别是流量小于 500 m^3/s 的天数均有大幅度增加,1987 年以后年均达到 72.5 d,远多于 1968 年以前的 3.8 d 及 1969～1986 年的 27.9 d,出现天数占汛期总天数的 58.9%。

与各流量级出现天数对应,1954～1968 年水、沙量集中在 1 500～3 000 m^3/s 流量级范围;1987～2006 年水、沙量集中在 1 500 m^3/s 以下流量级范围,以流量 500～1 000 m^3/s 偏多。同时也说明,1968 年以前泥沙的输送主要依靠大流量过程,而 1987 年以后只能依靠流量在 1 500 m^3/s 以下的小流量过程。

表 8-4　巴彦高勒站汛期各级流量年均历时

项目	时段	<500 m^3/s	500 ~ 1 000 m^3/s	1 000 ~ 1 500 m^3/s	1 500 ~ 2 000 m^3/s	2 000 ~ 3 000 m^3/s	>3 000 m^3/s
天数 (d)	1954 ~ 1968	3.8	24.0	25.8	30.9	31.0	7.5
	1969 ~ 1986	27.9	39.9	21.1	13.4	14.9	5.8
	1987 ~ 2006	72.5	36.9	10.2	1.4	2.0	0
水量 (亿 m^3)	1954 ~ 1968	1.08	16.71	28.08	47.35	64.36	23.95
	1969 ~ 1986	6.99	25.54	22.10	20.25	31.52	17.93
	1987 ~ 2006	16.08	22.32	10.49	2.06	4.07	0
沙量 (亿 t)	1954 ~ 1968	0.002 4	0.073 6	0.209 2	0.427 3	0.725 1	0.262 0
	1969 ~ 1986	0.008 1	0.064 7	0.085 7	0.114 0	0.220 9	0.134 6
	1987 ~ 2006	0.044 8	0.147 5	0.123 9	0.030 8	0.026 1	0

8.3　主槽萎缩及成因

8.3.1　主槽萎缩

主槽淤积量增加、平滩面积和平滩流量减小、同流量水位抬升、过流能力降低等均反映了主槽的严重萎缩。

8.3.1.1　河道淤积加重

在天然情况下,内蒙古河段基本为微淤。1960 年以后盐锅峡、三盛公、青铜峡、刘家峡、八盘峡、龙羊峡等水利枢纽陆续投入运用,受水库拦沙和天然来水丰枯的影响,1960 ~ 1968 年内蒙古河段表现为冲刷,1968 ~ 1986 年有冲有淤,1986 年龙羊峡水库运用以来,进入宁蒙河道的水、沙量均减少,但来沙系数增大,致使河道淤积量增加。根据沙量平衡法,考虑支流来沙量、风沙直接入黄量,巴彦高勒—头道拐河段 1952 ~ 2005 年累计淤积量为 17.894 亿 t,主要发生在 1961 年以前和 1987 年以后(见图 8-4)。1952 ~ 1961 年累计淤积 6.483 亿 t,1987 ~ 2005 年累计淤积 11.654 亿 t,1961 ~ 1986 年冲淤调整幅度小,累计淤积量也很小。从不同年代来看,1952 ~ 1959 年遇丰水大沙年份,如 1955 年、1958 年和 1959 年巴彦高勒沙量均在 3 亿 t 以上,河段淤积量也大,年均淤积量为 0.713 5 亿 t;1960 ~ 1968 年河段年均冲刷 0.024 7 亿 t,1969 ~ 1986 年年均淤积 0.034 6 亿 t,1987 ~ 2005 年年均淤积 0.613 4 亿 t(见表 8-5)。

根据断面法计算结果,内蒙古巴彦高勒—头道拐河段 1962 ~ 1982 年年均冲刷 0.030 4亿 t,1982 ~ 1991 年年均淤积量为 0.391 亿 t,1991 ~ 2000 年年均淤积量为 0.593 亿 t,2000 ~ 2004 年年均淤积量为 0.567 亿 t,其中 1991 ~ 2004 年主槽淤积量约占全断面淤积量的 80% 。可见,两种计算结果基本一致,均反映了 1987 年后淤积加剧。

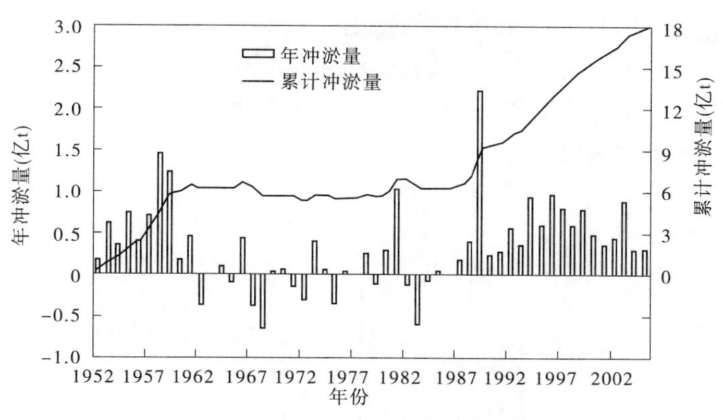

图 8-4　巴彦高勒—头道拐历年淤积量过程

表 8-5　巴彦高勒—头道拐年均冲淤量计算　　（单位:亿 t）

时段	巴彦高勒—三湖河口*	三湖河口—头道拐	巴彦高勒—头道拐
1952～1959 年	0.412 2	0.301 3	0.713 5
1960～1968 年	-0.140 4	0.115 7	-0.024 7
1969～1986 年	0.037 7	-0.003 1	0.034 6
1987～2005 年	0.298 6	0.314 8	0.613 4

注: * 风沙加在巴彦高勒—三湖河口河段;十大孔兑来沙量加在三湖河口与头道拐河段。

侯素珍等(2007)根据 1987 年以来同流量水位的变化,以及相应河段的河长和主槽宽度,估算 1987～2004 年内蒙古河段淤积体积为 6.493 亿 m^3,年均淤积体积为 0.361 亿 m^3,淤积物干容重按 1.4 t/m^3 计算,相当于 0.505 亿 t,这一量值基本代表了主槽的淤积量。

由于历年水沙条件和边界条件不同,各河段冲淤变化存在差异。表 8-5 的计算结果表明,天然情况下的 1952～1959 年,干流来沙量大,各个河段均发生淤积;1960～1968 年部分水库(三盛公 1961 年,盐锅峡 1961 年,青铜峡 1967 年)开始运用到刘家峡水库运用以前,三湖河口以上河段为冲刷,三湖河口—头道拐为淤积,全河段略有冲刷;1969～1986 年刘家峡水库投入运用到龙羊峡水库运用前,三湖河口以上略有淤积,三湖河口—头道拐有少量冲刷,全河段略有淤积;1987 年后在干流来沙量大幅减少的情况下全河段均表现为淤积,但三湖河口以上和全河段年均淤积量均小于 1952～1959 年。

图 8-5 为巴彦高勒—三湖河口历年汛期和非汛期冲淤量变化过程(未考虑风沙),上游水库建库前,除 1952 年外汛期均发生淤积,非汛期发生冲刷;1960～1972 年为上游水库建成初期拦沙运用阶段,除个别年份外,汛期和非汛期基本上为冲刷;1973～1986 年汛期多为冲刷,非汛期由之前的冲刷转为淤积,但非汛期淤积量小于汛期冲刷量;1987 年以后汛期和非汛期均处于淤积状态,但淤积量小于天然情况下的淤积量。

图 8-6 为三湖河口—头道拐历年汛期和非汛期冲淤量变化过程(未考虑风沙),除 1952 年非汛期少量冲刷外,1953～1961 年汛期和非汛期均发生淤积;1962～1986 年汛期有冲有淤,非汛期基本上以冲刷为主;1987～2005 年汛期均为淤积,非汛期除个别年份略有冲刷外基本为淤积,但汛期淤积占主体。该河段汛期的冲淤量变化差别很大,与十大孔

兑来沙量密切相关。1961 年以来汛期淤积量大的年份,相应支流来沙量也非常大,如 1961 年、1981 年、1989 年支流来沙量分别达 0.84 亿 t、0.78 亿 t、2.04 亿 t,相应汛期淤积量分别为 0.74 亿 t、1.11 亿 t、1.99 亿 t;支流来沙量少的年份,主槽淤积也较少或发生冲刷,但 1987 年以后汛期冲刷的年份基本不再存在。

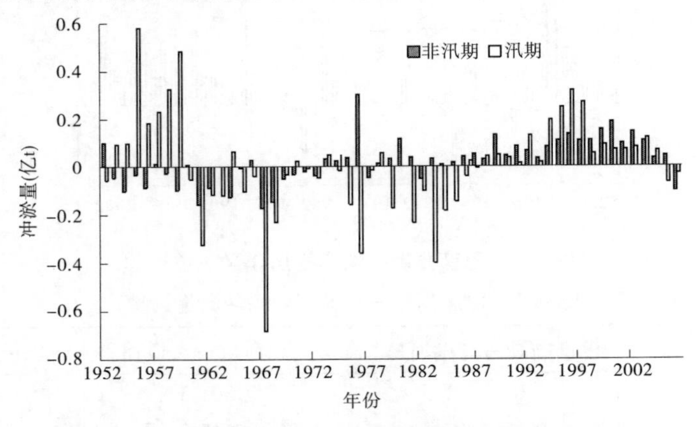

图 8-5　巴彦高勒—三湖河口汛期和非汛期冲淤量变化过程

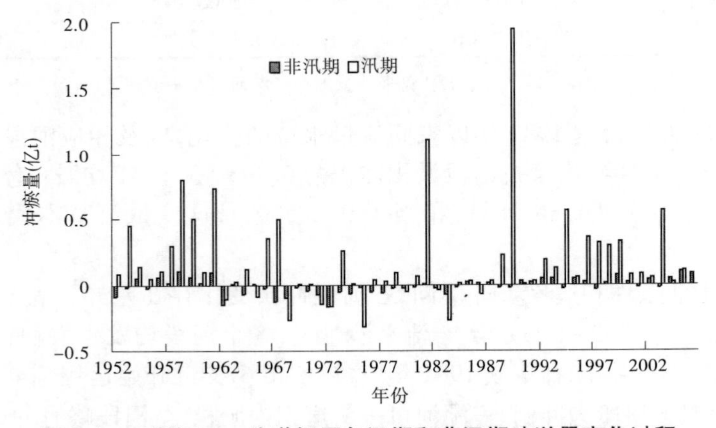

图 8-6　三湖河口—头道拐历年汛期和非汛期冲淤量变化过程

8.3.1.2　平滩过流面积减小

图 8-7 是内蒙古河段各水文站主槽断面面积历年变化情况。巴彦高勒断面 1986 年以前主槽面积有增大的趋势,1986 年以来至近年(2003 ~ 2005 年)主槽面积减小了近 700 m^2,减少约 47%。三湖河口主槽断面面积 1965 ~ 1971 年为增加过程,1973 ~ 1981 年为减小过程,之后又有所恢复,1986 年以后减小趋势非常明显,1986 ~ 2005 年减小了 50% 左右。昭君坟断面面积总的趋势也是减小,1986 ~ 1990 年断面面积略有减小。头道拐主槽断面面积 1965 ~ 1986 年增大,1986 年以后减小,但减小幅度较小。主槽过流面积的减小,必然导致主槽的排洪和输沙能力降低,致使河道发生严重淤积。

图 8-8 和表 8-6 进一步给出了三湖河口典型年大断面套绘图和断面形态特征,从图 8-8可以看出,1965 ~ 1986 年左岸坍塌,主槽逐渐向左岸摆动,右岸淤积形成新的滩地,断面表现为滩唇略有降低、河宽调整幅度不大,平滩过流面积较 1965 年增加约 10%;

1986年以后主槽位置基本稳定,但右岸继续淤积,主槽明显缩窄。在断面调整过程中,1987年后洪水流量减小,河床淤积主要发生在主槽内,至2004年平滩过流面积减小约50%,河相系数 $B^{0.5}/H$ 变化不大。

8.3.1.3 同流量水位显著抬升

同流量水位变化是河床冲淤的直接反映,1 000 m³/s 流量水位变化可以反映一定时期主槽的冲淤变化幅度(见图8-9)。

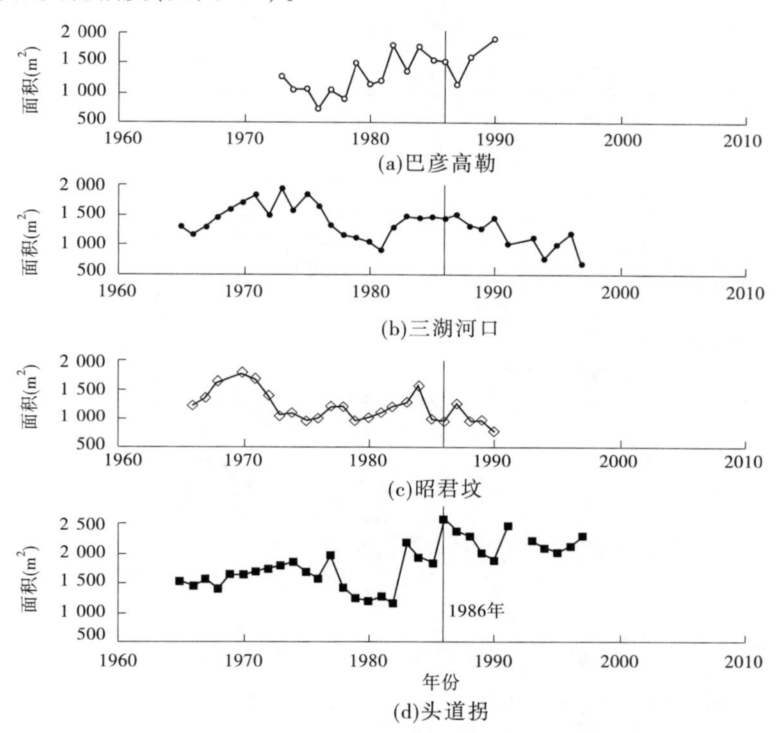

图 8-7　内蒙古河段各水文站主槽断面面积历年变化

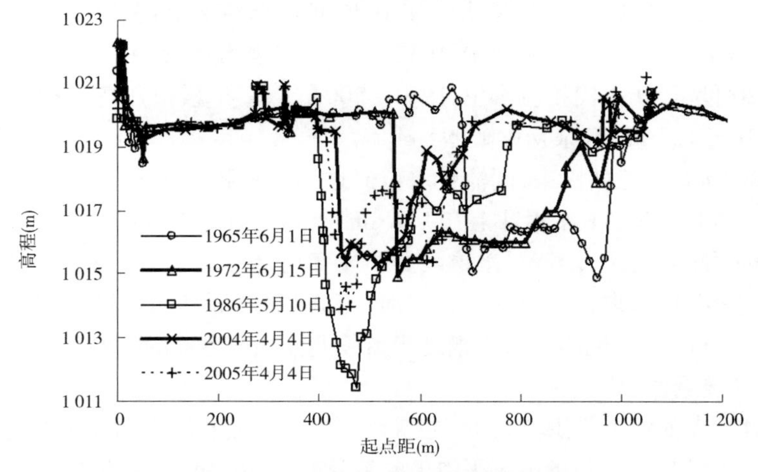

图 8-8　三湖河口实测大断面套绘图

表 8-6 典型年三湖河口断面形态特征

日期	滩唇高程(m)	过流面积 $A(m^2)$	河宽 $B(m)$	水深 $H(m)$	$B^{0.5}/H$
1965 年 6 月 1 日	1 020.26	1 293	402	3.21	6.2
1972 年 6 月 15 日	1 020.06	1 473	446	3.30	6.4
1986 年 5 月 10 日	1 019.54	1 435	397	3.62	5.5
2004 年 4 月 4 日	1 019.50	678	278	2.44	6.8
2005 年 4 月 4 日	1 019.84	860	310	2.77	6.4

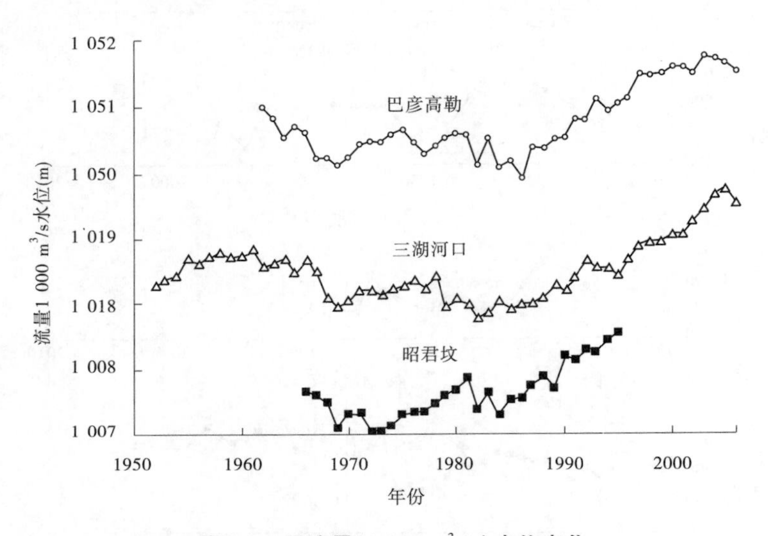

图 8-9 同流量(1 000 m^3/s)水位变化

巴彦高勒断面 1986 年以前 1 000 m^3/s 水位有升有降,1986 年以后持续上升,2003 年最高达 1 051.8 m,较 1986 年升高 1.9 m,1986 ~ 2004 年年均上升 0.1 m。

三湖河口断面 1 000 m^3/s 流量水位在 1986 年以前有升有降,其中 1981 年大洪水之后水位最低,至 1982 年汛前有所回淤,1982 年以后表现为持续抬升,至 1996 年同流量水位已经高于 20 世纪 50 年代相应水位,1982 ~ 2004 年 22 年累积升高 1.89 m,其中 1987 ~ 2004 年累积升高 1.7 m,年均上升 0.094 m。

昭君坟自 1966 年建站以来,同流量水位经过了下降和上升的反复过程。1985 ~ 1995 年基本为持续抬升过程,11 年累计上升 1.25 m,年均上升 0.11 m。

头道拐断面相对稳定,同流量水位没有明显变化趋势。

总之,自 1987 年以来,巴彦高勒、三湖河口和昭君坟等站同流量水位持续抬升,年平均抬升值达 0.1 m 左右,说明河道主槽处于持续剧烈淤积状态,但 2005 年后略有回落。

8.3.1.4 平滩流量减小

平滩流量是表征河道排洪能力的主要特征之一,它随着河床的冲淤变化而发生改变。以水文站断面资料为基础分析历年平滩流量变化过程,20 世纪 90 年代以前,巴彦高勒断面平滩流量为 4 000 ~ 5 000 m^3/s,1991 年开始明显减小,之后平滩流量持续减小,到 2004

年只有 1 350 m³/s；三湖河口断面 20 世纪 90 年代以前平滩流量为 3 200 ~ 5 000 m³/s，1987 年后呈减小趋势，1992 年为 3 200 m³/s，为有实测资料以来的最小值，之后仍呈减小趋势，到 2004 年只有 950 m³/s；昭君坟断面的平滩流量 1974 ~ 1988 年为 2 200 ~ 3 200 m³/s，1990 年为 2 000 m³/s，为有实测资料以来的最小值，之后仍持续减小，1995 年约为 1 400 m³/s（见图 8-10）。到 2004 年，个别河段的平滩流量更小，流量 700 m³/s 即开始出现漫滩。2005 年后有所恢复。

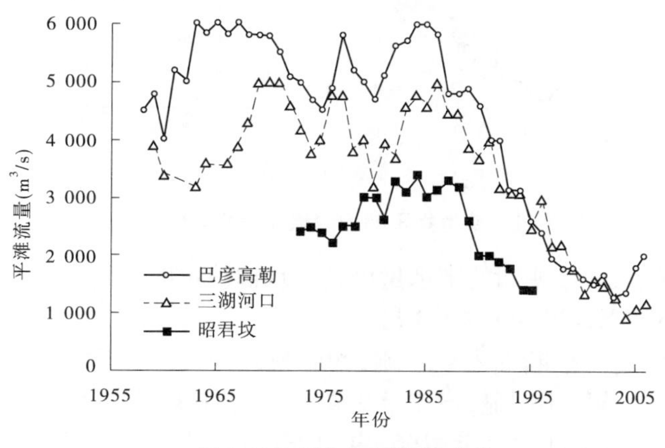

图 8-10　历年平滩流量变化

总体来看，1986 年后平滩流量均呈减小趋势，目前，内蒙古河段的主槽过流能力较 1986 年平均降低 70% 左右，平滩流量多在 1 500 m³/s 以下。

8.3.2　淤积萎缩成因

河床的冲淤取决于来水来沙条件和水流的挟沙能力，而水流的挟沙能力与来水条件和河床边界条件相关，冲积性河床又是水流和河床相互作用自动调整的结果。内蒙古河段主槽淤积主要是水沙条件不利所致。

1986 年 10 月开始龙羊峡、刘家峡水库联合调度运用，其蓄水削峰作用改变了天然河道的径流过程，加之黄河上游来水持续偏枯和区间用水量的增长，使得：①进入内蒙古河段的洪峰流量减小，特别是进入 20 世纪 90 年代以来，没有出现流量大于 2 000 m³/s 的洪水过程；②流量大于 1 000 m³/s 的天数减少，流量小于 1 000 m³/s 特别是流量小于 500 m³/s 的小流量天数增加；③年径流总量减少，特别是汛期水量减少更多。

汛期水量减少，洪峰流量减小，水沙关系恶化，使得内蒙古河段河床逐年淤积抬高，主槽严重萎缩，过流能力锐减。

8.3.2.1　径流过程变化引起河道输沙减少

图 8-11 为头道拐汛期输沙量和来水量的关系，总体来看输沙量随来水量的增加而增加，但不同阶段呈不同的线性关系。在同样来水量的条件下，1968 年刘家峡水库运用以前输沙量最大，1969 ~ 1986 年刘家峡水库单库运用期次之，1987 年龙羊峡水库运用后输沙量最小。来水量增大时这种差异也增大。

可见，由于水库的运用和蓄水削峰幅度的增大，汛期进入宁蒙河道的水流失去较大流

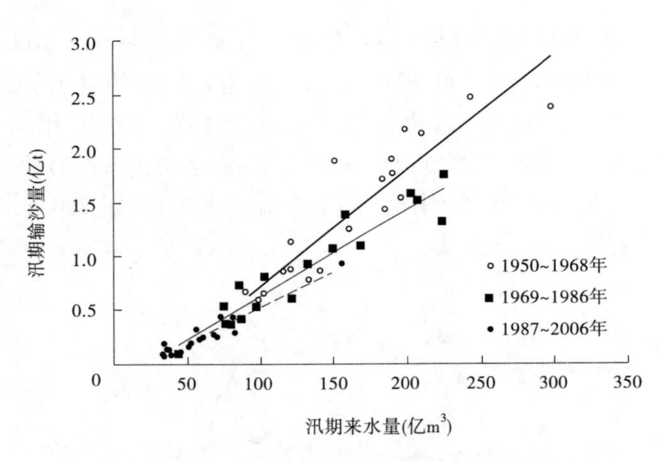

图 8-11 头道拐汛期输沙量和来水量的关系

量过程,输沙能力降低,即使相同的来水量仍会导致输沙量的减少。

8.3.2.2 洪水减小使得河道冲刷机会减少

洪水期内蒙古河道主槽断面发生冲刷,冲刷模式为先冲深后展宽,主槽面积逐渐增大,当流量小于某值时冲刷不明显,当流量达到一定值时,随流量增大冲刷发展较快。以洪峰流量大于5 000 m^3/s 的1964年、1967年、1981年洪水为例,以三湖河口断面为代表,根据平滩面积的变化过程分析洪水对冲刷的影响。

1981年洪水期,当流量小于2 000 m^3/s 时,平滩面积随流量增加较小;当流量大于2 000 m^3/s 时,平滩面积随流量增加较大。1967年洪水期,当流量小于2 300 m^3/s 时,平滩面积随流量增加很小;当流量大于2 300 m^3/s 时,平滩面积随流量的增加呈线性增加(见图8-12);1964年洪水期,当流量大于1 400 m^3/s 时,三湖河口断面平滩面积随流量增大明显增加。

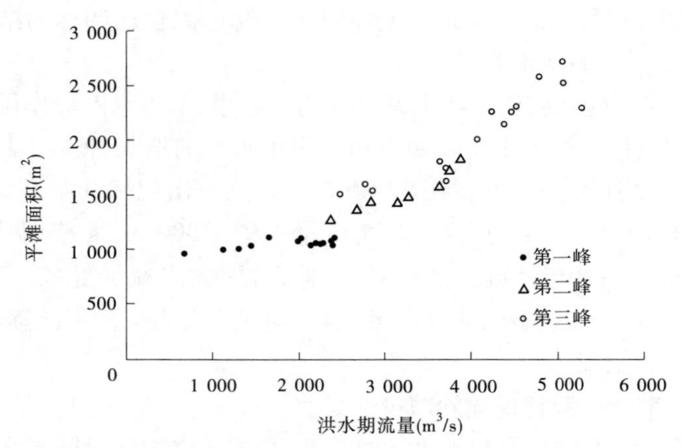

图 8-12 1967年洪水期三湖河口断面平滩面积与流量关系

可见,洪水的塑槽过程主要依靠大流量的冲刷作用。1987年以后,除个别年份外,洪峰流量多在1 500 m^3/s 以下,主槽冲刷几率减小,而小流量过程产生的冲淤均发生在主槽,加之区间来沙得不到有效控制,因此必然造成河床淤积、主槽萎缩。

8.3.2.3 来沙系数增大加重河道淤积

表 8-7 是不同时段汛期各水文站的来沙系数。刘家峡水库运用前(1950～1968 年),内蒙古河段来沙系数(S/Q)沿程变化不大,平均为 0.005 6 kg·s/m^6;1969～1986 年巴彦高勒站 S/Q 较小,为 0.004 3 kg·s/m^6,沿程河床发生冲刷调整,到头道拐 S/Q 为 0.005 5 kg·s/m^6;1987～2006 年巴彦高勒站 S/Q 是 1968 年以前的 2.5 倍,河床发生淤积,含沙量自动调整,沿程各站 S/Q 递减,到头道拐为 0.007 6 kg·s/m^6,只有巴彦高勒站的 57%,仍大于 1968 年以前值。

表 8-7 汛期内蒙古河段来沙系数

项目	时段	巴彦高勒	三湖河口	昭君坟*	头道拐
含沙量 S (kg/m^3)	1950～1968	8.98	9.39	8.59	8.63
	1969～1986	5.06	5.59	6.30	6.68
	1987～2006	6.79	4.75	4.13	4.20
平均流量 Q (m^3/s)	1950～1968	1 696	1 587	1 561	1 527
	1969～1986	1 172	1 232	1 223	1 212
	1987～2006	519	570	662	551
S/Q (kg·s/m^6)	1950～1968	0.005 3	0.005 9	0.005 5	0.005 7
	1969～1986	0.004 3	0.004 5	0.005 2	0.005 5
	1987～2006	0.013 1	0.008 3	0.006 2	0.007 6

注:*昭君坟为 1987～1995 年平均值。

图 8-13 为汛期巴彦高勒—三湖河口段单位水量冲淤量和来沙系数的关系,二者呈线性正相关,当来沙系数大于 0.006 kg·s/m^6 时,随着来沙系数的增大淤积量增加,小于 0.006 kg·s/m^6 时河道发生冲刷。

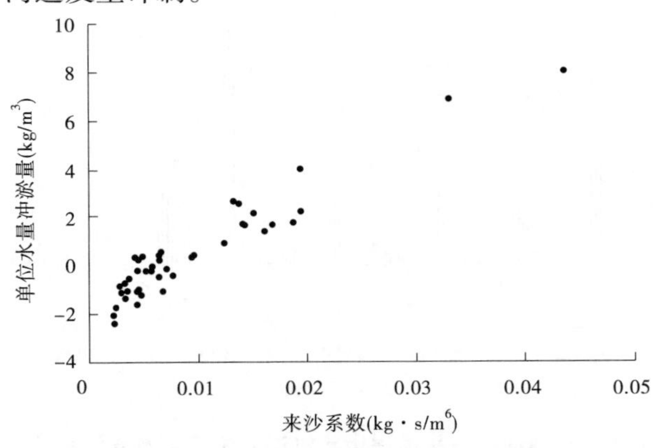

图 8-13 汛期巴彦高勒—三湖河口段单位水量冲淤量与来沙系数关系

图 8-14 为洪水期巴彦高勒—三湖河口段单位水量冲淤量和来沙系数的关系。同样，随着来沙系数的增大，单位水量冲淤量也增大，当来沙系数大于 0.005 kg·s/m^6 时，发生淤积，当来沙系数小于 0.005 kg·s/m^6 时以冲刷为主、个别年份发生淤积。

汛期和洪水期巴彦高勒—三湖河口段单位水量冲淤量与来沙系数的关系均表明，两者具有较好的线性关系，随着来沙系数的增大，单位水量淤积量增大，说明该区间淤积主要受上游来水的影响。1987 年以来，S/Q 显著增大，水沙关系严重恶化，小水带大沙的结果必然导致河床淤积加重。

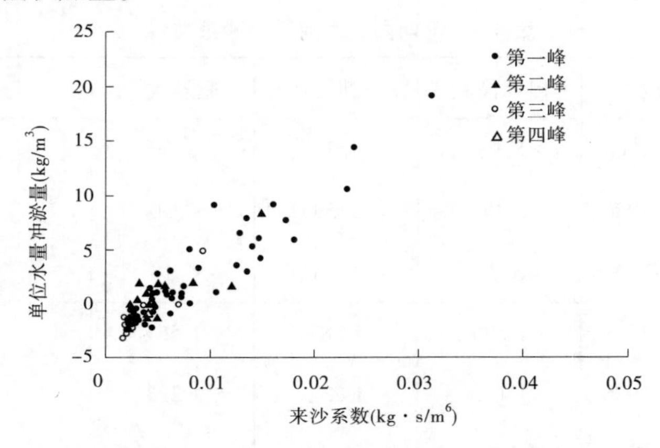

图 8-14　洪水期巴彦高勒—三湖河口段单位水量冲淤量与来沙系数关系

8.3.2.4　十大孔兑来沙的影响

内蒙古河段的十大孔兑在三湖河口—头道拐区间汇入黄河，该河段冲淤变化受支流影响大。考虑十大孔兑来沙量，采用输沙率法计算历年汛期冲淤量（见图 8-15），1986 年以前汛期有冲有淤，支流来沙量大的年份相应淤积量显著偏大；1987 年以后汛期均发生淤积。从全年来看，1960～1986 年支流年均来沙量为 0.185 1 亿 t，三湖河口—头道拐年均淤积量仅 0.037 亿 t，受支流来沙的影响较小；1987～2005 年支流年均来沙量为 0.245 5

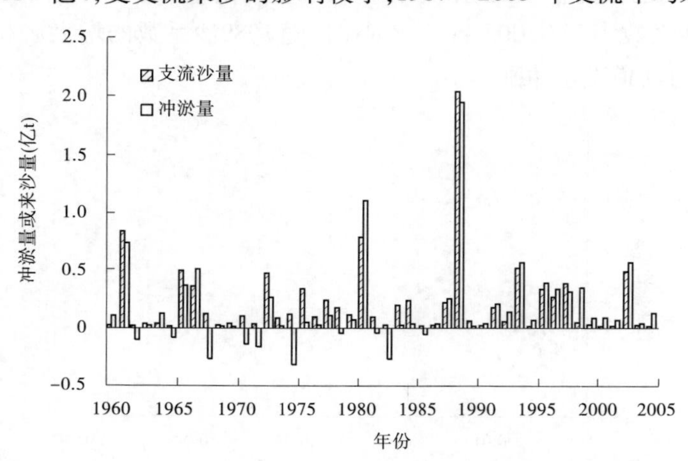

图 8-15　三湖河口—头道拐历年汛期冲淤变化及支流来沙量

亿 t,三湖河口—头道拐年均淤积量为0.314 8 亿 t,支流来沙量占淤积量的78%。图8-16中三湖河口—头道拐历年冲淤量与支流来沙量关系表明,二者具有线性正相关关系,淤积量随支流来沙量的增加呈线性增加。当十大孔兑来沙量大于0.1 亿 t 时,三湖河口以下河段均为淤积;当来沙量小于0.1 亿 t 时,河道有冲有淤,这时则取决于干流来水条件:干流径流量或流量大时发生冲刷,反之为淤积。

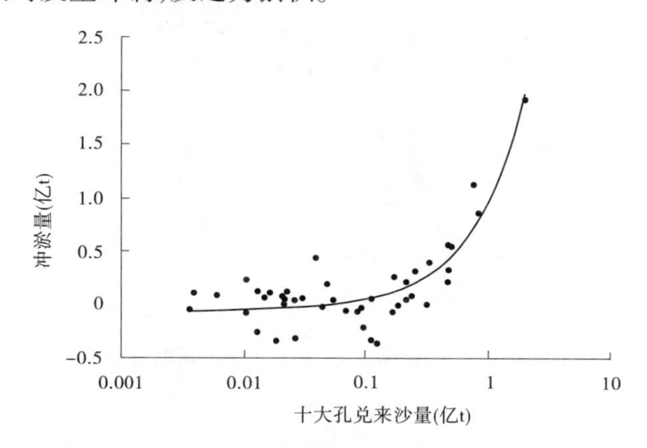

图 8-16　三湖河口—头道拐全年冲淤量与十大孔兑来沙量关系

8.4　泥沙输移规律

8.4.1　汛期输沙率关系

进入黄河内蒙古河段的泥沙主要由两部分组成,一部分是来自宁夏以上流域的干支流,另一部分是来自区间黄河南岸的十大孔兑。巴彦高勒站为河段进口,不同年代的输沙率和流量关系见图8-17,可以看出,以1989年为界分两个区,之前的点群在下方,之后的点群位于上方,即同流量下1990年后的输沙率大于1989年以前,输沙率能否与相应河道的输沙能力相适应取决于水流动力条件和河床边界条件。

图8-18为头道拐站输沙率与流量的关系,显然,刘家峡和龙羊峡水库不同运用阶段输沙率与流量具有同一趋势关系。也就是说,挟沙水流出三盛公枢纽,经过520 km河道的自动调整,到头道拐站水沙已基本适应。这种变化图形呈两个趋势:当流量小于3 000 m^3/s 时,输沙率随流量的增加而增大;当流量达到约3 000 m^3/s 以后,输沙率随着流量的继续增大而减小,其表达式为

$$Q_s = 2.7 \times 10^{-6} Q^{2.05} \quad (Q < 3\,000\ m^3/s) \tag{8-1}$$

$$Q_s = 2.8 \times 10^{4} Q^{-0.83} \quad (Q \geqslant 3\,000\ m^3/s) \tag{8-2}$$

式中:Q_s 为日均输沙率,t/s;Q 为日均流量,m^3/s。

这种变化主要与宁蒙河道洪水漫滩过程中形成的滩槽横向水沙交换有关,在昭君坟附近河段平滩流量较小,洪水漫滩后滩面阻力大、滩地淤积,全断面输沙率降低。

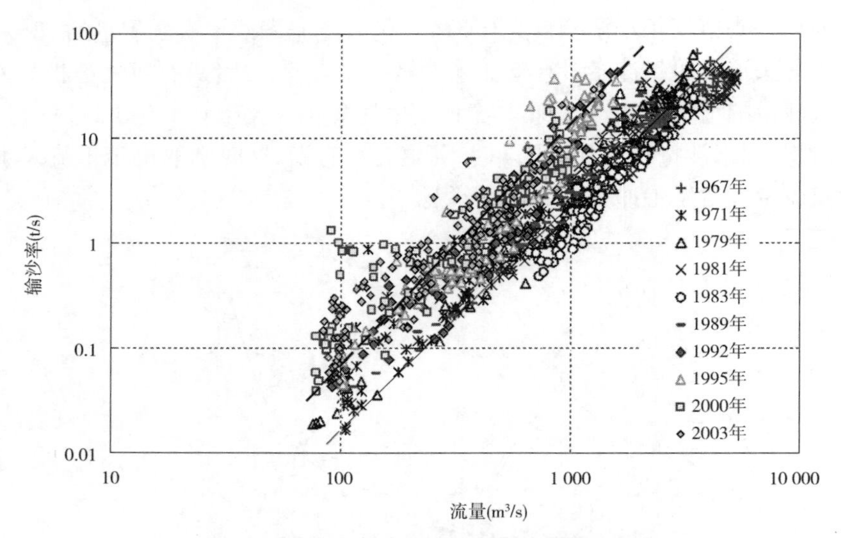

图 8-17　巴彦高勒站输沙率与流量的关系

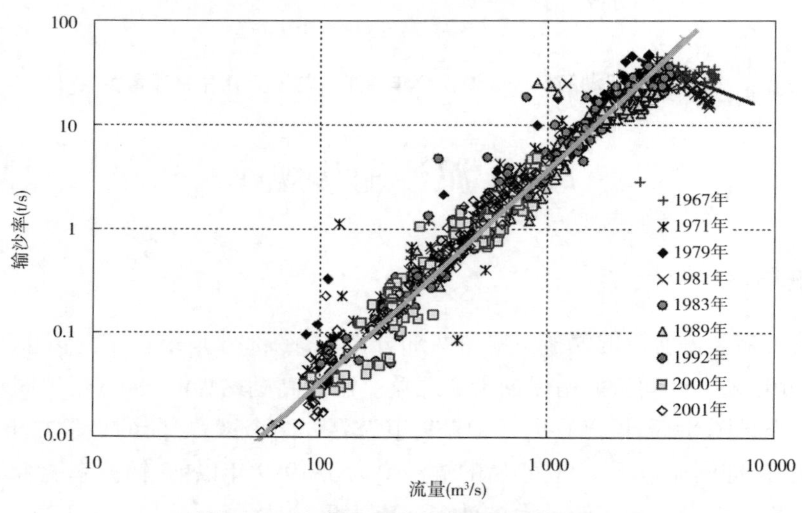

图 8-18　头道拐站输沙率与流量的关系

8.4.2　汛期输沙量和径流量关系

1968 年刘家峡水库运用前，头道拐汛期平均水、沙量分别为 164.7 亿 m^3、1.423 亿 t，1969～1986 年刘家峡水库单库运用期，汛期水量减少到 129.9 亿 m^3，沙量减少到 0.868 亿 t，分别减少 34.8 亿 m^3、0.555 亿 t；1986 年龙羊峡水库运用后，水、沙量进一步减少，汛期平均水量只有 58.5 亿 m^3，汛期平均沙量为 0.246 亿 t，较前一时段分别减少 71.4 亿 m^3、0.622 亿 t。头道拐站汛期输沙量与来水量的关系见图 8-11，总体看汛期输沙量随着来水量的增加而增加，存在如下关系式

$$W_{sX} = 0.009\,8W_X - 0.306\,4 \tag{8-3}$$

式中：W_{sX} 为头道拐站汛期输沙量，亿 t；W_X 为汛期来水量，亿 m^3。

如果同样按刘家峡、龙羊峡水库投入运用时间分3个时段考虑,可以看出其间的明显差异。在同样来水量的情况下,1969年刘家峡水库运用后沙量较1968年以前有所减少,1986年龙羊峡水库运用后沙量又较1969~1986年有所减少。

由此可见,输沙率与流量的关系相对稳定,一定的流量就能挟带一定的泥沙,输沙量的减少主要是汛期流量或汛期水量的减少所致。刘家峡水库运用后,洪峰削减,流量过程调平,宁蒙河段输沙能力降低。刘家峡水库投入运用前,随着来沙量的减少,宁蒙河段淤积减轻,甚至发生冲刷;刘家峡水库运用后,一方面拦蓄了大部分泥沙,另一方面调节了流量,使水流强度降低,减少了大流量出现的几率,输沙能力降低。龙羊峡水库运用后,6~10月蓄水运用,汛期水量大幅度减少,洪峰流量削减更大,输沙能力进一步降低,同水量下输沙量更少。因此,流量减小是输沙能力降低的根本原因。

8.4.3 非汛期输沙量和径流量的关系

受来水总量和水库调蓄的影响,头道拐站输沙量及其分配也发生了较大变化。1968年刘家峡水库运用前基本处于自然状态,头道拐非汛期平均水、沙量分别为101.4亿m^3、0.334亿t,占全年水、沙量的比例分别为38%和19%;1968年10月刘家峡水库投入运用至1986年单库运用期,非汛期水量为109.3亿m^3,输沙量为0.235亿t,输沙量减少,而占全年水、沙量的比例略有增加,为21.3%;1986年龙羊峡水库运用后,非汛期平均水量只有94.5亿m^3,输沙量为0.164亿t,较之前水量略有减少,输沙量明显减少,但非汛期水、沙量占全年水、沙量的比例由1968年以前的38%和19%增加到62%和40%。沙量减少的幅度大于水量,平均含沙量降低。

非汛期水量变化不大的原因主要是水库的调节作用(汛期蓄水调节到非汛期下泄),而沙量减少的原因则主要是水库的拦沙和沿程自动调整。根据1950~2006年非汛期输沙量和来水量资料,分析二者关系,总体来看输沙量随着来水量的增加而增加,但点群较散乱,相关系数为0.79。

若以1968年刘家峡水库投入运用为界分两个时段,头道拐非汛期输沙量和径流量的关系基本呈两个区(见图8-19),相同水量条件下1969年后的输沙量小于1968年以前,来水量越大输沙量的差异也越大。1968年以前存在关系式(8-4),1969年后存在关系式(8-5),相关系数分别为0.93和0.87

$$W_{sF} = 0.006\,5W_F - 0.323\,5 \quad (8\text{-}4)$$

$$W_{sF} = 0.003\,7W_F - 0.174\,9 \quad (8\text{-}5)$$

式中:W_{sF}为头道拐站非汛期输沙量,亿t;W_F为非汛期来水量,亿m^3。

由于人工干预对流域水沙过程影响加剧,1969年以后输沙量随来水量的增幅只有1968年以前的0.57倍。

前文的分析中仍以7~10月作为汛期,但在黄河上游6月也常发生洪水,个别年份6月的沙量也比较大,非汛期沙量与水量虽具有一定的关系但点群相对散乱,这主要是由黄河的地理位置、气候条件决定的。内蒙古河段非汛期可分为封冻期和畅流期,每年

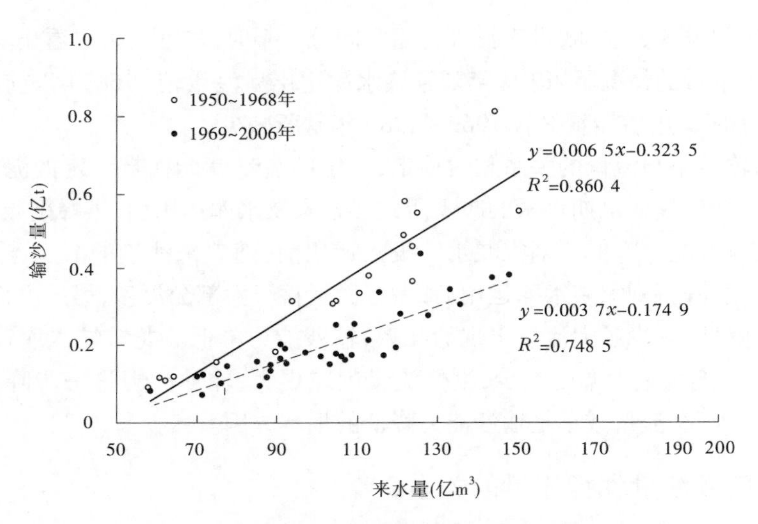

图 8-19 非汛期输沙量与来水量的关系

12 月～翌年 3 月河流从流凌、封冻到开河，受河面流凌和封冻的影响，输沙能力低；4～6 月和 11 月为畅流期，其输沙能力主要取决于水流条件。考虑到各月气候条件的差异，分别点绘各月沙量和水量关系(见图 8-20)。显而易见，12 月、1 月、2 月和 3 月份的部分点偏离较远，4～11 月各月的水沙关系在同一趋势带上，其相关系数达 0.97，并有如下关系式

$$W_{sm} = 0.000\ 18 W_m^2 \tag{8-6}$$

式中：W_{sm} 为月沙量，亿 t；W_m 为月水量，亿 m^3。

即非汛期的 4～6 月和 11 月与汛期各月水、沙量变化具有同样的关系。同时也说明，非汛期输沙量小的原因，除畅流期流量小于汛期流量外，凌期输沙能力低也是其重要因素。

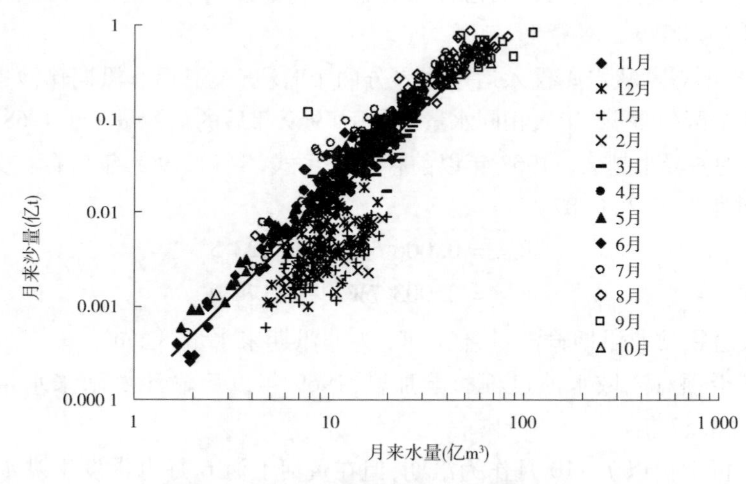

图 8-20 头道拐站各月来水、沙量关系

8.5 主槽断面对径流和洪水过程的响应

8.5.1 径流对平滩流量的影响

平滩流量与当年的径流条件、前期的河床条件相关，而前期的河床条件是前期的径流过程累积作用的结果。1986 年以前，径流条件没有趋势性变化，平滩流量均较大（见图 8-10）；1986 年后基本为平水年或枯水年，平滩流量呈趋势性减小。

根据河床调整滞后于水沙过程的思路，分析了三湖河口的平滩流量与不同年数滑动平均径流量的相关关系，当滑动平均的年数从 2 年增加至 4 年时，相关系数 R^2 从 0.3 左右增大到 0.8 以上；滑动年数大于 4 年后，与年径流量的相关程度进一步增强，与汛期径流量的相关程度变化很小（见图 8-21）。

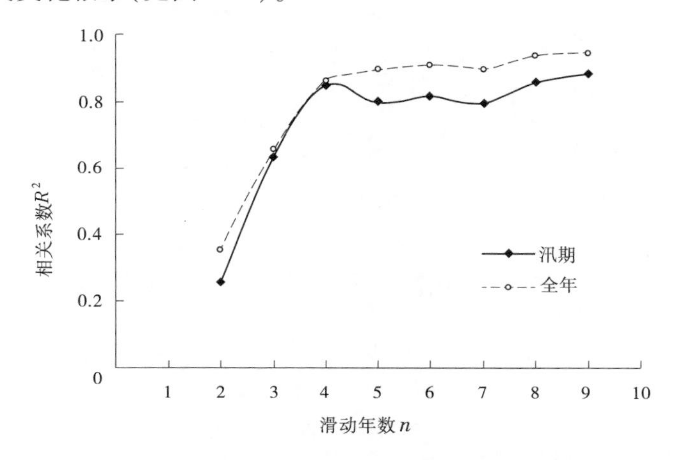

图 8-21　三湖河口平滩流量与不同年数滑动平均径流量的相关系数

以三湖河口为例，点绘 1980 年以来平滩流量与 5 年滑动平均年径流量的关系（见图 8-22）。可以看出，二者具有较好的相关关系，随着径流量的增大，平滩流量呈线性增大，当径流量大于 200 亿 m^3 以后增加幅度不明显，平滩流量稳定在一定范围内。

平滩流量与汛期径流量也具有比较好的相关关系（见图 8-23），随着 5 年滑动平均汛期径流量的增大，平滩流量也增大，当汛期径流量大于 100 亿 m^3 以后增加幅度减小，平滩流量稳定在一定范围内。

8.5.2 洪水对平滩流量的影响

汛期洪水是塑槽水量的主体，以流量大于 1 000 m^3/s 的水量作为洪量，从三湖河口断面平滩流量与洪量的关系（见图 8-24）可以看出，平滩流量随着洪量的增加而增大，洪量小时增幅增大，洪量大时增幅减小。

由平滩流量与汛期最大洪峰流量（黄河上游洪水过程矮胖，最大洪峰流量与最大日均流量接近，本书均以最大日均流量代替）5 年滑动平均值的关系（见图 8-25）可以看出，当洪峰流量在 2 000 m^3/s 以下时，平滩流量随洪峰流量的增大迅速增加；当洪峰流量增大

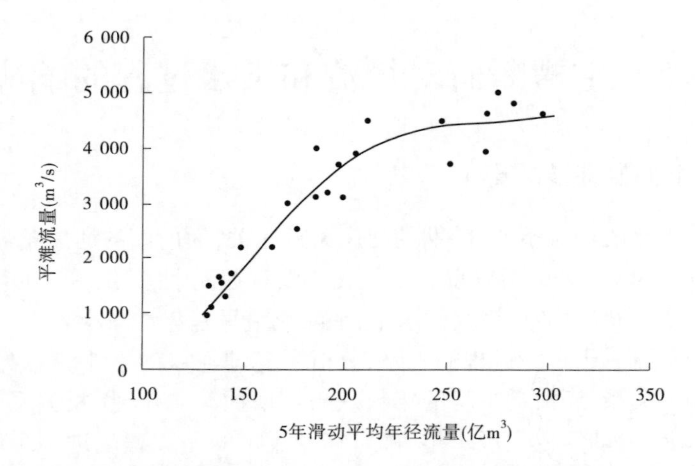

图 8-22　三湖河口平滩流量与 5 年滑动平均年径流量关系

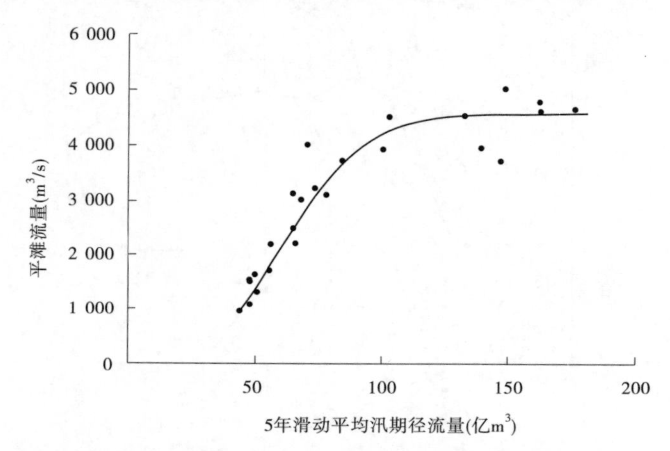

图 8-23　平滩流量与 5 年滑动平均汛期径流量关系

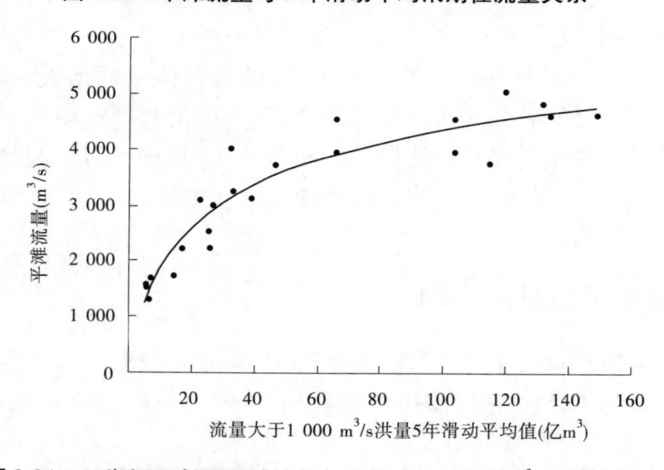

图 8-24　三湖河口断面平滩流量与流量大于 1 000 m^3/s 洪量关系

到 2 000 m^3/s 以后继续增大,平滩流量的变化则比较小,基本维持在 4 000 m^3/s 以上;当洪峰流量减小到 1 200 m^3/s 左右时,平滩流量会减小到 1 000 m^3/s 左右。

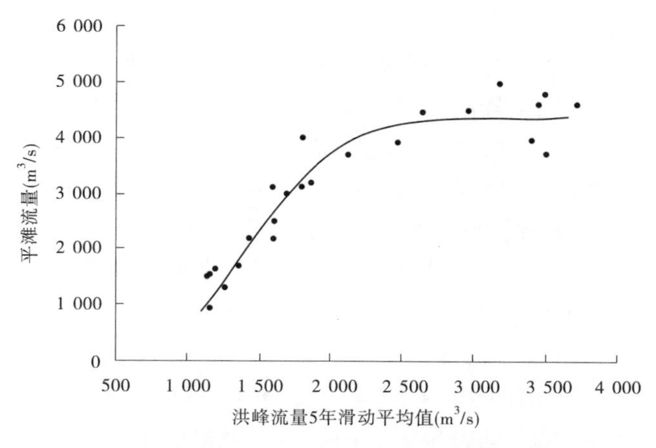

图 8-25　三湖河口平滩流量与洪峰流量关系

8.6　合理主槽过流能力及维持的水沙条件

近年来,内蒙古河段主槽的淤积萎缩,致使主槽的排洪、排凌能力下降,给防洪防凌造成了严重影响,因此维持合理主槽过流能力对保障河道排洪输沙功能至关重要。

合理的主槽过流能力需要合理的主槽断面形态。平滩流量是反映主槽断面形态的基本因子,是描述主槽排洪输沙功能的主要指标,也是主槽过流能力大小的直接反映。其目标主要取决于未来可能的洪水条件、防凌要求以及高效塑槽和输沙要求。

8.6.1　防洪防凌要求

8.6.1.1　防洪要求

1)洪水形势分析

黄河内蒙古三盛公至蒲滩拐河段的防洪标准为 30 ~ 50 年一遇,以三湖河口站为例,20 年一遇相应流量为 5 630 m^3/s,50 年一遇为 5 900 m^3/s。有实测资料以来,1981 年洪峰流量最大,三湖河口站为 5 500 m^3/s,接近 20 年一遇,相应洪水位为 1 019.97 m。然而 2003 年当洪峰流量为 1 460 m^3/s 时,其相应最高水位为 1 019.99 m,比 1981 年还高出 0.02 m。从洪水条件看,1987 年以来,流量在 2 000 m^3/s 以上的洪水仅出现 1 次,大洪水和较大洪水的出现几率均在减少;从现状的河床条件看,较小洪峰流量相应的水位已经接近 20 年一遇相应水位,防洪形势非常严峻,必须适当增大主槽的排洪能力,降低洪水位,以适应一般洪水的行洪需要。

黄河上游进入宁蒙河段的径流主要来自兰州以上,洪水过程多为矮胖型。洪峰流量减小的原因除降雨和流域下垫面因素外,龙羊峡等大型水库的调节以及水保措施的减水作用、灌溉引水量的增加等也产生了影响。1986 年龙羊峡水库运用以来,6 ~ 10 月年均蓄水量约 43 亿 m^3,平均削减洪峰 1 000 m^3/s 左右,平均削峰比为 57%,其蓄水削峰是洪峰流量减小的主要因素之一。

从以下两方面考虑未来的洪水形势:①按 1956 ~ 2000 年平均水平。1956 ~ 1986 年龙羊峡水库运用前,洪水过程从唐乃亥传播到内蒙古河段洪峰流量沿程增大,平均增加535 m^3/s;1986 年龙羊峡水库运用后洪峰流量沿程减小,平均减少 377 m^3/s。按 1956 ~ 2000 年平均水平,唐乃亥平均洪峰流量为 2 330 m^3/s,考虑现状水库调节影响,三湖河口平均洪峰在 1 950 m^3/s 左右,一般洪峰流量维持在 1 560 ~2 340 m^3/s(按 20% 变化幅度考虑)。②如果考虑上游水电开发规划的实施,水库的调节能力会更强,而规划中的大柳树水库反调节尚不能确定,水保措施蓄水作用对洪水影响不会有大的变化。因此,在未来平均情况下,洪水会维持 1987 年以来人工干预的形势。据此,未来内蒙古河段的常遇洪水其日均洪峰流量在 1 750 m^3/s 左右。

2)平滩流量对设防洪水位的影响

为分析不同平滩流量对防洪的影响,比较了不同平滩流量下设防洪水(5 900 m^3/s)时三湖河口断面水位变化情况(见表 8-8)。随着平滩流量的增加,洪水水位一直呈降低趋势,由于河道断面比主槽断面大得多、洪水期断面冲刷调整速度快,洪水水位随平滩流量增加而降低的幅度并不大。当平滩流量为 1 500 m^3/s 时相应设防水位接近于 2010 年水平(黄河勘测规划设计有限公司,2005,黄河宁蒙河段近期防洪工程可行性研究报告)。从防洪安全出发,合理的主槽过流能力应大于 1 500 m^3/s。

表 8-8　三湖河口断面不同平滩流量下相应的洪水(5 900 m^3/s)水位

平滩流量(m^3/s)	1 500	2 000	2 500	3 000	4 000
洪水水位(m)	1 020.63	1 020.52	1 020.42	1 020.32	1 020.14

8.6.1.2　防凌要求

黄河内蒙古河段的凌汛问题十分突出,是黄河凌汛最为严重的河段。凌汛期流量不大,水位壅高严重,开河时由于流凌、冰塞及流量增加,水位会进一步抬升,造成黄河大堤在防凌期偎水,极易出现重大险情。近年来,主槽严重淤积、萎缩降低了主槽的排洪和过凌能力,凌汛期水位升高且高水位持续时间增长,增加了堤防的偎水深度和时间,增加了防凌压力,凌汛形势严峻。

图 8-26 为三湖河口断面凌期高水位天数和对应前期平滩流量的变化。根据凌汛期高水位持续时间的变化与相应年份平滩流量对应关系分析,1998 年以前平滩流量在 2 200 m^3/s以上,凌期水位较低且相对稳定;1999 年后平滩流量在 1 800 m^3/s 以下,并逐年减小,相应凌期水位增高明显、持续时间迅速增长。因此,从凌期安全考虑,降低凌汛最高水位、减少高水位持续时间,必须扩大主槽过流能力至 1 800 ~2 200 m^3/s 以上。

同时,主槽过流能力应满足多数年份开河期凌峰流量的要求。表 8-9 是内蒙古河段凌期最大瞬时流量。地理位置、气候条件和河道边界条件决定了开河时流量沿程增大,到头道拐达到最大。昭君坟附近受支流入汇影响严重,过流能力较低,是影响行洪的主要河段。根据昭君坟站凌期最大流量资料(1996 年后为插补),1987 ~2006 年 5 年一遇洪峰流量为 2 000 m^3/s,长系列 5 年一遇洪峰流量为 2 200 m^3/s。因此,考虑到现状水库的运用和 1987 年以来头道拐过流能力变化较小,为满足多数年份重点河段凌峰流量要求,主槽的过流能力应维持在 2 000 ~2 200 m^3/s 以上。

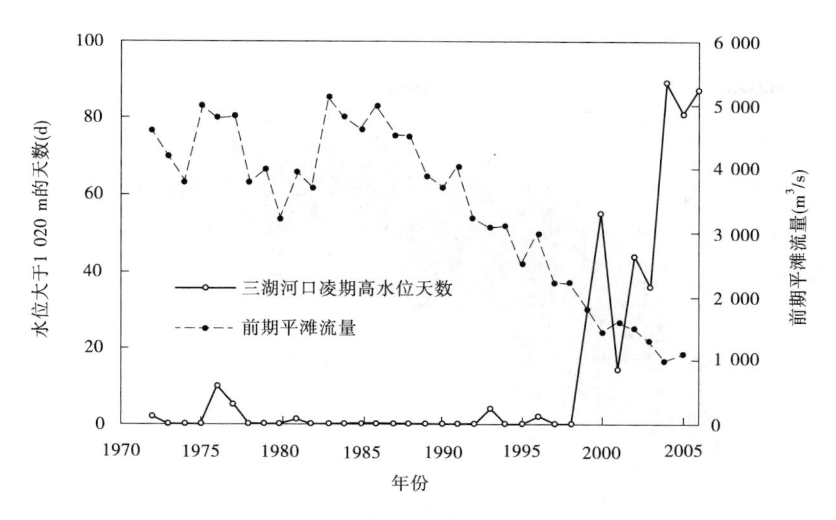

图 8-26 三湖河口断面凌期高水位天数和平滩流量历年变化

表 8-9 内蒙古河段凌期最大瞬时流量 (单位:m^3/s)

时段	三湖河口	昭君坟	头道拐
1987 ~ 1995 年平均	1 090	1 617	2 201
1987 ~ 2006 年范围	782 ~ 2 190	800 ~ 2 700*	1 450 ~ 3 350
1987 ~ 2006 年平均	1 280	1 700*	2 267

注:表中带 * 号的为推算值。

8.6.2 高效塑槽要求

高效塑槽需要满足流速较大使主槽冲刷或不淤、具有一定的挟沙能力,并减少支流淤堵机会等条件。下面从流速、含沙量和冲刷临界流量等方面分析高效塑槽对河道过流能力的要求。

8.6.2.1 流速与流量的关系

根据内蒙古河段各水文站断面实测资料,分析不同时期流速和流量的关系(见图 8-27、图 8-28)可知,随着流量的增加流速呈线性增大;当流量大于 2 000 m^3/s 时,随着流量的增大流速基本呈常数或增加十分缓慢。

因此,流速与流量关系的拐点在 2 000 m^3/s 左右,此时,水流挟沙能力基本达到最大。

8.6.2.2 洪水期冲刷发展与流量的关系

为分析洪水期河床调整与流量的关系,选取了洪峰流量大于 5 000 m^3/s 的洪水过程(1964 年、1967 年、1981 年),并以三湖河口断面为例,对洪水过程涨水期平滩面积随流量变化进行分析,结果见图 8-29 ~ 图 8-31。1981 年洪水期,当流量在 2 000 m^3/s 以下时,平滩面积增加很小;当流量大于 2 000 m^3/s 时,平滩面积随流量增大的幅度较大。1967 年,当流量小于 2 300 m^3/s 时,平滩面积随流量增加很小;当流量大于 2 300 m^3/s 时,平滩面积随流量增加呈线性增加,每增加 1 000 m^3/s 流量,平滩以下面积增加 500 m^2。1964 年

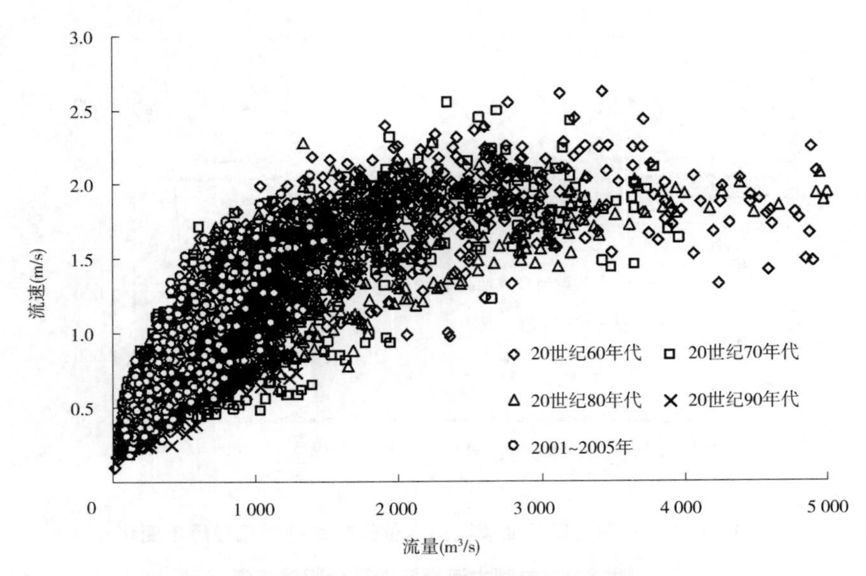

图 8-27　三湖河口断面流速与流量的关系

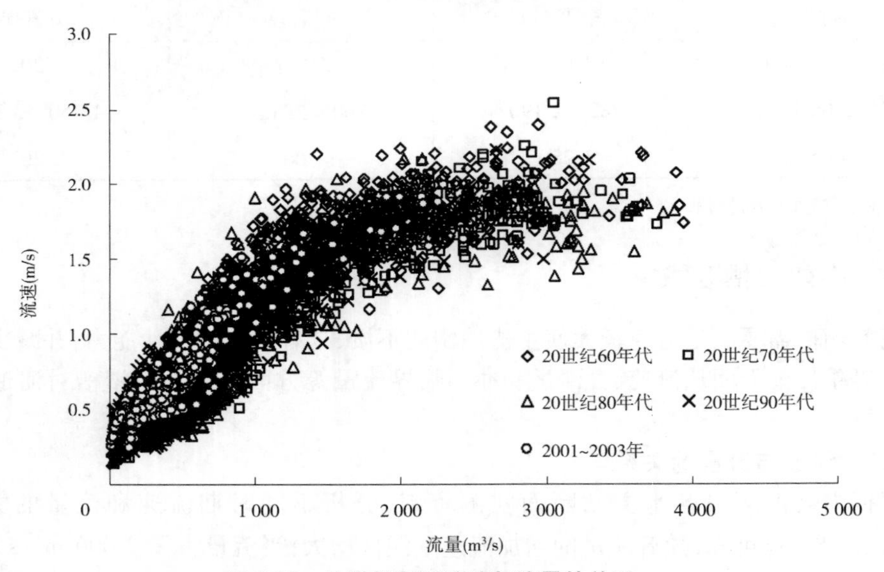

图 8-28　头道拐断面流速与流量的关系

洪水期,当流量大于 1 400 m^3/s 时,三湖河口断面平滩面积随流量增大开始明显增加。

综上分析,在洪水过程中,当流量达到一定值时河床才明显冲刷,当流量小于 1 400 ~ 2 300 m^3/s(平均 2 000 m^3/s)时,主槽冲刷不明显或幅度很小;当流量大于 2 000 m^3/s 时,平滩面积增加较快,流量每增加 1 000 m^3/s,平滩面积增大 280 ~ 500 m^2,塑槽作用明显。

8.6.2.3　含沙量与流量的关系

水流的塑槽作用还表现在输沙能力的变化。从各站含沙量与流量的关系(见图 8-32、图 8-33)可以看出,沿程含沙量的调整及其与流量的关系具有一定的相似性。内蒙古河段流量在 2 000 ~ 2 500 m^3/s 时含沙量最大,即输沙强度最大,流量大于此值,含沙

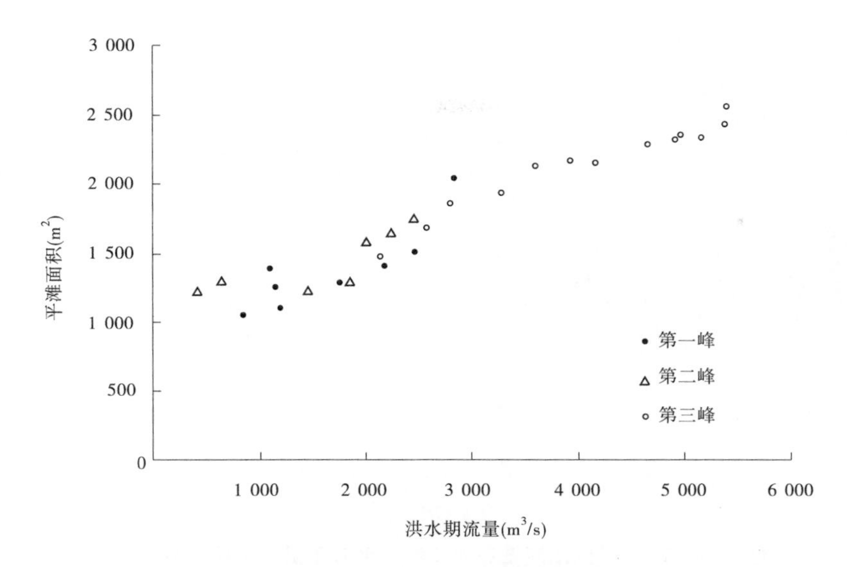

图 8-29　1981 年洪水期三湖河口断面平滩面积与流量的关系

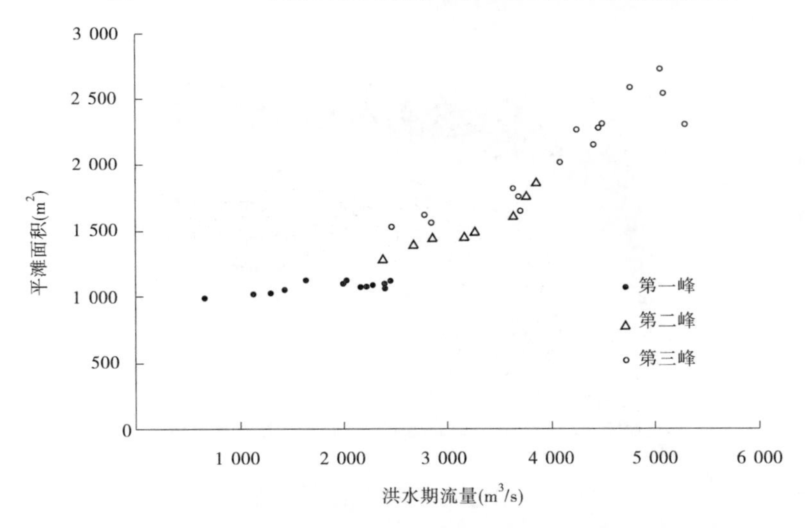

图 8-30　1967 年洪水期三湖河口断面平滩面积与流量的关系

量变化不大或减小。

主槽过流能力维持在 2 000 ~ 2 500 m^3/s，基本可以达到输沙最优的要求。

8.6.2.4　冲刷支流淤堵沙坝流量

内蒙古河段的十大孔兑为季节性河流，暴雨期易形成峰高量大、含沙量高的洪水，大量泥沙向黄河倾泄，常常在入黄口处形成扇形淤积，在干流形成沙坝堵塞黄河，并造成河段上游水位抬高，影响两岸防洪和生产安全。对 1966 年 8 月(见图 8-34)、1976 年 8 月、1989 年(见图 8-35)和 1994 年等时间西柳沟发生高含沙洪水期干流流量、淤堵时间、水位上涨幅度等方面的分析表明，当支流高含沙洪水汇入黄河时，形成沙坝淤堵黄河。当干流流量在 1 500 m^3/s 或达到 2 000 m^3/s 以上时，沙坝持续时间短，水位恢复快；当干流流量小于 1 500 m^3/s 时，沙坝持续时间长，水位恢复较慢。为减少黄河受支流淤堵的影响，要

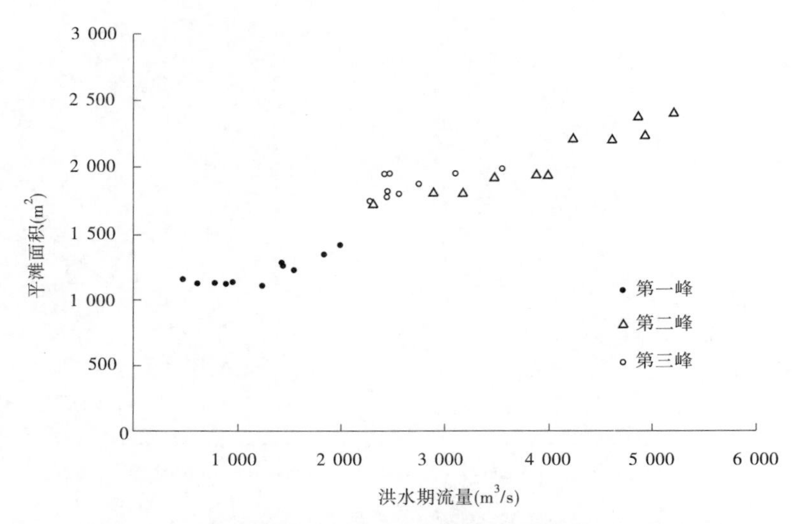

图 8-31　1964 年洪水期三湖河口断面平滩面积与流量的关系

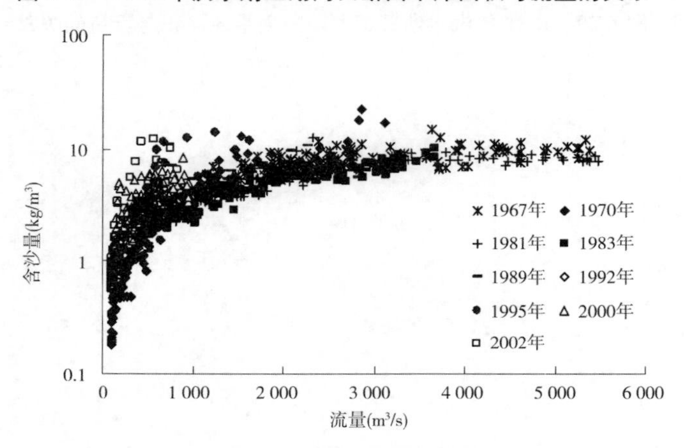

图 8-32　三湖河口站含沙量与流量的关系

求干流流量至少在 1 500 ~2 000 m^3/s,才可能冲开沙坝,缩短淤堵时间。

8.6.3　合理的主槽过流能力

一般来说,平滩流量越大,主槽过流能力越大,越有利于防洪和防凌安全,出现洪灾和凌灾的风险也越小。对于黄河上游,由于水资源紧缺以及枢纽工程等的影响,洪峰流量较小,难塑造较大的平滩流量,因此需确定与常遇洪水相适应的适宜断面形态,以满足中常洪水安全下泄,减小洪水漫滩几率,增大凌期输冰能力,减少高水位持续时间,保证滩区生产安全的要求。

根据前文的分析,1986 年以来进入内蒙古河段的洪水仅有一次洪峰流量大于 2 500 m^3/s,平均流量为 1 458 m^3/s,未来常遇洪水洪峰流量为 1 750 ~2 300 m^3/s。在未来洪水形势下,从主槽和洪水条件相适应的角度,主槽过流能力宜为 1 750 ~2 300 m^3/s。从防凌安全的角度并满足多数年份重点河段凌峰流量要求考虑,主槽过流能力宜为 2 000 ~

2 200 m³/s以上。根据高效塑槽的要求，流速越大水流输沙能力越大，当流量达到

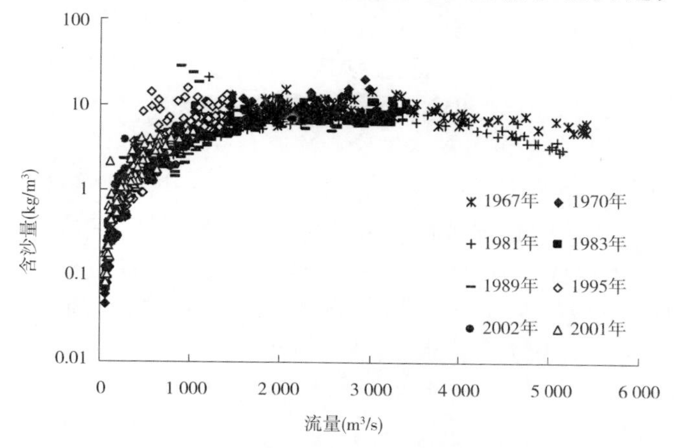

图 8-33　头道拐站含沙量与流量的关系

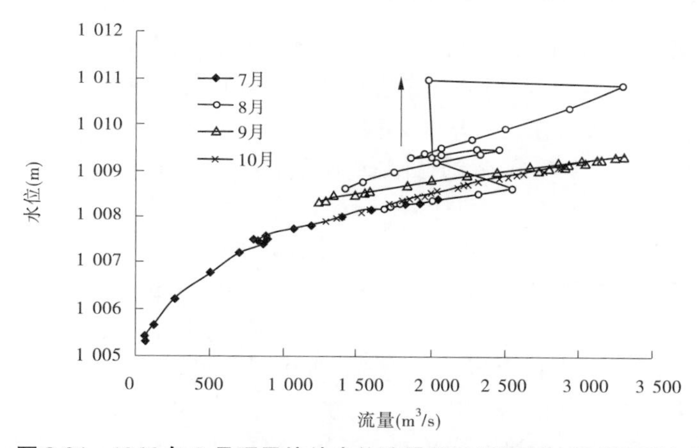

图 8-34　1966 年 8 月昭君坟站水位流量关系(流量大,淤堵时间短)

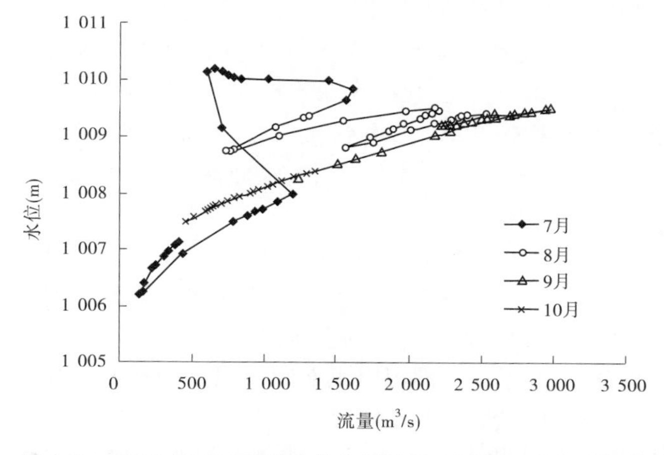

图 8-35　1989 年昭君坟站水位流量关系(流量小,淤堵时间长)

2 000 m³/s后流速基本不再增加，此时，水流挟沙能力基本达到最大，其造床作用也基本达到最大；从洪水期断面的冲淤调整看，流量涨至大于1 400～2 300 m³/s后，河床开始明显冲刷。根据含沙量和流量关系，达到输沙最优的流量级为2 000～2 500 m³/s，而有效输送十大孔兑来沙、减少淤堵干流机会需要干流流量为1 500～2 000 m³/s以上，主槽过流能力维持在2 000 m³/s以上可以基本满足输沙要求。

综合以上分析结果，满足防洪防凌要求和高效塑槽需要的主槽过流能力需达到2 000～2 200 m³/s以上，即合理主槽过流能力为2 200 m³/s左右。当平滩流量恢复到2 200 m³/s左右时，可以使一般年份洪水不漫滩；同时，当主槽流量达到2 000 m³/s左右时，河段的输沙能力可达到最大值，可以充分发挥水流高效输沙的作用；当支流发生高含沙量洪水淤堵干流时，主槽过流量可以达到2 000 m³/s以上，能够较快地冲刷主槽淤积物使干流河道较快地恢复正常行洪。同时，主槽面积增大，容纳冰水量相应增大，可缓解冰期水位抬升，降低漫滩水位，减少漫滩范围，缩短滩地淹没时间，减轻凌灾风险。

8.6.4 维持合理主槽过流能力的低限水沙条件

根据以上分析，平滩流量与径流条件具有较好的关系，内蒙古河段三湖河口断面平滩流量维持在2 200 m³/s左右，相应的年径流量约为160亿m³、汛期径流量约为60亿m³。内蒙古河段巴彦高勒—头道拐段水量变化很小，以三湖河口站代表内蒙古河段，因此维持内蒙古河段平滩流量在2 200 m³/s的低限径流条件为：年均径流量约为160亿m³、汛期径流量约为60亿m³。

根据多年的研究结果，河道的冲淤变化主要取决于洪水过程。维持一定的主槽断面形态，不仅需要一定的洪峰流量，而且还需要一定的洪水水量保证。前文的分析表明平滩流量与洪峰流量和洪水水量单因素间均有比较好的关系，平滩流量为2 200 m³/s左右时对应的洪峰流量为1 400 m³/s；平滩流量大于1 000 m³/s的洪量为23亿m³。但洪峰流量和洪水水量具有密切关系，要达到某一平滩流量，洪峰流量和洪水水量均需满足一定的条件。塑造一定的主槽所需要的洪水动力是一定的，可以将塑槽的洪水动力视为流量和洪量的组合。通过敏感性分析，以$Q_{m5}^{0.49}W_5^{0.21}$（Q_{m5}为洪峰流量5年滑动平均值，W_5为流量大于1 000 m³/s的洪水水量）表示洪水动力，点绘三湖河口站平滩流量与洪水动力的关系（见图8-36），两者基本呈正比关系。维持平滩流量在2 200 m³/s左右，所需要的洪水动力接近70。根据实际情况洪峰流量和洪水水量可以进行搭配：若洪峰流量为1 500 m³/s，需要大于1 000 m³/s的洪水水量约为24亿m³，若洪峰流量为2 000 m³/s，需要大于1 000 m³/s的洪水水量约为12亿m³。

维持一定的主槽过流能力，不仅需要一定的洪水径流条件，而且还需要合理的水沙组合，水流含沙量或输沙量需要满足一定指标。主槽能够保持不冲不淤的径流条件及相应的处于平衡状态的泥沙条件即为维持合理的平滩流量的条件。

根据前文的分析，巴彦高勒—三湖河口汛期和洪水期的冲淤量与来沙系数具有较好的关系，平均情况下，当来沙系数大于0.005 kg·s/m⁶时发生淤积，当来沙系数在0.005 kg·s/m⁶左右时可基本保持冲淤平衡。洪水期单位水量冲淤量与含沙量的关系（见图8-37）表明，洪水期平均含沙量小于7 kg/m³河道发生冲刷，大于7 kg/m³发生淤积。

头道拐站汛期和非汛期的输沙量和径流量具有较好的相关关系，根据1987年以来现状水库调节下的水沙关系，维持2 200 m³/s平滩流量所需要径流条件为年径流量160亿m³、汛期径流量60亿m³，相应能够输送的年泥沙量约为0.43亿t，如果来沙量超过此值主槽将发生淤积，平滩流量将减小。

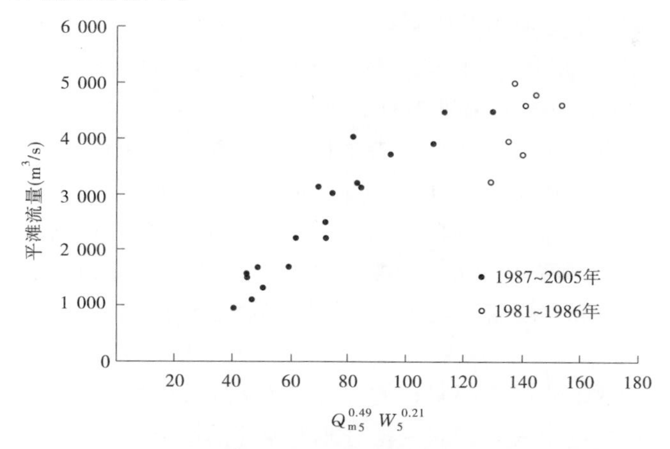

图8-36　三湖河口站平滩流量与洪水动力的关系

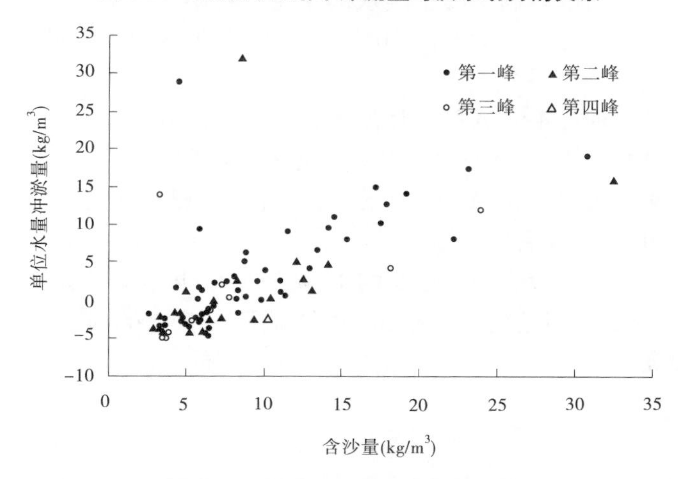

图8-37　巴彦高勒—头道拐单位水量冲淤量与含沙量关系

因此，维持主槽过流能力在2 200 m³/s左右的径流泥沙条件为：年均径流量约160亿m³、汛期径流量约60亿m³；洪峰流量为1 400 m³/s、大于1 000 m³/s的洪量为23亿m³左右，或者满足洪水动力$Q_{m5}^{0.49}W_5^{0.21}$约70的洪峰流量和洪水水量的组合；洪水期平均含沙量小于7 kg/m³，来沙系数小于0.005 kg·s/m⁶，进入河道的年沙量小于0.43亿t。

8.7　小　结

（1）黄河上游水沙量年际变化大，长系列呈减少趋势，1987年后受水库调节等因素影响，减少幅度增大，而汛期水、沙量的减少幅度大于全年，沙量的减少幅度大于水量。洪峰流量呈明显减小趋势,洪水场次减少;汛期大流量历时缩短,小流量历时增长,大于2 000 m^3/s 的流量过程很少出现。

(2)内蒙古河段冲淤变化,不同河段具有不同的特点。1952~2005年累计淤积量为17.894亿t,主要发生在1952~1959年的多沙年份和1987年以后枯水年份。巴彦高勒—三湖河口段1952~1959年表现为汛期淤积、非汛期冲刷,1960~1972年汛期和非汛期均冲刷,1973~1986年为汛期冲刷、非汛期淤积,1987年后汛期和非汛期均淤积;三湖河口—头道拐段1952~1961年汛期和非汛期均发生淤积,1962~1986年汛期有冲有淤、非汛期冲刷,1987~2005年汛期和非汛期均为淤积。三湖河口以上的变化取决于干流来水来沙条件,以下河段受十大孔兑影响更大。临界冲淤条件为来沙系数0.005 $kg \cdot s/m^6$。

(3)1987年以来内蒙古河段主槽淤积萎缩主要表现在:淤积量增加,同流量水位抬高,平滩流量减小,平滩过流面积减小。淤积萎缩成因一是径流量减少,特别是汛期径流量减少;二是大流量历时和洪峰流量减小,主槽冲刷的机会减少;三是水沙关系恶化;四是十大孔兑来沙。

(4)以典型断面为例,建立了汛期日均输沙率和流量,汛期、非汛期月水、沙量的关系,论述了流量过程和水量年内分配的变化对泥沙输移的影响。

(5)内蒙古河段主槽的冲刷主要是洪水的作用。在洪水涨水过程中,当流量达到一定值时,才有明显冲刷作用。对大洪水年份的分析表明,洪水期河床明显冲刷的临界流量为1 400~2 300 m^3/s。

(6)建立了内蒙古河段平滩流量与径流量、洪水条件的响应关系,随着径流量、洪水水量、洪峰流量的增大,平滩流量增大。当平滩流量达到4 000 m^3/s 左右时基本稳定。

(7)综合考虑洪水形势、防凌安全、高效塑槽等因素,提出了黄河内蒙古河段合理主槽过流能力在2 200 m^3/s 左右。

(8)维持黄河内蒙古河段主槽不萎缩的水沙条件:低限年均径流量160亿 m^3 左右,相应沙量小于0.43亿t;汛期径流量60亿 m^3 左右,流量大于1 000 m^3/s 的水量为23亿 m^3,洪峰流量为1 400 m^3/s。

第9章　总结与展望

本书以黄河下游和黄河内蒙古河段为研究对象，通过野外查勘、模型试验、数学模型计算、理论分析及实测资料分析，围绕维持主槽不萎缩的水沙条件展开研究。阐述了不同洪水对河道冲淤的影响及塑槽机制、洪水流量与含沙量搭配关系、平水期河床冲淤变化规律、河道主槽对长系列径流泥沙过程的响应机制、引水引沙对河道冲淤影响机制等，建立了黄河下游主槽不萎缩的水沙过程控制指标，提出了小浪底水库不同运用条件下黄河下游维持主槽不萎缩的输沙需水量、黄河内蒙古河段目标主槽规模及其维持所需的水沙条件。此外，本书还介绍了在河床演变理论、泥沙运动规律及水沙调控等方面取得的多项研究成果。

9.1　理论研究成果

9.1.1　建立了冲积河流平滩流量的滞后响应模型

基于河床演变的自动调整原理，根据河床在受到外界扰动后调整速率与其当前状态与平衡状态之间的差值成正比的规律，建立了冲积河流平滩流量的滞后响应模型

$$\frac{\mathrm{d}Q_{\mathrm{b}}}{\mathrm{d}t} = \beta(Q_{\mathrm{e}} - Q_{\mathrm{b}})$$

及相应的平滩流量计算公式

$$Q_{\mathrm{b}} = (1 - \mathrm{e}^{-\beta t})Q_{\mathrm{e}} + \mathrm{e}^{-\beta t}Q_{\mathrm{b0}} \qquad \text{（单步解析模式）}$$

$$Q_{\mathrm{b}n} = (1 - \mathrm{e}^{-\beta\Delta t})\sum_{i=1}^{n}(\mathrm{e}^{-(n-i)\beta\Delta t}Q_{\mathrm{e}i}) + \mathrm{e}^{-n\beta\Delta t}Q_{\mathrm{e0}} \qquad \text{（多步递推模式）}$$

该模型为研究冲积河流平滩流量的滞后响应现象奠定了理论基础，阐明了前期水沙条件对平滩流量累计影响的物理本质。对于黄河下游，平滩流量表现为前期连续5年来水来沙条件累计作用的结果。

9.1.2　建立了黄河下游非漫滩洪水流量和含沙量与河道冲淤的关系

依据黄河下游长系列实测洪水泥沙资料，研究了黄河下游非漫滩洪水流量、含沙量及河道冲淤量之间的关系，分别建立了不考虑泥沙级配影响和考虑泥沙级配影响的非漫滩洪水输沙关系。其中，不考虑泥沙级配的非漫滩洪水输沙关系为

$$\frac{S}{Q^{0.8}} = 0.18\eta^3 + 0.3\eta^2 + 0.17\eta + 0.066$$

考虑泥沙级配的非漫滩洪水输沙关系为

$$\frac{S}{Q^{0.8}}\mathrm{e}^{-1.2P_*} = 0.111\eta^3 + 0.168\eta^2 + 0.089\eta + 0.035$$

根据上述关系，当 $\eta=0$ 时，即可得到黄河下游冲淤临界流量与含沙量搭配关系。

9.1.3 完善了黄河下游漫滩洪水的滩槽冲淤模式

黄河下游不同漫滩洪水的冲淤特点差异较大，当来沙系数较低时（$S/Q \leqslant 0.04$ kg·s/m^6），大漫滩洪水期的滩槽冲淤往往表现为“淤滩刷槽”，主槽冲刷量随滩地淤积量的增加而增加，其中当 $S/Q \leqslant 0.012$ kg·s/m^6 时，“淤滩刷槽”作用明显；当来沙系数较高时（$S/Q > 0.04$ kg·s/m^6），则表现为“槽淤滩淤”。这一模式可用如下关系式表示

$$C_{sn} = 0.048\left(\frac{Q_m}{Q_0}\bar{S}W_0\right)^{0.57}$$

$$C_{sn} = \begin{cases} -1.74C_{sp} - 0.87 & (0.006 < S/Q \leqslant 0.012) \\ -2.31C_{sp} - 0.47 & (0.012 < S/Q \leqslant 0.04) \\ 0.9C_{sp} - 0.10 & (S/Q > 0.04) \end{cases}$$

9.1.4 提出了洪水峰型和历时对河道排沙影响的计算方法

通过将天然洪水概化为“平头峰”，提出了利用调控系数 λ 来反映洪水调控前后输沙能力变化的计算方法。调控系数 λ 的具体表达式为

$$\lambda = \frac{Q'_m - Q_a}{Q_m - Q_a}$$

通过建立概化前后输沙比随洪水调控系数 λ 的变化关系，认为在等水量同历时洪水条件下，当 $\lambda \geqslant 0.32$ 时，经小浪底水库调控后，洪水输沙能力可以保持不变甚至增加。

通过将小浪底水库调水调沙出库洪水过程概化为“矩形波”，利津站洪水过程概化为“梯形波”，建立了洪水期下游河道的输沙比，即利津站输沙量与三站输沙量的比值

$$\frac{W'_s}{W_s} = \eta^n\left[\frac{2(1/\varepsilon - 1)}{n+1} + \frac{2}{(n+1)T_1} + 1 - \frac{1}{T_1}\right]$$

据此可计算洪水不同历时对河道排沙的影响。当洪水演进至利津后的峰变系数 $\varepsilon = 0.95$ 时，洪水历时大于 7 d，下游河道输沙比可不低于 90%。

9.1.5 提出了维持主槽不萎缩的输沙需水量的系列计算方法

提出了维持主槽不萎缩的输沙需水量概念，从不同途径研究了输沙需水量的计算方法，包括主槽冲淤平衡法、平滩流量法、能量平衡法、数学模型法和优化法。

9.1.5.1 主槽冲淤平衡法

根据黄河下游河道水、沙及冲淤关系，计算一定时期内主槽冲淤基本平衡时的输沙需水量。水沙过程按汛期、非汛期划分，汛期水沙过程又分为汛期洪水期（简称洪水期）、汛期非洪水期（简称非洪水期），洪水又分漫滩洪水和非漫滩洪水。非汛期、漫滩洪水期黄河下游主槽发生冲刷，非洪水期发生淤积，三者冲淤量之和视为非漫滩洪水输沙的允许淤积量，以此允许淤积量及非漫滩洪水的冲淤量与水沙的关系，计算相应的输沙需水量。非漫滩洪水期、漫滩洪水期、非洪水期水量之和即为汛期输沙需水量。

9.1.5.2 平滩流量法

基于滞后响应的概念，将平滩流量滑动平均计算方法中的平滩流量作为已知变量，反过来推求给定平滩流量的输沙需水量，由此建立了塑槽输沙需水量的计算方法

$$W = KQ_b^a W_s^b$$

9.1.5.3 能量平衡法

根据能量平衡概念，并结合水沙条件对平滩流量的累积影响作用，建立了塑槽输沙需水量的计算方法

$$\overline{W} = k_1 Q_b^a + k_2 \overline{W}_s$$

9.1.5.4 数学模型法

利用一维恒定流泥沙数学模型，在一定的河床边界条件下，设计包括丰、平、枯水平年的不同水沙系列，计算黄河下游河道冲淤及主槽平滩流量的变化，进而得到维持一定主槽规模的输沙需水量。

9.1.5.5 优化法

以汛期输沙需水量为目标函数，以来沙量、汛期允许淤积量和场次洪水排沙比关系等作为约束条件，建立优化模型，推求最小汛期输沙需水量。

9.2 维持黄河主槽不萎缩的水沙条件

通过系统分析研究，提出了有利于维持黄河下游和内蒙古河段主槽一定过流能力的流量、含沙量、洪水水量、历时等指标，并提出了维持黄河下游主槽不萎缩的输沙需水量。

9.2.1 维持黄河下游主槽不萎缩的水沙条件

9.2.1.1 维持黄河下游主槽不萎缩的水沙调控指标

1）汛期非漫滩洪水调控指标

流量过程：非漫滩洪水尽量按接近平滩流量（4 000 m^3/s）控制，避免出现 800 ~ 2 600 m^3/s 流量级。含沙量：根据洪水流量，按照水沙临界关系式（4-29）计算相应的含沙量指标。洪水历时：控制场次洪水历时不小于 7 d。

黄河下游典型流量含沙量搭配指标见表 9-1。但在实际调控运用中，上述条件有时难以满足，在这种情况下，应尽量按照洪水排沙的原则进行。

表 9-1 黄河下游典型流量含沙量搭配指标

流量（m^3/s）	含沙量（kg/m^3）	
	按多年平均泥沙级配	按近期小浪底出库平均泥沙级配
2 600	30	55
3 500	40	70
4 000	50	80

2）汛期漫滩洪水调控指标

黄河下游漫滩洪水（最大含沙量小于 200 kg/m^3）洪峰流量应按大于平滩流量（4 000

m^3/s)的1.5倍控制，避免出现4 000 ~ 6 000 m^3/s的洪水；漫滩洪水水量不小于50亿m^3。对于高含沙漫滩洪水，上述指标仍需进一步研究。

3）平水期调控指标

非汛期流量一般应控制在800 m^3/s以下，春灌期可适当考虑灌溉引水需要加大泄放流量；汛期非洪水期流量小于800 m^3/s，避免出现小流量排沙。

9.2.1.2 维持黄河下游主槽不萎缩的汛期输沙需水量

维持黄河下游主槽不萎缩的汛期输沙需水量变化范围见图7-25，上限为小浪底水库不调节方案结果，相应的维持主槽不萎缩所需输沙水量最大；下限为小浪底水库水沙完全调节方案结果，相应的维持主槽不萎缩所需输沙水量最少；其他调节方案结果介于上、下限之间。

应该说明的是，限于小浪底水库库容及防洪运用方式，一般情况下很难将汛期洪水完全控制在上述两个流量控制指标，即使可将其他量级的洪水调控为3 800 m^3/s量级洪水，相应的泥沙能否被调节到3 800 m^3/s量级洪水排放，仍有一定的疑问。而将含沙量完全按黄河下游临界水沙搭配调控的难度更大。因此，维持黄河下游主槽不萎缩的输沙需水量一般应大于小浪底水库流量完全调节方案，小于小浪底水库不调节方案。

9.2.2 维持黄河内蒙古河段主槽不萎缩的水沙条件

综合考虑洪水形势、防凌安全、高效塑槽等因素，提出了黄河内蒙古河段合理主槽过流能力为2 200 m^3/s左右。

维持黄河内蒙古河段主槽不萎缩的水沙条件：低限年均径流量160亿m^3左右，相应沙量小于0.43亿t；汛期径流量60亿m^3左右，流量大于1 000 m^3/s的水量为23亿m^3，洪峰流量为1 400 m^3/s。

9.3 河床演变方面的一些重要认识

（1）小浪底水库运用以来，高村以下河段非汛期淤积主要集中在春灌期的3 ~ 5月；每年汛初实施的调水调沙运用使高村以下河段明显冲刷，高村—艾山河段调水调沙期冲刷量大于春灌期淤积量，艾山—利津河段调水调沙期冲刷量接近春灌期的淤积量。

（2）通过河段引水引沙概化分析，认为河段引水引沙后，本河段相对增淤量（增淤量与进口断面输沙量之比）与不引水条件下河道冲淤状况、分流比、分沙比、河道冲淤特性等因素有关。一般而言，当原河道为冲刷或不冲不淤时，引水引沙会使本河段增淤，对于同样的分流比，原河道冲刷越强，引水引沙引起的相对增淤量越大；在原河道为淤积的情况下，分流比不是很大时，引水引沙引起增淤，当分流比达到一定程度时出现减淤，原河道淤积严重时，较小的分流比就会引起减淤。

（3）非汛期进入黄河下游基本为低含沙水流，在此条件下，下游高村以上河段在各流量级均发生冲刷；高村—艾山河段一般在流量大于1 200 m^3/s之后发生冲刷；艾山—利津河段在小流量时发生淤积，当流量达到2 000 m^3/s之后开始冲刷。非汛期下游河道冲刷量随着进入下游的水量增加而增大，据此建立了非汛期下游河道冲刷量与来水来沙间的关系，结果显示，非汛期来水 150 亿 m^3 可使下游河道冲刷 0.642 亿 t。

（4）黄河内蒙古河道淤积萎缩成因：一是径流量减少，特别是汛期径流量减少；二是大流量历时和洪峰流量减小，主槽冲刷的机会减少；三是水沙关系恶化；四是十大孔兑来沙。

（5）黄河内蒙古河道明显冲刷的临界流量为 1 400 ~ 2 300 m^3/s；临界冲淤条件为来沙系数 0.005 $kg \cdot s/m^6$。平滩流量随着径流量、洪水水量、洪峰流量的增大而增大，当平滩流量达到 4 000 m^3/s 左右时相对稳定。

9.4 研究展望

黄河下游沿程河床边界条件的显著差异及来水来沙条件的剧烈变化，使得黄河下游主槽的沿程冲淤调整极不均衡，中间局部河段平滩流量明显偏小。黄河下游主槽沿程调整的这种不均衡性，使得小浪底水库的防洪运用与维持黄河下游主槽不萎缩等方面的矛盾更加突出。此外，位于黄河上游的内蒙古河段也出现了相应的沿程不均衡调整现象。如何减缓主槽冲淤和平滩流量的沿程不均衡现象，是进一步恢复具有一定过流能力的中水河槽，维持黄河下游主槽不萎缩的关键所在。

因此，需要研究影响黄河下游河道及内蒙古河段主槽沿程不均衡调整的关键因素，探讨河道主槽沿程不均衡调整的内在机制，揭示河道主槽沿程不均衡调整的变化规律，并在此基础上，提出有利于河道主槽沿程均衡和协调发展的对策措施。需要今后进一步深入研究的具体问题包括如下几点：

（1）沿程不均衡调整的模式。包括不同时期主槽沿程不均衡调整特点及相应的影响因素，不同洪水主槽沿程不均衡调整特点及相应的影响因素，并提出不同条件下主槽沿程不均衡调整模式。

（2）主槽的沿程不均衡调整机制。包括输沙机制及均衡输沙水沙搭配关系，各河段比降变化与主槽不均衡调整的关系，各河段主槽调整之间的相互关系，以及不同系列水沙过程对主槽沿程不均衡调整的影响。

（3）黄河下游典型河段主槽不均衡调整的关键因子。在高村—陶城铺附近，选择主槽不均衡调整最剧烈的局部河段，全面分析不同时期主槽冲淤、断面形态、平滩流量的调整过程，研究水沙条件对主槽调整的影响规律，研究主槽纵比降调整与主槽平滩流量变化的内在关系，揭示主槽平滩流量、比降及水沙因子之间相互作用机制，提出影响该河段主槽不均衡调整的关键因子及有利于该河段均衡发展的控制条件。

（4）黄河下游主槽均衡发展的水沙调控对策。通过对泥沙数学模型的改进及应用，分析形成黄河下游主槽不均衡发展的关键因素、必要和充分条件；进行小浪底水库不同水沙调节方案对下游主槽不均衡影响的模拟计算；提出使黄河下游各河段主槽均衡发展的水沙条件，提出有利于黄河下游各河段主槽向均衡方向发展的小浪底水库调控对策建议。

（5）内蒙古河段主槽沿程不均衡调整过程及对策。包括不同河段主槽变化的主要影响因子及响应关系，十大孔兑洪水的塑槽作用，有利于内蒙古河段主槽沿程均衡发展的对策。

参考文献

[1] 常炳炎,薛松贵,张会言,等.黄河流域水资源合理分配和优化调动研究[M].郑州:黄河水利出版社,1996.

[2] 冯普林,梁志勇,黄金池,等.黄河下游河槽形态演变与水沙关系研究[J].泥沙研究,2005(2):66-74.

[3] 韩其为.非均匀悬移质不平衡输沙的研究[J].科学通报,1979(17):804-808.

[4] 韩其为.黄河下游输沙及冲淤的若干规律[J].泥沙研究,2004(3):3-15.

[5] 侯素珍,王平,常温花,等.黄河内蒙古河段冲淤量评估[J].人民黄河,2007(4):21-22.

[6] 胡春宏,郭庆超,陈建国,等.塑造和维持黄河下游中水河槽措施研究[J].水利学报,2006,37(4):381-388.

[7] 黄河水利科学研究院.2003年年度咨询专题报告[R].郑州:黄河水利科学研究院,2004.

[8] 黄河勘测规划设计有限公司.黄河宁蒙河段近期防洪工程可行性研究报告[R].郑州:黄河勘测规划设计有限公司,2005.

[9] 吉祖稳,胡春宏,阎颐,等.多沙河流造床流量研究[J].水科学进展,1994,5(3):229-234.

[10] 李义天.冲淤平衡状态下床沙质级配初探[J].泥沙研究,1987(1):82-87.

[11] 梁志勇,杨丽丰,冯普林.黄河下游平滩河槽形态与水沙搭配之关系[J].水力发电学报,2005,24(6):68-71.

[12] 林秀芝,田勇,伊晓燕,等.渭河下游平滩流量变化对来水来沙的响应[J].泥沙研究,2005(5):1-4.

[13] 刘月兰,韩少发,吴知.黄河下游河道冲淤计算方法[J].泥沙研究,1987(3):32-44.

[14] 刘晓燕,申冠卿,李小平,等.维持黄河下游主槽平滩流量4 000 m^3/s所需水量[J].水利学报,2007(9):1140-1144.

[15] 刘晓燕,张原锋,侯素珍.黄河冲积性河段洪水塑槽机制初步研究[J].人民黄河,2006,28(4):13-15.

[16] 麦乔威,赵业安,潘贤娣,等.黄河下游来水来沙特性及河道冲淤规律的研究[C]//麦乔威论文集.郑州:黄河水利出版社,1995:165-204.

[17] 潘贤娣,李勇,张晓华,等.三门峡水库修建后黄河下游河床演变[M].郑州:黄河水利出版社,2006.

[18]《钱宁论文集》编辑委员会.钱宁论文集[C].北京:清华大学出版社,1990.

[19] 钱宁,万兆惠.泥沙运动力学[M].北京:科学出版社,2003.

[20] 钱宁,张仁,周志德.河床演变学[M].北京:科学出版社,1987.

[21] 钱意颖,叶青超,周文浩.黄河干流水沙变化与河床演变[M].北京:中国建材出版社,1993.

[22] 任树梅,杨培岭.2000年黄河内蒙古段水量的优化分配方案[J].中国农业大学学报,1998,3(6):54-58.

[23] 申冠卿,张原锋,尚红霞.黄河下游河道对洪水的响应机理与泥沙输移规律[M].郑州:黄河水利出版社,2007.

[24] 申冠卿,姜乃迁,李勇,等.黄河下游河道输沙水量及计算方法研究[J].水科学进展,2006,17(3):407-413.

[25] 申冠卿,曲少军,张原锋,等.黄河下游洪水期断面调整对过洪能力的影响[J].泥沙研究,2001(6):33-38.

[26] 申冠卿,张晓华.黄河下游高含沙量洪水不同粒径泥沙的淤积调整[J].泥沙研究,1997(1):1-7.

[27] 石伟,王光谦.黄河下游最经济输沙水量及其估算[J].泥沙研究,2003(3):34-38.

[28] 王彦成,冯学武,王伦平,等.黄河上游干流水库对内蒙古河段的影响[J].人民黄河,1996(1):5-10.

[29] 王彦成,王铁钧,郭少宏,等.黄河内蒙古河段近期水沙变化分析[J].内蒙古水利,1999(3):40-41.

[30] 王兆印,吴保生,李昌志.渭河下游是否已达到平衡?[J].人民黄河,2004,26(4):16-18.

[31] 韦直林,谢鉴衡,傅国岩,等.黄河下游河床长期变形预测数学模型的研究[J].武汉水利电力大学学报,1997,30(6):1-5.

[32] 韦直林,谢鉴衡.黄河一维泥沙数学模型研究[R].武汉:武汉水利电力学院,1990.

[33] 吴保生,张原锋,夏军强.黄河下游高村站平滩面积变化分析[J].泥沙研究,2008a(2):34-40.

[34] 吴保生.冲积河流平滩流量的滞后响应模型[J].水利学报,2008b,39(6):680-687.

[35] 吴保生.冲积河流河床演变的滞后响应模型-Ⅰ模型建立[J].泥沙研究,2008c(6):1-7.

[36] 吴保生.冲积河流河床演变的滞后响应模型-Ⅱ模型应用[J].泥沙研究,2008d(6):30-37.

[37] 吴保生,申冠卿.来沙系数的物理意义探讨[J].人民黄河,2008e(4):15-16.

[38] 吴保生,夏军强,张原锋.黄河下游平滩流量对来水来沙变化的响应[J].水利学报,2007a,38(7):886-892.

[39] 吴保生,张原锋.黄河下游输沙量的沿程变化规律和计算方法[J].泥沙研究,2007b(1):30-35.

[40] 吴保生,夏军强,王兆印.三门峡水库淤积及潼关高程的滞后响应[J].泥沙研究,2006(1):9-16.

[41] 吴保生,邓玥.三门峡水库河床纵剖面的调整变化[J].水利学报,2005,36(5):549-554.

[42] 吴保生,王光谦,王兆印,等.来水来沙对潼关高程的影响及变化规律[J].科学通报,2004,49(14):1461-1465.

[43] 吴保生,龙毓骞.黄河输沙能力公式的若干修正[J].人民黄河,1993(7):1-3.

[44] 谢鉴衡.江河演变与治理研究[M].武汉:武汉大学出版社,2004.

[45] 谢鉴衡,丁君松,王运辉.床演变及整治[M].北京:水利电力出版社,1990.

[46] 严军,胡春宏.黄河下游河道输沙水量的计算方法及应用[J].泥沙研究,2004(4):25-32.

[47] 姚文艺,李勇,张原锋,等.维持黄河下游排洪输沙基本功能的关键技术研究[M].北京:科学出版社,2007.

[48] 岳崇诚,等.黄河河防词典[M].郑州:黄河水利出版社,1995.

[49] 岳德军,侯素珍,赵业安,等.黄河下游输沙水量研究[J].人民黄河,1996(8):32-33.

[50] 张瑞瑾.河流泥沙动力学[M].北京:水利电力出版社,1989.

[51] 赵业安,周文浩,费祥俊.黄河下游河道演变基本规律[M].郑州:黄河水利出版社,1998.

[52] 张原锋,刘晓燕,张晓华.黄河下游中常洪水调控指标[J].泥沙研究,2006(6):1-5.

[53] Baker V R. Stream-channel response to floods, with examples from central Texas[J]. Geological Society of America Bulletin, 1977, 88(8): 1057-1071.

[54] Knighton D. Fluvial Forms and Processes[M]. London: Arnold, 1996.

[55] McCandless T L, Maryland stream survey: bankfull discharge and channel characteristics of streams in the Allegheny Plateau and the Valley and Ridge Hydrologic Regions[R]. CBFO-S03-01, U. S. Fish and Wildlife Service Chesapeake Bay Field Office, 2003.

[56] Pickup G, Warner R F. Effects of hydrologic regime on magnitude and frequency of dominant discharge [J]. Journal of Hydrology, 1976, 29: 51-75.

[57] Rosgen D. Applied River Morphology[M]. Wildland Hydrology Books, Pagosa Springs, Colorado, 1996.

[58] Shields Jr. F D, Copeland R R, Klingeman P C, et al. Design for stream restoration[J]. Journal of Hydraulic Engineering, ASCE, 2003, 129(8): 575-584.

[59] Wang Z Y, Wu B S, Wang G Q. Fluvial processes and morphological response in the Yellow and Weihe

Rivers to closure and operation of Sanmenxia Dam [J]. Geomorphology,2007,91(1-2):65-79.

[60] Wolman M G,Miller J P. Magnitude and frequency of forces in geomorphic processes[J]. The Journal of Geology,1960,68(1):54-74.

[61] Wu B S,Wang G Q,Xia J Q. Case study:delayed sedimentation response to inflow and operations at Sanmenxia Dam [J]. Journal of Hydraulic Engineering,ASCE,2007,133(5):482-494.

[62] Wu B S,Wang G Q,Ma J M,Zhang R. Case study:river training and its effects on fluvial processes in the Lower Yellow River,China[J]. Journal of Hydraulic Engineering,2005,131(2):85-96.

[63] Wu B S,Wang G Q,Wang Z Y,et al. Effect of changes in flow runoff on the elevation of Tongguan in Sanmenxia Reservoir[J]. Chinese Science Bulletin,2004,49(15):1658-1664.